岭南建筑丛书·第四辑

可持续发展观下的雷州半岛乡村传统聚落人居环境

梁　林◎著

中国建筑工业出版社

图书在版编目（CIP）数据

可持续发展观下的雷州半岛乡村传统聚落人居环境 /
梁林著. —北京：中国建筑工业出版社，2023.6
（岭南建筑丛书·第四辑）
ISBN 978-7-112-28781-9

Ⅰ.①可… Ⅱ.①梁… Ⅲ.①雷州半岛—乡村—聚落
环境—农业建筑—研究 Ⅳ.①TU-881.2

中国国家版本馆CIP数据核字（2023）第099253号

　　本书主要从雷州半岛自然与人文历史环境、乡村传统聚落形态系统的构成、雷州半岛乡村传统聚落形态系统及典型村落、雷州半岛乡村传统聚落人居环境现状、雷州半岛乡村传统聚落人居环境可持续发展策略、传统聚落人居可持续发展畅想几个章节，阐述雷州半岛乡村传统聚落人居环境的释义、聚落规划思想与方法、村落支撑系统、乡村聚落演进规律、人口与土地利用、聚落不同尺度物理性能的定性定量分析及其对应的可持续发展策略等。不仅为雷州半岛未来的建设指明了问题所在与发展方向，也为岭南汉民系乡村传统聚落人居环境建设理论、乡村可持续发展理论等前沿课题的研究增添了新的内容，为乡村研究数字化工具的使用填补了本领域研究的空白，具有重要的学术价值和应用价值。本书适用于建筑学、园林景观、规划学等方向的从业者及高校师生，以及相关政府部门、设计公司等单位从业人员阅读参考。

责任编辑：唐　旭　张　华
文字编辑：李东禧
书籍设计：锋尚设计
责任校对：王　烨

岭南建筑丛书·第四辑
可持续发展观下的雷州半岛乡村传统聚落人居环境
梁　林　著
*
中国建筑工业出版社出版、发行（北京海淀三里河路9号）
各地新华书店、建筑书店经销
北京锋尚制版有限公司制版
北京中科印刷有限公司印刷
*
开本：787毫米×1092毫米　1/16　印张：18½　字数：404千字
2023年6月第一版　2023年6月第一次印刷
定价：**88.00元**
ISBN 978-7-112-28781-9
（41204）

总序

文化是人类社会实践的能力和产物，是人类活动方式的总和。人的实践能力是构成文化的重要内容，也是文化发展的一种尺度。而人类社会实践的能力及其对象总是历史的、具体的、多样的，因此任何一种地域文化都会由于该地区独有的自然环境、人文环境及实践主体的不同而具有不同的特质。

岭南文化首先是一种原生型的文化。它有自己的土壤和深根，相对独立，自成体系。古代岭南虽处边陲，但与中原地区文化交往源远流长，从未间断，特别是到南北朝、两宋时期，汉民族南迁使文化重心南移，文化发展更为迅速。虽然古代岭南人创造的本根文化逐渐融汇中原文化及海外文化的影响，却始终保持有原味，并从外来文化中吸收养分，发展自己。

其次，岭南文化带有"亚热带与热带性"。在该生态环境下，使岭南有着与岭北地区显著不同的文化特征。地域特点决定了地域文化的特色，岭南奇异的地理环境、独特的人文底蕴，造就了岭南文化之独特魅力。岭南文化作为中华民族传统文化中最具特色和活力的地域文化之一，拥有两千多年历史，一直以来在建筑、园林、绘画、饮食、音乐、戏剧、影视等领域独具风格特色，受到世人的瞩目和关注。岭南建筑作为岭南文化的重要载体，更是岭南文化的精髓。

任何地方建筑都具有文化地域性，岭南建筑强调的是适应亚热带海洋气候，顺应沙田、丘陵、山区地形。任何一种成熟的建筑风格形成，总离不开四项主要因素的制约，即自然因素、经济因素、社会因素和文化因素。从自然因素而言，岭南地区丘陵广布、水网纵横、暖湿气候本来就有利于花木生长，山、水、植物资源的丰富性，让这一地区已经具备了先天的优良自然环境，使得人工环境的塑造容易得自然之惠。从经济因素而言，岭南地区的发展步伐不一，也间接在建筑上体现出形制、体量、装饰等方面的差异。而社会因素和文化因素影响下的岭南建筑，不仅在类型上形成了多样化特征，同时在民系文化影响下，各地域的建筑差异化特征也得到进一步强化。生活在这块土地上的岭南人民用自己的辛勤和智慧，创造了种类繁多、风格独特、辉煌绚丽的建筑文化遗产。

因此，从理论上来总结岭南地区的建筑文化之特点非常必要，也非常重要。而这种学术层面的总结提高是长期且持久的工作，并非短时间就能了结完事。"岭南建筑丛书"第一辑、第二辑、第三辑在2005年、2010年、2015年已由中国建筑工业出版社出版，得到了业内外人士的关注和赞许。这次"岭南建筑丛书"第四辑的书稿编辑，主要呈现在岭南传统聚落、民居和园林等范畴。无论从村落尺度上对传统格局凝结的生态智慧通过量化的求证，探寻乡村聚落地景空间和人工空间随时间演变的物理特征，还是研究岭南乡民或乡村社区的营建逻辑与空间策略；无论探讨岭南园林在经世致用原则营造中与防御、供水、交通、灌溉等生产系统的关系以及如何塑造公共景观，还是寻求寺观园林在岭南本土化、地域化下的空间营造特征等，皆是丰富岭南建筑研究的重要组成部分。

就学科领域而言，岭南民居建筑研究乃至中国民居建筑研究，在长期的发展实践中，已逐渐形成该领域独特的研究方法。民居研究领域已形成视域广阔、方法多元等特点，不同研究团队针对不同研究对象和研究目的，在学科交叉视野下已发展出多种特征。实时对国内民居建筑研究的历程与路径特色进行总结和提炼，也是该辑丛书分册中的重要内容，有助于推进民居建筑理论研究的持续深化。

无论如何，加强岭南建筑的理论研究，提高民族自信心，不但有着重要的学术价值，也有着重大的现实意义。

于广州华南理工大学民居建筑研究所

2022年11月25日

前言

　　目前，农村人口仍占中国绝大多数，农民依然是推动中国社会前进的巨大动力。纵观农民在中国历史长河中的角色，两千多年的封建历史如是，近代百年的变革时代亦然，现在和今后相当长的时期内依然会发挥重要的作用。而农民聚居之地——农村传统聚落，则是中国广阔地域上的一个独特元素，它是自然与人、政治、经济、社会与环境高度统一的产物[3]。随机与永恒、无序与有序相互交织在一起，不是普通的建筑规划设计所能达到的和谐。[4]同时，村落是人类聚居环境中最具代表性的一个相对稳定的聚居单位，它的稳定使得其承载了诸多人类与自然抗衡并取得和谐的智慧。因此，对乡村传统聚落人居环境的深入研究，可以透彻地探寻传统聚落人居环境营造的朴素生存哲学。

　　长久以来，以华南理工大学民居建筑研究所陆元鼎教授与陆琦教授为核心的研究团队对广东传统民居聚落及建筑进行了较为全面而深入的研究。其中，广东民居以广府、客家、潮汕三大类民居聚落为主要代表。这些传统民居聚落研究主要集中在粤中及粤东地区，而粤西地区由于地形复杂，交通不便的原因，使得与其相关的民居聚落研究尚不够充盈。因受地理条件影响及移民来源的不同，加之传统民居聚落外在特征的显著差异，粤西地区的传统聚落又可以分为粤西南与粤西北两大区域，粤西北地区分布了具有广府、客家特征的大量传统民居聚落，而粤西南区域则主要以雷州半岛的福佬系①红砖民居聚落为最显著特色。雷州半岛先民与潮汕先民同源于福佬，因此学术界常将雷州传统民居聚落一并划入广东福佬系民居而与潮汕民居聚落统一而论。但其从显著的特征差异及广泛的分布范围来看，雷州民居应该可以列为广东传统民居聚落的大类而独立存在。

　　自从国家"十一五"规划新农村建设的政策出台以来，全国各地的新农村规划迅速地蓬勃发展起来，大量规划如雨后春笋般涌现出来。然而，由于在短时间内突击式的规划工作缺乏系统的指导思想和理论研究，导致规划过程中出现的问

---

① 福佬系，指福佬民系。"福佬"的称谓是从"福建佬"转化而来的。福佬民系一般主要指居住在韩江三角洲地区的潮汕人，以潮州为中心。潮汕地区在秦统一岭南之前，一部分属于闽越族，与福建南部民情风俗相同，语言十分相近。见程建军. 粤东福佬系厅堂建筑大木构架分析 [J]. 古建园林技术，2000：4. 雷州半岛目前的居民构成主要来源是闽南地区的莆田，因此在民系划分上同样划归与福佬民系，但其拥有自己独特的语言、民俗、文化及民居等。

题层出不穷。如有些地方在新农村建设中搞大拆大建，将城市的生活区规划及建筑样式生硬地搬到农村，采取简单化的方法，把乡镇视为"简化了的城市"，进行"作坊式"的批量规划、标准设计，完全忽视当地环境和文化脉络，造成乡镇建设千篇一律，历史特点丧失殆尽，经济上严重浪费等不良后果。[10]还有一些地方喊着"打造某某地区民族特色村落"的口号大搞形象工程，搞政绩工程，不尊重农村原有的乡土文化景观和村落建筑的历史文脉，建起来的是各种外来样式符号简单拼凑的作品。[4]这样的新农村建设不仅彻底破坏了农村原有的传统乡土聚落文化，而且增加了当地财政压力，加重了农民负担。

基于以上的背景和问题，本书从人居环境科学及可持续发展观的角度切入进行乡村传统聚落人居环境研究，以雷州半岛区域内13个乡村传统聚落为研究对象，探寻了中国乡村传统聚落系统的人居环境含义及其可持续发展的方向，并在此基础上提炼了乡村传统聚落的规划思想、方法和其支撑系统；与此同时，通过对乡村聚落系统的发展、变迁的研究，总结乡村传统聚落形态演进、变迁的规律，从而为本区域内乡村传统聚落人居环境的可持续发展提出具有实施性的建议。

通过实地调研、对历史文献的考证以及既有研究和统计数据的分析，将雷州半岛乡村传统聚落的人居环境总结为"地景空间、人类行为方式、人工空间、社会空间"四个层次。以时间和空间为并列主线，将雷州半岛自然环境、人文历史环境的特性分解到四个层次中予以动态梳理，提炼出雷州半岛乡村聚落系统影响发展的因素及其形态演进规律。

在时间轴上，立足当前、溯源过去、展望未来，将四个层次随时间的变迁及促成因素进行了深度分析。通过人口与土地利用、建筑功能与格局、聚落地域文化特征、聚落健康与舒适度及能源与资源配置等方面的划分，定性地概括了雷州半岛乡村传统聚落人居环境的优势与不足；同时引入数字化模拟工具对传统与新建村落进行聚落尺度及建筑尺度的模拟分析，定量推演出雷州半岛乡村传统聚落地景空间和人工空间随时间演变的物理特征，再现了传统格局凝结的生态智慧，也暴露出现状空间进一步发展时会面临的问题。

在空间轴上，论文从微观、中观、宏观三个规模的角度切入，将乡村传统聚落系统总结为"点—群—网"的网络体系结构，发现并提炼出传统规划体系中"共生区域""适宜性规模"的生态适宜性准则，以及利用这些准则将点与群串接成网的智慧，从今日来看这些准则仍适应发展的要求，应继承并根据现有人口规模调整后继续贯彻于今后的发展规划当中；此外，针对大量既有传统民居空置及日益荒弃的现象，通过数字化模拟传统民居改造方案的设计优化案例，验证了在点的规模上，既有传统建筑更新改造的潜力和可行性方案。

通过以上研究，本书主要在雷州半岛乡村传统聚落人居环境的释义、聚落规划思想与方法、村落支撑系统、乡村聚落演进规律、人口与土地利用、聚落不同尺度物理性能的定性定量分析及其对应的可持续发展策略等方面取得了一定的创新研究成果。这些成果不仅为雷州半岛未来的建设指明了问题所在与发展方向，也为岭南汉民系乡村传统聚落人居环境建设理论、乡村可持续发展理论等前沿课题的研究增添了新的内容，而乡村研究数字化工具的使用填补了本领域研究的空白，具有重要的学术价值和应用价值。书中对历史文献、历史图典、测绘成果等方面进行了较为系统的整理与总结，为本课题以及相关课题的研究奠定了基础，具有一定的史学价值。

目　录

第一章

绪论

研究的缘起

2005年10月，党的十六届五中全会通过了《中共中央关于制定国民经济和社会发展第十一个五年规划的建议》，其中明确提出了我国建设社会主义新农村的目标和要求，即"生产发展、生活宽裕、乡风文明、村容整洁、管理民主。"[1]农村人居环境是农村生产和生活的重要载体，在社会主义新农村建设中必然起到重要的支撑作用，农村人居环境建设的好坏与否，是关系农村未来能否健康持续发展的重要问题。

吴良镛先生在《中国城乡发展模式转型的思考》中指出："历史地看，乡村是中国社会发展的基础。"然而"一些科学研究也集中于城市，忽略了农村发展的基本需求，2008年初的南方冰灾、5月四川的震灾，都提醒我们要对农业发展、农民生活和农村建设给予更多的关注，要着重改善农村基础设施，提高科学文化教育水平，提高农村建设标准，必须认真扩大内需，这在村镇有很大的潜力。"[2]31

目前，农村人口仍占中国人口的绝大多数，农民依然是推动中国社会前进的巨大动力。纵观农民在中国历史长河中的角色，两千多年的封建历史如是，近代百年的变革时代亦然，现在和今后相当长的时期内依然会发挥重要的作用。而农民聚居之地——农村传统聚落，则是中国广阔地域上的一个独特元素，它是自然与人、政治、经济、社会与环境高度统一的产物[3]。随机与永恒、无序与有序相互交织在一起，不是普通的建筑规划设计所能达到的和谐。[4]同时，村落是人类聚居环境中最具代表性的一个相对稳定的聚居单位，它的稳定使得其承载了诸多人类与自然抗衡并取得和谐的智慧。因此，对乡村传统聚落人居环境的深入研究，可以透彻地探寻传统聚落人居环境营造的朴素生存哲学。

一、研究课题的来源

长久以来，以华南理工大学民居建筑研究所陆元鼎教授与陆琦教授为核心的研究团队对广东传统民居聚落及建筑进行了较为全面而深入的研究。其中，广东民居以广府、客家、潮汕三大类民居聚落为主要代表。这些传统民居聚落研究主要集中在粤中及粤东地区，而粤西地区由于地形复杂，交通不便的原因，使得与其相关的民居聚落研究尚不够充盈。因受地理条件影响和移民来源的不同，加之传统民居聚落外在特征的显著差异，粤西地区的传统聚落又可以分为粤西南与粤西北两大区域，粤西北地区分布了具有广府、客家特征的大量传统民居聚落，而粤西南区域则主要以雷州半岛的福佬系[①]红砖民居聚落为最显著特色。因雷州半岛先民与潮汕先民同源于福佬，因此，学术界常将雷州传统民居聚落一并划入广东福佬系民居而与潮汕民居聚落统一而论。但其从显著的特征差异及广泛的分布范围来看，雷州民居应该可以列为广东传统民居聚落的大类而独立存在。

雷州半岛因交通不便及语言不通（雷州人多讲雷州话，为福建莆田话的发展分支）的原因，与外界交流较少，这在保持其独立性与原真性的同时，也造成了一定的地域性闭塞。也正因为这些客观困难导致相关科研工作者难于进行科学调查研究，使得特色鲜明的雷州民居一直未被学界全面而系统地整理及研究。因此，雷州民居的系统整理与深入研究成为民居建筑研究所完善广东民居的一项重点科研任务，同时积极寻求各方的帮助与合作来克服客观现实困难。

2010年华南理工大学出版社筹备出版《岭南经典建筑·岭南民居》系列丛书，是广东省委宣传部建设文化大省的重点出版项目。雷州民居首次被作为一个独立分册提出，这足以见得雷州传统民居聚落正逐步受到学界与政府部门的重视。然而，重视程度的提高与目前学界关于雷州传统聚落研究的空白成了一个突出的矛盾，尤其在建筑学界尚无系统的研究成果。

目前，在建筑学界，传统的民居聚落研究方法主要是从聚落格局与形态、建筑群布局与特征、聚落景观、建筑装饰以及建筑文化等方面着重描述空间类型及其演变模式、建筑实体特征及空间变化等。这些研究虽具有普适的学术价值，但多侧重于客观实体的深入研究，缺少人文关怀，从而使得学术成果略显冰冷，也导致科研成果的实用价值不够高。近年来，又出现了综合性和跨学科的研究，并将生态的、历史的、政治的、社会的、经济的、民俗的、宗教的、婚姻的等诸多因素纳入其研究范围，试图建立一种在建筑学领域多学科相互借鉴的聚落研究模式。而针对乡村的动态发展演变规律和乡村规划建设的可持续发展则缺乏较系统的研究。[4]乡村传统聚落的各方面研究，归根结底是研究聚落中繁衍生息的人的生存问题，生存问题的核心是人居环境能否可持续的问题，将传统民居聚落研究提升到人居环境科学的层面来探讨，这样的学术成果才能变得更为鲜活。吴良镛先生认为："人居环境是生存之本，人居环境科学是关于生存的科学。"[2]34因此，由民居学研究走向人居环境科学成了一种必然趋势。

2010年和2012年以陆琦教授为核心的研究团队分别申请到了华南理工大学亚热带建筑科学国家重点实验室自主创新基金《广东传统聚落可持续发展度综合评估体系构成研究》（项目批准号2011ZC11）与国家自然科学基金面上项目《岭南汉民系乡村聚落可持续发展度研究》（项目批准号51278194），展开了岭南范围内传统聚落人居环境可持续

---

① 福佬系，指福佬民系。"福佬"的称谓是从"福建佬"转化而来的。福佬民系一般主要指居住在韩江三角洲地区的潮汕人，以潮州为中心。潮汕地区在秦统一岭南之前，一部分属于闽越族，与福建南部民情风俗相同，语言十分相近。见程建军. 粤东福佬系厅堂建筑大木构架分析［J］. 古建园林技术，2000（4）. 雷州半岛目前的居民构成主要来源是闽南地区的莆田，因此在民系划分上同样划归与福佬民系，但其拥有自己独特的语言、民俗、文化及民居等。

发展方面的研究工作。

受国家自然科学基金及亚热带建筑科学国家重点实验室的支持，以及应华南理工大学出版社的出版计划，雷州半岛传统聚落被作为研究的重点区域展开了深入调查研究，并得到了雷州市本地业界及社会有识之士的大力支持，解决了语言障碍及村落寻找的问题。

二、传统聚落人居环境背景

进入21世纪以来，中国城市化驶入了前所未有的快速发展道路。城市化进程迅速，城市人口占总人口的比重不断增加。从全球的历史进程看，1800年城市人口只占总人口的3%，1900年城市人口占13%，2000年城市人口比例激增至47%。至2007年，全球有半数人口居住在城镇地区，预计30年后世界三分之二的人口将居住在城镇地区。[2]15根据2012年中国社科院发布的社会蓝皮书——《2012年中国社会形势分析与预测》，2011年底中国城镇化居住人口已经超过总人口的50%。[5]1

据2010年第六次全国人口普查主要数据公报，全国总人口为13.7亿人，大陆31个省、自治区、直辖市和现役军人的人口中，居住在城镇的人口（城镇、乡村是按2008年国家统计局《统计上划分城乡的规定》划分的）为6.66亿人，占49.68%；居住在乡村的人口为6.74亿人，占50.32%。[6]同2000年第五次全国人口普查相比，城镇人口比重上升了13.46个百分点。虽然比起国际城市化人口比例分布来说，中国的人口城市化还处于初级阶段，但若回顾中国城乡人口比例的变化，事实上自20世纪80年代起，我国的人口分布就一直处于城镇人口增加、农村人口减少的状态（图1-1-1）。而与国际城市化浪潮不同的是，1980～2009年的30年中，我国城市人口增长了4.3亿，乡村人口只下降了0.8亿，这说明我国的人口红利是在巨大的人口基数上通过自然生育获得的。这样的优点既不像欧洲国家人力资源成本过高，也不像北美国家因外族大量迁入造成种族聚居对

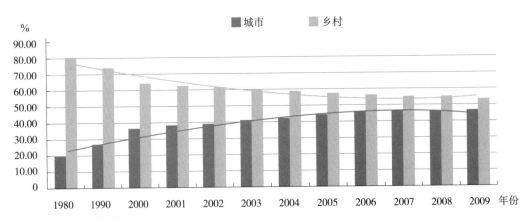

图1-1-1 人口数据统计图

（来源：《中国统计年鉴》2010）

立。但需警惕的是，这种趋势持续下去，会造成城市聚居负担过重，农村人口红利衰减，从而陷入错误的发展路径。目前，在计划生育政策保证了总量不再迅速增长的前提下，人口的城乡分布和生产分工成为新的历史阶段下事关中国未来发展战略的重大问题，而要制定好这个战略，就必须准确掌握中国乡村聚落的现状，并为乡村聚居的未来发展指明道路。

另一方面，中国城市化浪潮更为显著的特征是"建筑城市化"，中科院遥感应用研究所相关课题组做了城市扩张卫星遥感制图。研究结果表明，2000~2009年的十年中，中国城市的建成区面积从2.18万平方公里增长到4.05万平方公里，增长了86%，且这十年间所扩张的面积中68.7%来自耕地。[7, 8]1995~2008年，我国的城市面积扩张速度达到年7%。[9]如此惊人的建设量，短期内就改变了中国的河川地貌和居住模式，让世界为之侧目。这样大规模建设的优势在于解决了城市增长的4.3亿人口所需的住房、基础设施与文教卫生需求，并且建筑及相关产业本身还为城市就业提供了大批就业岗位。但短时期内缺乏规划指导和社区凝聚力的建设，使得城市功能布局杂乱、城市风貌缺失、原住民和外来务工人员矛盾频发。目前，城市住宅价格居高不下，但空置率却出现上升趋势，能源价格不断攀升却重金难求，教育及医疗投入不断加大效果却不及预期。尽管近两年国家的各种政策已从规范城市建设、保障住宅供应并控制价格、加强环境治理及提高工资水平等多方面入手，但由城乡结构性失衡产生的深层次问题，很难从城市一方面的努力来解决，乡村聚居的发展必须同时予以考虑与规范。另外，单纯从居住面积来讲，我国的传统乡村聚落虽然是以低层建筑为主，但相对于当地的人口规模来说，却并不是低密度居住，其对居住、交通、绿地、生产的用地有着深层的思考，尚未被充分认识与发掘。而这种人与自然平衡发展的效应，正日益被缺乏指导和规范的盲目自发建设所破坏。因此，当城市建设日益走向有序化、规范化时，乡村聚落的发展也应建立适应乡村特点的可持续人居环境。

城市化是人类社会生产力发展到一定阶段的产物，是工业化、现代化的重要特征，是人类文明进步的重要标志。城市化不仅促使城市的数量增加、城市的空间扩展和城市的人口增长，还包括了城市对农村社会的多方面影响。[5]城市化不但吸纳了大量的农村剩余劳动力，还为农业的发展提供了广阔的市场和先进的农业生产科技，并传播了城市化所带来的双重影响效应的现代文明，使农村逐渐从相对封闭的传统社会迈向现代化。城市化对于农村社会的影响是双重的，在城市化为农村带来正面繁荣的同时，负面的发展影响也越来越显著。城市化的冲击使人们对快速、高效、新奇的生活方式充满渴望，从而更快地放弃了地方传统知识、传统经验以及在长期生活实践中形成的简单且自闭合的生态模式。这样的结果便导致优秀传统文化的断裂、传统村落格局形态的破坏、传统民居建筑的摒弃等，从而致使乡村传统聚落的迅速衰败，甚至凋零。针对农村人居环境逐渐衰亡的问题，国家也积极出台相应政策及办法来鼓励城乡一体化协调发展，以期能加速农村的发展步伐，增加农民收入，提升农民生活水平，进一步缩小城乡之间的差距。

自从国家"十一五"规划中新农村建设的政策出台以来，全国各地的新农村规划迅速蓬勃发展起来，大量规划如雨后春笋般涌现出来。然而，由于在短时间内突击式的规划工作缺乏系统的指导思想和理论研究，导致规划过程中出现的问题层出不穷。比如有些地方在新农村建设中大拆大建，将城市的生活区规划及建筑样式生硬地搬到农村，采取简单化的方法，把乡镇视为"简化了的城市"，进行"作坊式"的批量规划、标准设计，完全忽视当地环境和文化脉络，造成乡镇建设千篇一律，历史特点丧失殆尽，经济上严重浪费等不良后果。[10]还有一些地方喊着"打造某某地区民族特色村落"的口号大搞形象工程，搞政绩工程，不尊重农村原有的乡土文化景观和村落建筑的历史文脉，建起来的是各种外来样式符号简单拼凑的作品。[4]这样的新农村建设不但彻底破坏了农村原有的传统乡土聚落文化，而且增加了当地财政压力，加重了农民负担。

另外，有很多村落放弃老村另辟新村的现象也较为严重，这样就会导致土地资源的严重浪费。同时，很多村落由于缺乏整体规划，加之农民建设的自由度较大，随机性较强，村民对村落和建筑形态历史文化价值的认识不足。村落中很多重要的节点和公共活动空间破坏严重，很多具有较高历史价值和艺术价值的老房老巷被拆除，致使大量建筑文化遗产遭到严重破坏；另外村民受城市化观念的影响和经济利益的驱使，致使大量地表植被遭到破坏，原有的村落周围水系被填埋置地，这不仅不可逆转地破坏了村落整体形态，更严重影响了当地的生态环境。[4]而"问题的严重性还在于今天生产力空前发展，科学技术水平在不断提高，建设量如此巨大，建筑的规划决策、聚落的整体规划与设计每每缺乏科学的论证，而土地一旦被占用，不合理的聚落结构一旦摊开，就难以逆转，给未来将会造成极大的被动。"[2]11今天所能看到的各种负面影响，均已成为传统聚落难以为继的主要因素。这不得使我们提出疑问，乡村传统聚落作为人居环境的最基本单元，在这样迅速的城镇化过程中，它应如何适应当前迅速变化的外在环境？如何重新取得人与自然之间供给关系的平衡与和谐？如何健康蓬勃地持续发展下去？

吴良镛院士在创立人居环境科学之初便提出："农村不能让它衰落，不能因城市化而忽视了农业和农村的现代化发展和建设……城市是区域中心，城与乡相辅相成，互为存在的前提，在任何情况下，不能割裂城乡联系。我们过去工作的缺陷是试图仅从规划角度研究问题，并且还把城市规划与农村居民点规划割裂开来，整体研究很少，由于种种原因，基于二元经济结构所困扰，农村发展长期滞后，工农差距、城乡差距仍有扩大趋势，所形成问题一时难以解决。"[11]147在这样的社会发展背景下，农村问题的研究被重新重视起来。作为农村人繁衍生息几百年甚至上千年的居住单元——传统聚落，也成为诸多学者深入调研和研究的重点对象。

纵观国际研究界对乡村发展问题的关注历程，是在工业化和城镇化向纵深推进、城乡生活形态逐渐对立的历史时期开始兴起并迅速拓展的。第一次城市化浪潮发生在18世纪中叶至第一次世界大战时期的欧洲，开启了人类城市化不断发展的进程。这次城市化浪潮以英国为代表，具体表现为第一次工业革命和圈地运动将大量失地农民赶入城市，以及第二次世界大战后大量城镇重建过程中产生的"卫星城""新城"，在城市范围内集中修建给水排水、公路、燃气管网、地铁等市政基础设施以大力支持工业发展。到1851年，英国城市人口达到50%以上，基本实现城市化；到1914年，当世界城市化率由1851年的6.4%提高到15%时，英国的城市化率已达到了70%。[5]这样的发展模式下，社会的生产生活得到迅速恢复、资本在短时间内完成集聚，但对资源大量攫取产生短期繁荣后，爆发出能源危机、环境污染、食品供应短缺等问题。虽然欧洲国家通过从殖民地引进资源、搬迁污染严重的重工业至海外，以及制定国际贸易准则的方式从表面上解决了这些问题，但这也造成了其严重依赖外部生产、生活成本高昂、能源消耗巨大的社会顽疾。于是，在20世纪70年代欧洲又出现了"逆城市化"进程，即城市人口（尤其是高收入、高素质人口）向郊区及乡野迁徙，延续到21世纪初，发展成为倡导集约生活、复兴乡村社区、促进有机农业的"低碳发展"潮流。

第二次城市化浪潮发生在19世纪初到第二次世界大战时期的北美，用了100多年的时间。以美国为代表，西进运动和第二次工业革命的同时推进，使得大量殖民者拥入这片土地淘金寻宝，奴隶贸易为这个地广人稀的区域带来人口红利，于是城市化的核心目的在于提供开采自然资源的功能性生产生活集群。因此，以集中和密集为城市化的特征，美国城市化率从1800年的5%提高到1900年的40%。[5]这个地区的城市化相较欧洲更为迅速和彻底，但产生的主要问题一是种族聚居的对立；二是城市发展的无序无风貌，城市环境、交通、治安等状况的恶化；三是自然环境的严重退化；四是工业过度替代农业产生的食品安全和营养失衡问题。于是在21世纪，北美的发展战略朝着农业生产现代化、农产品加工本地化、乡村旅游休闲产业化方向转型，从而以与城市发展相互补充的方式拓展开去。截至1960年，当世界城市化率达到29.2%，美国城市化率已经到达70%，比1900年提高了30个百分点。[5]

第三次城市化浪潮发生在拉美及其他国家，其城市人口从40%提高到60%平均仅用了25～30年的时间。这个时期内拉美人民的生活水平提升和社会生产进步都是有目共睹的。但是，拉美城市化的最大问题在于过度城市化（学界常称之为"拉美陷阱"），即城市化的速度超过了工农业发展的水平，城市人口快速增加，大量农村人口涌向城市，尤其是涌向特大型城市。而城市工业无力承担如此快速的城市化带来的压力，从而导致城市人口严重超载，失业率居高不下，城市贫富悬殊，贫困人口向城市转移，城市被贫民窟包围，环境污染，治安混乱，社会失序，政局动荡，资源生态遭到严重破坏。至今，拉美城市化的历史遗留问题仍未寻找出路，拉美各国停滞在中等收入水平已近半个世纪，为发展中国家敲响了"中等收入陷阱"的警钟。

由此可见，当城市化达到一定程度后，城市聚落的持续繁荣，无法通过当前城市人居环境的模式来解决。虽然城市聚落是由乡村聚落发展而来的更繁荣形式，但如果前三次城市化浪潮的结果都证明这种模式不可持续，那么当第四次城市化浪潮正在中国如火如荼地进行时，就必须慎重审视已存在了几千年的乡村聚落，尤其是那些有悠久历史的传统聚落在人居环境营造及生存智慧方面的价值，做好定位并处理好城乡聚落的关系。

第二节

传统聚落人居环境研究的目的和意义

一、研究的目的

（一）理解传统聚落生存的智慧

人居环境的研究其根本是关于人生存的研究。传统村落千百年来能够在其选择的土地上繁衍生息，并营建出美丽的聚落与民居建筑，创造出绚烂的地域文化，这其中必然蕴含着大量优秀的生存智慧。首先是人与自然的和谐，自然乃人类生存之基础，人类通过自身需要进而改造自然，因改造自然的技术有限，人们转而努力地探寻与自然和谐共生的方法。其次是人们在营建自己宅居时将"坚固、实用、美观"的原则发挥得淋漓尽致，不仅创造了宜居的建筑室内外微环境，同时美化了聚落景观，提升了人居的审美感受。因此，理解传统聚落人居生存智慧是我们展开研究的目的，更是拓展其研究意义的基础。

（二）探寻清楚影响乡村传统聚落人居环境构成的要素

在人类改造世界的能力飞速发展的今天，人与自然的和谐已成为一种奢望，在人们改造自然志得意满之时，却发现我们已生活在一个与自然隔绝的人造环境中。虽然这个环境让人类感到舒适、满足，但它却没有带给人类健康与欢乐。自然已被人类抛弃，为了争夺资源，地球也满目疮痍，城市的繁华迷乱了乡村农民的意识，因此，农民们纷纷摒弃了传统聚落中的智慧，效仿城市的浮华，争前恐后地建造起了"新民居"。新民居能否真正提升农民生活的质量？能否成为村落持续发展的因素？这都将成为未来乡村人居环境研究的重点问题。

乡村传统聚落人居环境的构成不仅仅是一个聚落单体的形态构成，它是由区域尺度的宏观聚落系统共同构成的。同时，人居环境的构成内容十分广泛，并且在不同尺度层面上，其构成内容是有差异的。因此，对于不同层级的人居环境构成进行全面的分析研究，可以清晰地认识到目前乡村传统聚落人居环境现状以及其所面临的问题。

（三）为传统聚落在未来的可持续发展提供适宜性策略探讨

在新农村建设发展蓬勃的当前，农村的建设却出现了各种意想不到的发展。大量整齐划一的兵营式规划布局，外观与村落环境格格不入的新居建设充斥着新农村的发展。实际的调研发现新居的建设过于关注了房子的问题，而忽略了人居环境的本质。基础设施建设的滞后，甚至缺失；建材质量的低劣与浪费；建筑室内外环境品质的恶劣；过度地依赖人工能源维护建筑居住品质；聚落公共空间的丧失……这些都是在持续发展的方向下造成的不可持续性。

本书的最终研究目的就是要在保持乡村传统聚落总体特征可延续的基础上，将传统中的优秀智慧结合现代手段运用到新农村的建设中，在环境日益恶化、资源日趋紧张的情况下，实现未来发展的可持续性。

二、研究的意义

（一）对乡村传统聚落人居环境的研究可为当前乡村建设提供历史的经验与智慧

中国作为唯一一个历史一直延续的文明古国，其聚居文化源远流长。在特定的自然、社会、人文等历史条件下，形成了中华民族独特的人居环境理念，体现了东方特有的智慧哲学和价值观念。从延续至今的乡村传统聚落可以看出，我们祖先所营造的传统聚落蕴藏着深厚的东方文化传统。这些都是我们今天乡村建设借鉴和学习的宝贵典范。从哲学方面讲，任何事物的发展总是在继承前任的基础上前进的。乡村传统聚落的发展亦然，人类聚落发展规律证明聚落的发展不会断然脱离原有的文化传统而产生突变式的发展。我们现在大多数的乡村建设规划直接移植城市规划设计的手法，忽视了传统聚落营造的经验，导致新的现代化村庄建设缺少了祖先遗留给我们的智慧。因此，对传统聚落建设经验的挖掘、整理和研究，有助于我们认识和理解古代人居环境的理念和智慧，帮助我们反思当今乡村聚落的建设，更可以极大地促进乡村聚落人居环境的和谐发展。对传统聚落人居环境可持续发展的研究，将会对他们未来的建设和发展提供历史经验和理论支持。

（二）深入挖掘中国乡村传统的居住环境营建智慧与理念，探寻构建中国乡村人居环境可持续发展的重要理论源泉

人类在世界各地适应自己所在自然环境的同时，创造性地营建了各自独有的人居环境。其中蕴含了人类处理自然系统、社会系统、人类系统、建筑系统、支撑网络五大系统的关键智慧，这些经验是现代人居环境建设的宝贵经验与财富，具有十分重要的研究价值。[12]"神州大地是中华民族世世代代繁衍生栖息的地方，五千多年来，尽管自然灾

害、战乱频频，但经过世代经营，我们的祖先建设了无数的城市、村镇和建筑，也留下了中国非凡的环境理念。这是中国传统文化的重要组成部分……"[13]26吴良墉先生从区域观念规划发展、土地利用、城市规划、城市设计、园林与风景区的经营、崇尚节俭朴素的可持续发展理念等六个方面对中国古代人居环境建设的经验予以了总结。[12]清华大学林文棋对中国古代人居环境的探索也从六个方面进行了总结，指出古代人居环境建设将山林、草灌、农垦地、城邑、低地、水域作为一个整体进行综合规划实践；对古代人居环境中聚落的建设，多遵从资源承载有限的观点；[14]而中国传统聚落人居环境是具有多样性的，这就要求我们必须结合某一地区来研究，深入挖掘地区人居环境多样性的智慧根源，丰富人居环境理论宝库，进而促进中国传统聚落人居环境理论的完善。

（三）以人居环境及可持续发展的理念来研究乡村传统聚落系统以及与建筑的有机联系，将乡村传统聚落研究开辟出一个新的视野

以人居环境科学的思想研究传统聚落的构成与内涵不同于传统意义上的建筑学与建筑史学研究。它不仅仅研究我们所目睹的客观存在，而是将整个环境要素紧密地同"人"这个核心联系起来，探讨人的生存和发展。以人居环境科学思想研究传统聚落，不仅能看到聚落及建筑本身，还能看到"人"，看到人与物的关系、人与人的关系。同时，由于人居环境科学的系统性，使得传统聚落人居环境的研究也具有一种系统的方法，将不同的聚落之间、同一聚落不同要素之间都能有机地联系起来，用系统的观念去审视它们与人类的关系。[12]这样，我们得出的结论就是全面的、真实的，更能将传统聚落本来的面目与本质更加真实、整体地反映出来，因此，也自然地会进一步产生对传统聚落新的认识。

（四）以移民历程及地域环境为单位研究乡村传统聚落人居环境，充分尊重人类与环境的依赖关系，符合学科发展方向的要求

中国的东南地区自秦汉魏晋南北朝到唐宋多次在相对集中的时段接纳了大规模的北方移民，中原文化与百越文化经过不同历史时期的整合与分化，逐渐形成东南地区汉族的五大民系（越海系、闽海系、广府系、湘赣系、客家系）以及社会文化的不同区系类型。[15]这些从移民史和移民社会角度研究聚居形态的成果，为岭南汉民系乡村聚落居住特征、社会关系、自然风貌的归纳奠定了坚实基础。

回顾对岭南汉民系乡村聚落聚居要素和发展历程的研究，对比分析世界和我国的城市化浪潮，发现这一组群的聚落是非常具有生命力和生存智慧的聚居。众所周知，岭南古为百越之地，是少数民族聚集区，由于受到五岭山脉的阻隔，岭南地区的经济、文化远不及中原地区，被北方人称为"蛮夷之地"，人居的先天条件并不优厚。由于北方战乱或自然灾害的原因，汉族数次集中南迁，拉开了岭南汉民系聚落发展的序幕，但多为民间零星的自发行为，直到唐朝宰相张九龄在大庾岭开凿了梅关古道以后，岭南地区才

开始大规模地迎来内地移民。在欧洲开始城市化进程至今的两个多世纪中，岭南地区同中国腹地一样历经战乱、自然灾害，但作为外来族群的汉民系乡村聚落不但没有衰亡，反而以星火燎原之势、以平稳的步伐在较为恶劣的自然基础之上完成了聚居规模的壮大、种族的融合与文化的传承性创新以及人居环境与自然环境的共进式发展。这一组群的聚居发展，不像欧洲模式那样通过对地域外资源的掠夺来满足地域内无节制的消费，也不像北美模式那样缺乏统一风貌或因移民问题产生长久的种族对立，更没有拉美模式那种昙花一现式的跳跃性繁荣。在历史长河中，岭南汉民系乡村聚落以人类的高度智慧，始终秉承着对自然的敬畏，步履稳健地营造着不断进步的人居环境，并能维系都邑与村落的和谐共荣。

（五）对于乡村传统聚落的历史遗产保护有着直接的促进作用

乡村传统聚落人居环境的研究是从人居环境科学的角度，总体认识和把握乡村传统聚落原有的含义与价值。这对于我们更为真实和完整地认知乡村传统聚落历史文化遗产的价值有着直接的意义。一般来说，传统的文化遗产保护是基于传统聚落或其建筑自身的价值，如历史价值、文化价值、科学价值和艺术价值等。事实上，传统聚落的所有价值都是基于人居环境的价值而存在的。[12]这些价值要素，是人们探索自然、顺应环境、适应社会发展、创造文化的产物，若是脱离了其所依托的人居环境，其价值就会黯然失色，甚至会消失殆尽。

从人居环境科学的视角对乡村传统聚落的文化遗产价值进行再认识，其必然会有助于这些传统聚落文化遗产的保护。雷州半岛乡村传统聚落具有丰富的文化遗存，对于这些传统遗存要从人居环境科学的角度去认识它们的价值，才可能更为准确和科学，才能为乡村传统聚落可持续发展提供有价值的实用参考。

第三节

研究对象的界定及研究的主要内容

一、研究对象的确定

本书研究对象的确立主要从空间与时间两个方面来界定。从空间上看，研究对象集中在雷州半岛及半岛向内陆延伸被雷州话所覆盖区域的传统聚落。这个区域包括到了半岛的三雷故地（雷州、遂溪、徐闻）以及内陆廉江市部分地区，但本书的调研主要集中在了三雷故地，因此，在这里以雷州市、遂溪县及徐闻县所辖区域的传统聚落为主要论述对象。如遂溪县建新镇的苏二村、雷州市南兴镇的东林村、龙门镇的潮汐村等。从时间上来看，主要集中于研究对象在1949年以前成村并保持相对稳定的发展状态，聚落布局具有一定规模并在当前有典型发展模式的村落。希腊学者道萨迪亚斯（D.S.Doxiadis）在《人类聚居学》中，按照聚居的不同性质，将人类聚居分成乡村型聚落和城市型聚落两大类。而这两者之间的区别是十分明显的。一个完整的乡村聚落很像一个自然系统，是人们为了在自然条件下保护自身生存繁衍，根据自然的特点而逐步顺应环境建造形成的，村落的所有道路都会聚在一个中心。"乡村聚落的中心是最具有特色的地方，通常是各种功能（生产、交换、服务、行政、宗教、娱乐）的聚集地。"[13]在关于城市聚落发展研究中，道萨迪亚斯根据城市发展速度的快慢，将城市聚落分为静态城市与动态城市两种类型。笔者认为城市与乡村是不可割裂的人类发展整体，乡村聚落的发展促使城市出现，而城市的发展也反作用于乡村聚落的兴衰。因此，在城市进入快速发展的动态阶段之时，乡村聚落同样遵循了类似的变化，而时间上与城市发展有一定的差异或者滞后。因此，乡村传统聚落根据社会背景发展的变化，也可以将其分为静态发展阶段和动态发展阶段。按照道萨迪亚斯理论及本书的研究对象范畴，本书将在研究1949年以前相对稳定发展的村落基础上，进一步探讨自中华人民共和国成立后村落进入巨变阶段及至当前的人居生存状态。

二、研究的主要内容

本书主体结构分为三个主要部分：

第一部分主要是在对雷州半岛的历史沿革、自然环境、人文环境特点研究的基础上，厘清雷州半岛传统聚落发展的历史脉络，分析传统聚落形态的构成要素，及其发展演进的影响因素及规律；研究传统聚落中民居建筑的群体与空间组成及其优越人居微环境的营建智慧。这一部分内容是书的研究基础。

第二部分主要是对雷州半岛乡村传统聚落人居环境构成要素进行研究，包括其人居环境特征、聚落设计、支撑网络等几大方面，具体包括了场地与土地利用、建筑功能与格局、文化特征、聚落健康与舒适、能源与资源配置、聚落经济活动等六个方面。通过对传统聚落功能结构及其规模构成的研究，明确传统聚落人居环境的特征，从而进一步探讨传统聚落人居环境的含义及其深层结构。在传统聚落人居环境思想的指导下，通过模拟分析等手段，重点对传统聚落的营建和构成支撑网络进行研究。这一部分是本书的核心内容。

第三部分主要是针对雷州半岛乡村传统聚落未来可持续发展的策略进行探讨分析。在历史及人居环境现状的研究基础上，对雷州半岛乡村传统聚落的生存状态及演进方式进行分类研究和总结，得出经验与教训。从宏观、中观、微观三个层面提出对乡村传统聚落未来可持续发展的策略。这一部分也是本书的重要内容之一。

结论部分是对以上内容的研究成果进行归纳和总结，提出研究乡村传统聚落可持续发展人居环境的营建理论。

第四节

传统聚落人居环境相关研究

"聚落"这一概念最早出现时是为了描述区别于都邑的居民点，但现在已经延伸为人类生活地域中的村落、城镇和城市。聚落是在一定地域内发生的社会活动、社会关系和特定的生活方式，并且是由共同的人群所组成的相对独立的地域生活空间和领域。它既是一种空间系统，也是一种复杂的经济、文化现象和社会发展过程，是在特定地理环境和社会经济背景中，人类活动与自然相互作用的综合结果。

一、国内相关研究及实践

1989年9月吴良镛先生的专著《广义建筑学》提出"聚居论"，将建筑从单纯的"房子"（Shelter）概念走向"聚落"（Settlement）的概念。从房子到村落到村镇再到城市以至大城市、特大城市的系列都属于聚居范畴。[16]155 1993年，吴良镛先生受到道萨迪亚斯的人类聚居学理论启发，结合我国国情，在其学说的基础上创立了中国的"人居环境科学"，提出该学科是一门以人类聚居（包括村庄、集镇、城市等）为研究对象的，着重探讨人与自然环境相互关系的学科。2001年，吴良镛先生出版《人居环境科学导论》一书，基本上确立了人居环境科学的学术框架，这代表我国人居环境科学发展进入了一个新的里程碑。

目前，关于乡村人居环境的研究虽尚不充盈，但已经有了初步的研究成果。赵之枫针对农村地区出现的浪费土地、污染严重、居住环境质量低、传统文化丧失等问题，从城乡关系、人口和消费、生态环境、能源利用、社区建设和使用周期等方面探讨了乡村人居环境可持续发展的对策。[17]陈珊、鲍继峰等在《乡村外部空间环境整治规划的探讨》中从乡村外部环境整治出发，包括村落基础设施、公共活动空间及绿化景观体系等方面，提出的乡村外部环境整治规划等。[18]虽然有诸多学者积极参与到乡村聚落人居环境的研究中来，但关于乡村人居环境的内涵没有统一的科学解释。目前，以吴良镛先生提出的人居环境定义为基础，2006年，胡伟等在《农村人居环境优化系统研究》中将乡村人居环境内涵定义为"农村村镇人居环境是指人类在乡村这样一个大的地理系统背景下，进行居住、耕作、交通、文化、教育、卫生、娱乐等活动，在利用自然、改造自然的过程中创造的环境"。2008年，李伯华等在《乡村人居环境研究进展与展望》中将乡村人居环境的内涵分解为人文环境、地域空间环境和自然生态环境，三者之间遵循一定的逻辑关联，共同构成乡村人居环境的内容。[19]2009年，彭震伟等在《基于城乡统筹的农村人居环境发展》中认为农村人居环境是由农村社会环境、自然环境和人工环境共同组成的，是农村生态、环境、社会、文化等各方面的综合反映，是城乡人居环境中的重要组成部分。[20]而以上关于我国乡村人居环境的研究主要集中于乡村人居环境问题研究和乡村人居环境质量评价两个方面。针对于乡村传统聚落不管是乡村人居环境的整体性研究还是地方性研究，均以问题的调查、原因的分析、措施的提出三个主要步骤为主。[1]涉及传统聚落人居环境是否可持续的基础性问题并没有做出相应解答，所以乡村人居环境目前还是人居环境科学研究的新领域。

回顾我国聚落的发展，从原始社会无城乡差别，到封建社会呈现都邑、乡村的分化，到近代小城镇化，再到现代的大型、特大型城市集群，聚落的规模、复杂程度和形态都经历了巨大变化。但这种变化并不仅仅是我国的孤立现象，从世界聚落发展的历史来看，聚落走向城市化是共同的趋势。因此，自从第一次工业革命为城市化拉开序幕以来，世界学术界对聚落的研究聚焦在城市聚落的发展上，乡村聚落的研究往往是作为探讨城市问题的支线，并没有得到同等程度的重视。当发生在中国的第四次城市化浪潮将人类城市聚落规模推向新的极致时，快速城市化及其对社区、经济、气候变化和政策的影响已成为全世界共同面对的最迫切问题。这一问题在各个国家一开始都是遵从由城市聚落内部来解决城市化问题的研究思路，但一直无法破解城市发展到一定规模后无法继续推进人类聚落整体向前发展这一难题，而日益恶化的城市病和环境污染使人类对乡村聚落的价值有了新的反思。

在中国，将"聚落"纳入人居环境的研究框架中，将人类聚落视为整体来探讨人与环境之间的相互关系，是建筑学界近十年来才产生的新的研究趋势。历史上，建筑学界对中国居住形态的研究方法和思维取向，大致分为两种：一是从"文化与社会"的角度研究，主要关注聚落的礼制、民俗民风、社会组织和生活圈的诠释以及民居的社会文化意义；二是从"建筑与空间"的角度研究，关注聚落建筑形态、空间格局以及它们背后的哲学观念诠释，着重探究聚落在整体环境和单体设施方面的功能性和美学效果。而吴良镛院士则在2001年出版的《人居环境科学导论》中提出了以"了解、掌握人类聚居发生、发展的客观规律，以更好地建设符合人类理想的聚居环境"为目的的"人类环境科学"这一新学科体系，其核心主张是中国聚居的发展，不能从单一视角出发、从某一具体问题入手，而是要充分认识中华传统文化和聚居营造手段中用系统性思考来处理具体问题的智慧，将人作为聚落组成的基本元素与建筑环境进行一体化研究。该论述为中国的聚落和人居环境研究揭开了新的篇章，在过去二十年中，中国的人居环境研究已初见成效。在2011年出版的《人居环境科学研究进展（2002—2010）》一书中，已能看出跨专业研究的配合和对中国全局发展问题的思考。但是，从该书总结的研究成果来看，仍然存在着城镇聚居研究较多、乡村聚居研究较少，定性研究较多、定量研究较少的问题。

近年来，国内的城市规划和建设将关注人居环境提到了越来越重要的位置，但依然是城市聚落的研究较多，从田园城市、园林城市，到绿色城市、生态城市，都是人们逐渐意识到人与自然和谐共处的重要性。其中以20世纪90年代钱学森先生提出的"山水城市"理论影响较为深远。"山水城市"概念不仅涉及中国古代山水诗词、古典园林、中国山水画与城市建设的结合，而且还涉及自然与人工环境的结合，涉及科学与艺术的结合，涉及物质文明与精神文明的结合等方面。[21]这些概念的提出与发展无不是对于当前人居环境变化所作出的广泛而深入的积极探讨。

当前，国外的热点研究领域集中在生态概念的聚落营造，其核心思路是环境友好与可持续性，国内以吴良镛院士为首的许多专家学者也在大力提倡我国乡村的生态化，而这些理念其实早已在岭南汉民系乡村聚落中贯彻千百年。因此，若能将岭南汉民系乡村聚落的生存智慧和营造理念研究透彻，不仅对我国下一个历史阶段的乡村发展战略具有启示意义，对世界人居环境的研究也将提供具有中国文化底蕴和风貌的积极意义的样本。

二、国际相关研究

国外关于人居环境的理念一直包含在城市规划学的范畴里，直至20世纪50年代，道萨迪亚斯创立人类聚居学后才开始了系统的研究。在其发展过程中，各个学科的专家学者不断参与到其研究的行列，并不断地丰富该学科的内涵。因此，到目前为止，国外人居环境研究大致可以归纳为城市规划学派、人类聚居学派、地理学派和生态学派[22]等几个主要学派。

19世纪末20世纪初，以霍华德（E.Howard）、盖迪斯（P.Geddes）、芒福德（L.Mumford）等为代表的城市规划先驱者开创了人居环境研究的先河。1898年，霍华德出版了《明天，通向真正改革的和平之路》（*Tomorrow: A Peaceful Pathto Real Reform*）提出"田园城市"（Garden City）的概念，认为建设理想的城市，应兼有城和乡二者的优点，并使城市生活与乡村生活像磁体一样相互吸引，共同结合。这个城乡结合体就是田园城市。盖迪斯从生物学着手，进行人类生态学的探讨，研究人与环境及人类居住与地区的关系。他提倡的"区域观念"，强调分析地域环境的潜力和限度对居住地布局形式与地方经济体的影响。芒福德注重以人为中心，强调以人的尺度为基准进行城市规划，并提出影响深远的区域观和自然观。他抨击了大城市的畸形发展，把符合人的尺度的田园城市作为新发展的地区中心，认为"区域是一个整体，而城市是其中的一部分"，只有建立一个经济文化多样化的区域，才能综合协调城乡发展，并且主张大、中、小城市结合、城乡结合及人工环境与自然环境结合。[22]

以道萨迪亚斯为代表的人类聚居学派发源于城市规划学派，并逐步形成独立的学科体系。道萨迪亚斯在20世纪50年代创立的"人类聚居学"（ESISTICS: The Science of Human Settlements），被21世纪人居环境研究学界公认为是最具有可持续发展观的人类聚居研究代表性学派，其核心论点是"包括城市和乡村在内的所有人类聚落已经出现了危机""当我们在处理聚居问题的过程中，在过度专业化的道路上越走越远的时候，我们丢掉了建设聚落的主要目的：人类的幸福，即人类通过与其他元素之间的平衡发展而获得的幸福。每一天，我们都在失去一些综合处理聚居问题的能力，因为我们的专业越分得细，我们越无法从总体上理解聚居问题，也就越忘记了综合的必要性"[13]226。他强调把包括乡村、城镇、城市等在内的所有人类住区作为一个整体，从人类住区的"元素"（自然、人、社会、房屋、网络）进行广义的、系统的研究。[22]这一观点和道氏研究方法的提出，对21世纪欧洲乃至世界的人居环境研究产生了深远影响，是欧洲目前研究人居环境问题时强调多专业缀合、社会科学与自然科学平衡考虑的理论渊源。而尤其需要引起重视的是，道萨迪亚斯对人居环境的讨论，并没有把城市和乡村割裂开来，而是以探寻人类聚居本质形态和发展方向的眼光，从长期发展战略的角度来提出问题与解决问题。

地理学派研究的核心是人地关系，即人类活动和地理环境错综复杂的相互作用。人类生产和生活的主要场所是人居环境，它是人地关系矛盾最集中和突出的地方，因此，可以说它是人地关系最基本的联结点。国外城市地理学家注重研究技术的发展对城市空间形态的影响，以及对居住区位的影响，如德国经济学家杜能（Johann Heinrich von Thünen）的《孤立国同农业和国民经济的关系》（简称《孤立国》）中，其农业区位论研究了居住空间结构形成的机制，"中心地理论"创始人，德国经济地理学家克里斯泰勒（W.Christaller）研究城市空间组织和布局时，在《德国南部的中心地》中研究居民点空间分布的中心地等级体系等。[22]

生态学派以人类生态学为理论基础，重点研究居住空间结构。在现有的人居环境生态学理论研究中，都是利用生态学原理，认识和分析自然要素的类型及其发生规律，探寻符合自然规律的人居环境组织方式。苏联城市生态学家杨尼斯基（O.Yanistky）于1987年提出了"生态城市"的模式，代表了住区发展的方向，认为生态城市就是按照生态学原理建立起来的一类社会、经济、自然协调发展，物质、能量、信息高效利用，生态良性循环的人类聚居地。美国著名生态学家理查德·瑞吉斯特（Richard Register）持类似观点，在他的论著《生态城市》（Ecocities: Rebuilding Cities in Balance with Nature）中，认为生态城市即生态健全的城市，是紧凑、节能、与自然和谐、充满活动的聚居地，人的创造力和生产力得到最大限度的发挥，居民的身心健康和环境质量得到保护。[22]

20世纪后期，人居环境研究的发展中心由西方逐渐向东移，尤其是亚洲一些国家最为活跃。日本是非常重视其人居环境建设的国家，因为地少人多，城市化程度高，所以他们比较重视"城市居住生态"。其在人居环境建设上最突出的方面是对环境的保护，其成绩的取得得益于环境立法和政府对环境工作的指导。"早在1950年日本政府就颁布了《国土综合开发法》，1951年公布的《森林法》以法律的形式确定了保护植被、增加植被覆盖率等各种对策，随后又颁布了一系列的法律法规对环境进行保护。"[22]此外，新加坡、印度等国家也在不断着手改善本国人居环境状况，但主要是局限于城市范围。如新加坡主要通过侧重住房、公共服务设施以及道路绿化建设来改善其城市人居环境。

第五节

研究的理论、方法与价值

一、人居环境科学研究的基本理论思想

中国的人居环境科学是吴良镛先生在希腊学者道萨迪亚斯20世纪50年代创立的人类聚居学基础上，结合中国的社会实际和多年来的理论思考与建设实践而创建的"一门以人类聚居为研究对象，着重探讨人与环境之间相互关系的科学。它强调把人类聚居作为一个整体，而不像城市规划学、地理学、社会学那样，只涉及人类聚居的某一部分或某个侧面。学科的目的是了解、掌握人类聚居发生、发展的客观规律，以更好地建设符合人类理想的聚居环境"。[13]

（一）人居环境的定义

吴良镛先生指出："人居环境，顾名思义，是人类聚居生活的地方，是与人类生存活动密切相关的地表空间，它是人类在大自然中赖以生存的基地，是人类利用自然、改造自然的主要场所。"[13]同时，他分析了人居环境科学研究的五个最基本的前提："人居环境的核心是人，人居环境研究以满足'人类居住'需要为目的；大自然是人居环境的基础，人的生产生活以及具体的人居环境建设活动都离不开更为广阔的自然背景；人居环境是人类与自然之间发生联系和作用的中介，人居环境建设本身就是人与自然相联系和作用的一种形式，理性的人居环境是人与自然的和谐统一，或如古语所云'天人合一'；人居环境建设内容复杂。人在人居环境中结成社会，进行各种各样的社会活动，努力创造宜人的居住地（建筑），并进一步形成更大规模、更为复杂的支持网络；人创造人居环境，人居环境又对人的行为产生影响。"[13]

（二）人居环境的构成

道萨迪亚斯在论及人类聚居时指出人类聚居由两部分组成：一是单个的人以及由人所组成的社会；二是容器，即自然的或人工的元素所组成的有形聚落及其周围环境。从中可以看出，人类聚居环境由内容（人及社会）和容器（有形的聚落及周围环境）两部分组成。道萨迪亚斯把它们继续分为五种元素，即所谓的人类聚居的五种基本要素："（1）自然：指整体自然环境，是聚居产生并发挥其功能的基础；（2）人类：指作为个体的聚居者；（3）社会：指人类相互交往的体系；（4）建筑：指为人类及其功能和活动提供庇护的所有构筑物；（5）支撑网络：指所有人工或自然的联系系统，其服务于聚落并将聚落连为整体，如道路、供水和排水系统、发电和输电设施、通信设备以及经济、法律、教育和行政体系等。" [13]

道萨迪亚斯指出："物质要素之间的相互关系便形成了人类聚居，这是人类聚居学的全部内容。"吴良镛先生借鉴道萨迪亚斯"人类聚居学"，用系统的观念，将人居环境从内容上划分为五大系统。

"（1）自然系统：指气候、水、土地、植物、动物、地理、地形、环境分析、资源土地利用等。整体自然环境和生态环境，是聚居产生并发挥其功能的基础，人类安身立命之所。（2）人类系统：主要指作为个体的聚居者，侧重于对物质的需求与个人生理、心理、行为等有关的机制及原理、理论的分析。（3）社会系统：指公共管理和法律、社会关系、人口趋势、文化特征、社会分化、经济发展、健康和福利等。（4）居住系统：指住宅、社区设施、城市中心等，人类系统、社会系统等需要利用的居住物质环境及艺术特征。（5）支撑系统：指人类住区的基础设施，包括公共服务设施系统——自来水、能源和污水处理，交通系统——公路、航空和铁路，以及通信系统、计算机信息系统和物质环境规划等。" [13]

在五大系统中，人类系统与自然系统是两个基本系统，居住系统与支撑系统则是人工创造与建设的结果。吴良镛先生还特别指出："根据人类聚居的类型和规模，将其划分为不同的层次，这对澄清人居环境的概念以形成统一认识，对开展人居环境的研究是十分有利和必要的。为简便起见，我们在借鉴道萨迪亚斯理论的基础上，根据中国存在的实际问题和人居环境研究的实际情况，初步将人居环境科学范围简化为全球、区域、城市、社区（村镇）、建筑等五大层次。同样值得指出的是，这五大层次的划分在很大程度上也是为了研究的方便，在进行具体研究时，则可根据实际情况有所变动。" [13]

（三）人居环境科学的观念与方法

道萨迪亚斯提出了人类聚居学的研究方法，就是经验实证和抽象推理相结合。人们历来都是凭经验对聚落进行分析研究和建设的，总是根据现有聚落中的经验和教训来推测未来，因此，经验实证的方法是人类聚居的基本研究方法。但经验实证的方法有一个重大缺陷，即当人类聚居中出现了前所未有的新问题或者发生了较大的变化时，如果人们仍然按照经验方法来处理，就会出现失误或偏差。所以，聚居学研究必须采用抽象的理论思维。

二、研究方法及亮点

从研究着眼点来说，不同于以往建筑学界从单一角度、具体现象入手的视角，本书立足于对研究方法论本身的探索和对方法论在实践运用中的验证。由于本书的研究涉及的时间、空间跨度较大，所以历史文献资料的收集、乡村聚落及建筑的测绘、人员访谈、问卷调查都是本书研究的基础。通过对收集到资料的归类、提炼分析和推演，并与取得的乡村聚落实地踏勘资料相结合，对比分析，以达成研究结论。

本书期望做出有价值与创新的工作有：

（一）对雷州半岛乡村传统聚落各类资料的系统整理与研究，完善广东民居类型体系，总结雷州民居的典型特征

雷州半岛乡村聚落人居环境研究作为岭南汉民系传统聚落人居环境研究的组成部分，其研究成果对完善岭南汉民系传统聚落人居环境研究有着重要意义。本书通过宏观、中观、微观三个层面，对半岛乡村传统聚落力求做到全面系统的发掘、整理、呈现与总结历史文献、历史图典、测绘成果以及各类相关资料。在此基础上进一步完善广东民居的类型体系，对雷州民居进行特征总结。这是本书研究的前提和基础，以为今后进一步的研究奠定一定的基础。

（二）对传统乡村聚落系统构成进行透彻地剖析，提出乡村传统聚落具有典型规划思想和方法的研究结论

通过对雷州半岛乡村传统聚落系统内涵结构及其形态系统的演变分析，结合传统农业社会的发展背景，揭示传统村落规划思想的影响范畴以及背后的深层含义，总结传统乡村规划的方法，为乡村传统聚落人居环境的建设研究提供理论方面的依据。这是研究乡村聚落研究的一个突破，是新农村建设提升人居品质的有效原则之一。

（三）通过地理学及其他多元学科概念为基础，提出乡村传统聚落系统共生区域及适宜性规模的概念

在乡村传统聚落人居环境理念的指导下，对雷州半岛人居环境的物质空间建设进行分析，总结出在不同尺度层面下，乡村聚落群之间构成的闭合生存圈内部的共生关系及聚落规模的适宜性尺度，并根据乡村聚落规划建筑布局及社区的集约化建设提出均平共生的生存法则。这是乡村聚落人居环境建设的深层内涵。

（四）对雷州半岛乡村传统聚落兴衰的发展模式及规律进行总结，提出适宜可持续发展的人居环境营造策略

通过对雷州半岛乡村传统聚落兴衰典型案例的形成、发展、兴盛、变迁、衰落、复兴的过程及聚落形态的演进规律、影响因素进行深入剖析，探索出特定地域环境下乡村人居环境建设与各种影响要素之间的相互关系。这是本书的研究重点之一。

（五）利用数字化技术从不同尺度对乡村传统聚落进行模拟分析，深刻揭示了传统人居环境营造中所蕴含的经典智慧

通过计算机技术对乡村传统聚落的规划方法、微环境设计、人居智慧进行科学的印证，并总结出乡村聚落可持续发展的人居环境规划设计方法及可行性原则。这是打开未来乡村人居环境可持续发展研究之门的钥匙。

（六）在对乡村传统聚落生存智慧总结的基础之上，提出乡村传统聚落由"传统低碳"走向"现代低碳"的理念及发展道路

通过对乡村传统聚落人居环境建设的智慧哲学进行深层挖掘分析，得出传统低碳持续发展的结论，对比当前国际通用的低碳可持续理念，从而将传统与当代的可持续原则进行糅合，提出当前乡村传统聚落人居环境可持续发展的策略。

三、研究模型与价值（图1-5-1）

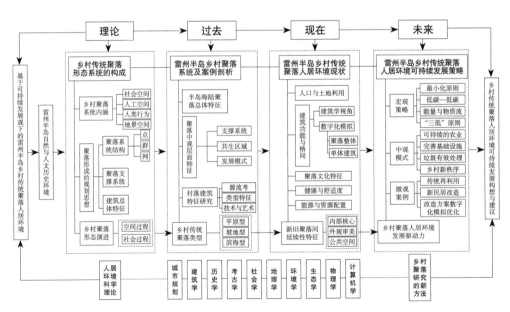

图1-5-1　研究模型与价值示意图

第二章

雷州半岛自然
与人文历史环境

任何人居环境的生成都需要具备三个方面的条件：即人居环境生成的特定地理环境、人居环境的创造与使用者——人、人与环境的互动。要研究雷州半岛传统聚落人居环境问题，首先要了解和研究雷州半岛的自然地理及人文地理环境，研究其是怎样左右原住居民和外来移民创造和使用该地域环境的。其次要研究雷州人，研究雷州的民系、族群构成和历史不同时期移民和民族的关系。最后便是研究雷州人是如何影响和改造环境，从而生成具有明显别他性的区域人居环境；同时也要研究雷州半岛环境是如何反作用于雷州人的行为与思想，使其在适应雷州半岛环境生存的过程中深深烙上雷州地域特色的印迹，形成独树一帜的雷州半岛人居环境。然而，本书不仅要对雷州半岛人居环境进行基础性的描述性研究，更要对其人居环境发展机制及持续发展的走向进行动态的深层研究。因为，不仅是人居环境自身价值的高低决定了一个区域人居环境的生命力如何，其生态环境的变化对人居环境的持续发展更具有深刻的影响。因此，将环境、人及其之间的互动作为一个整体来研究是贯穿本书的整体思路。

第一节

雷州半岛概况

雷州半岛位于广东省的西南部，三面环海，东濒南海、西临北部湾，南隔琼州海峡与海南省相望，介于北纬20°14′~21°44′、东经109°55′~110°44′之间，东西宽60~70公里，南北长约140公里，总面积约12400平方公里，是中国第三大半岛。海岸线总长1400公里，最大的港口是湛江港。[23]地势北高南低，大部分是海拔100米以下的台阶地，土壤多为砖红色，故有"红土地"之称。雷州半岛属热带亚热带季风气候，终年受海洋气候调节，冬无严寒，夏无酷暑，空气湿度大，日照时间长，海洋资源十分丰富。[24]

雷州半岛因古雷州而得名，历史上属于雷州府辖地。"雷州"一词的定义已有上千年历史，并已具有非常厚重的历史文化积淀，而民国至中华人民共和国成立后两次大的疆域调整，使得对"雷州"这一概念有两种理解："一是民系上的雷州，二是现有行政区域的雷州，即雷州市"[25]。民系上的雷州是指历史上雷州府所辖的徐闻、海康、遂溪三县，及现在湛江市区的（赤坎区、霞山区、麻章区、开发区、东海岛）等，即人们常说的三雷故地。据华东师范大学王东先生意见，衡量一个民系的形成，有以下几个原则：第一，在某一时空背景中，生活着一支稳定的居民共同体，其人口数量一般不低于同一时空背景下原住居民；第二，这一稳定的居民共同体，必须形成一种独特的心理素质和文化范式，以及自我认同意识；第三，这一稳定居民共同体，必须形成一种有别于周边其他民系的方言系统。[26]因雷州半岛"具有独特人文地理范围，有着共同的生活习惯，共同的民风民俗，共同的文化背景，共同的语言环境，共同的价值取向，共同拥有了雷州文化的称呼[25]，故笔者以此为基础，将民系上的雷州作为主要的写作范围来搜集材料进行研究。现在大家所普遍认同的"雷州民系"，也可称之为雷州人，是广东主要族群之一。现在的雷州人发源自闽南地区，迁徙雷地之后和当地的百越人互相混合，逐渐发展成为现在的雷州人。雷州民系与粤东的潮汕民系、闽南民系及海南民系有着深厚的渊源，但因历史的不同积淀与地理环境的差异，使得雷州人根据半岛特殊的环境发展出与潮汕文化、闽南文化皆不相同的雷州文化。同时，雷州人刚毅果敢，求真务实，淳朴重义，并拥有自己特色的雷州话（黎语），其与现今闽南地区语言有许许多多的相同之处，同时也有些差异，与潮汕话和海南话则更相近，但还是有相当的差异。[25]

现在的雷州市位于雷州半岛中部，隶属于湛江市管辖，是一个县级市，其所辖范围为历史上的"雷州城"与"海康县"。雷州市的历史悠久，其文化底蕴厚重并且源远流长，于1994年被评选为"国家历史文化名城"，是广东七大著名国家级历史文化名城之一（七个历史名城分别为：广州、潮州、肇庆、佛山、梅州、雷州、中山），是粤西地区唯一的"国家历史文化名城"。同时，雷州文化亦被称作独特的广东四大区域文化（四大文化区域：广府、客家、潮汕、雷州）之一。自汉元鼎六年（公元前111年）至民国二年（1913年），2000多年里雷州城一直为县、州、郡、道、军、路、府治之所在地，为雷州半岛的政治、经济、文化、中心，素称"天南重地"。[25]

第二节

雷州半岛的自然条件

雷州半岛特有的自然环境为其独特的人居环境提供了先决条件，雷州人在这种客观环境中寻求与自然环境的相互适应，也积极地改造自然的不利之处，这样特色的人居环境便产生出来。因此，研究雷州半岛传统聚落人居环境就必须从当地自然环境着手，这样可以更加客观地分析人居环境的成因及演变规律，探寻其中蕴含的生存智慧哲理。

一、气候条件

雷州半岛气候资源是十分珍贵的，其有两个突出特点：一是热量资源丰富，尤其是冬季；二是因地处热带北缘岛上，具有热带气候特点，各地均符合热带气候标准。在我国，仅海南省、广东省西南部和云南省南部部分地区属热带地区。[27]

雷州半岛属热带季风气候，气候温和，夏无酷暑，冬无严寒。半岛年均气温22.8～23.4℃，最冷月均温也超过15℃，全年无霜。年降水量1393～1758毫米，由东向西渐减。夏季常受热带气旋影响，降水集中夏、秋两季，多暴雨。[28]4～9月的降水量占全年降水量的82%。12月～翌年3月的降水量较少且不规律，经常有春旱。雷州半岛年太阳总辐射量较丰富，年太阳总辐量4563～4939兆焦耳/平方米，年日照时数较长，达1821～2068小时。[27]雷州半岛上海陆风明显，除了受热带气旋影响阵风达12级以上外[29]，年平均风力陆地3.0～3.5米/秒，沿海、岛屿3.4～6.1米/秒。

雷州半岛又素以雷暴频繁著称，平均雷暴日数80～112天，半岛的西南部更是闻名的雷区。雷电过后，因为电击在空气中产生了大量的负离子，空气格外清新。除了雷电，海洋中海浪频繁的涌动也会产生大量的负离子，使得海边的空气清新，令人心旷神怡。[29]半岛东海岸和西海岸气候略有不同，半岛的东海岸濒临琼州海峡，年主导风向为东风或东南风，受热带气旋和海面大风天气影响比西海岸略多一些。半岛西部沿海濒临北部湾，年主导风向为东南风，热带气旋正面登陆极少。但在气候方面南北相差较大：徐闻西部沿海阳光充足，日照达2100小时以上，炎热时间最长，平均气温23.4℃，最高气温达39℃，受前汛期锋面低槽系统影响较少，年降雨1200毫米，是半岛降雨最少的地方，常见少雨干旱。而靠近北部湾的廉江年平均气温22.8℃，最高气温37.5℃，冬季平均最低温度13℃，受北部湾天气系统直接影响，雨水充足，年降雨量达1700毫米以上，日照1800小时，是半岛降雨最多、日照最少的地方。[29]

雷州半岛的主要气象灾害是干旱，广东省春季降水过程主要来自锋面活动的影响，但由于春季冷空气不易到达雷州半岛而难以产生降水，同时受副热带高压影响，日照强、气温高、蒸发量大，使该岛成为春旱区。[27]

二、地形条件

"雷州半岛三面环海，岸线曲折，沿岸港湾众多，主要有湛江港、雷州湾、英罗湾、流沙港、乌石港、安铺港。南部海岸港湾有红树林和珊瑚滩。半岛之东近岸海域中有30多个岛屿，较大的岛屿有东海岛、南三岛、硇洲岛、新寮岛和东里岛。"[30]吴尚时先生与曾昭璇先生在《雷州半岛地形研究》中记述"雷州半岛则在华南山岭区之崖岸中，反呈地平外貌，海港无一优良者……火山排列成行，河流四射，火口湖或陷落盆地均在此，其余各地，平坦如镜，尤以西北部为然……惟海水之侵蚀，因半岛之物质多为松弱之沙土，由是得以迅速进行，尤以无岛屿屏障之西岸为然。"[31]

雷州半岛地形西北高、东南低，以台地为主，次为海积平原，地形单一，地势平缓，海拔多在100米以下。半岛北部为和缓的坡塘地形，海拔25～50米；南部为玄武岩台地，更为平坦，占半岛面积的43.3%，中间微微隆起，略呈龟背状，台地上多分布有10座孤立的火山锥，一般海拔25～80米，其中石峁岭最高，海拔259米。中西部和北部多为海成阶地，占半岛面积的26.7%，海拔在25米以下。中东部为冲积平原和海积平原，占半岛面积的17.4%，地形平缓。沿海有海蚀和海积阶地。[30]

三、水文条件

雷州半岛地下水资源较丰富，主要源自降水入渗和地表水体的渗漏补给。根据境内地形特点、地质条件，覆盖层的性质等情况分析，十分有利于降水的滞流和入渗补给，并具有良好的储存条件。[23]半岛地表水缺乏，河川少且短小。地表水系呈放射状由中部向东、南、西三面分流入海，东流有遂溪河、城月河、南渡河（擎雷水），南流有流沙河等，西流有海康河等。[29]地下水资源丰富，水质好，量多，但埋藏较深。由于地表水缺乏，于20世纪50年代末，当地政府集人民愿望，号召并组织开展了雷州青年运河的兴建工作。雷州青年运河源于广东省湛江廉江县鹤地水库，经遂溪、海康、湛江等县市。干河总长74公里。另有"四联河、东海河、西海河、东运河、西运河等5条分支，全长271公里，主干河分出的干支渠4039条，总长5000多公里。"[32]1960年建成，开凿者以青年人为主，又因位于雷州半岛，故名"雷州青年运河"。由人工开凿的雷州青年运河自北向南延伸，其灌溉渠道分布于整个半岛北半部。运河以农业灌溉为主，综合工业、生活供水和防洪、发电、养殖、航运、旅游等功能。[33]

南渡河是雷州半岛腹部最大的河流，河床坡度平缓，其流域与半岛西部干旱地区接壤，部分区域属西南部干旱地区。[34]河流发源于遂溪县河头镇的坡仔，流经客路、纪家、唐家、杨家、松竹、南兴、白沙、附城、雷高等9个镇，从雷州市双溪口注入大海，流域面积1444平方公里，南渡河长97公里，沿线有安榄、溪头、南渡、渡仔4个渡口。南渡河源远流长，奔腾不息，浇灌千里沃土，孕育了雷州文明。[35]

第三节

雷州半岛的历史变迁

早在5000多年前，已有人类在雷州半岛繁衍生息。近年在雷州英利镇等地发现了10多处新石器时代的文化遗址，出土了大量石斧、石网缀和陶器，说明雷州先民已在这里过着耕海生活。[36]后来他们开始逐步和中原交往，五帝时"已通声教①"[37, 38]。夏朝时

① （清）喻炳荣，朱德华，杨翱，纂. 遂溪县志［M］卷二. 沿革. 北京：中国国家图书馆. 中国国家数字图书馆. 数字方志，道光二十八年（1848）续修，光绪二十一年（1895）重刊.

期，雷州之地属南徼，"禹贡属扬州为南徼荒服"①[39]。先秦时，雷州为"荆扬之南裔、商南越、周南海、周末百粤"②[40]。春秋时期，雷州为楚国属地，其城池兴起极早，周惠王六年（公元前671年），楚成王熊恽（公元前671～前626年）"奉命镇越，至此开豁石城。建楼（楚豁楼）以表其界"[41]③。《雷州府图经》也有此记载："雷州，本战国楚地，楚熊恽据有夷越，遂属焉。"

据史载，公元前221年秦始皇统一全国，公元前214年平定百越，置南海、桂林、象三郡，雷州属象郡。秦灭亡后，楚汉相争，战乱连年。秦二世时南海尉任嚣病重，命龙川令赵佗行使尉事，任嚣死后，在中原没有建立统一中央王朝的情况下，赵佗一举统一了岭南地区，以番禺为都城，建立南越国，自立为南越武王，雷州亦属其辖。汉初，汉高祖刘邦无暇顾及南粤之事，为安抚赵佗，便下诏立其为南越王。自汉武帝元鼎六年（公元前111年），遣伏波将军路博德平定南越，置徐闻县，划属合浦郡。[39]

雷州半岛自此以后的历史可以分为合浦、合州、雷州三个阶段。合浦阶段：从汉武帝元鼎六年（公元前111年）至南齐永明二年（公元484年）的五百九十五年里，雷州半岛属于合浦郡前后共五百四十二年[42]（其中五十三年分属珠官郡和珠崖郡）。合州阶段：南朝齐武帝永明年间改徐闻县为齐康郡，梁武帝大通（公元527～529年）中属南合州，隋炀帝大业元年（公元605年），复属合浦郡，至唐贞观八年（公元634年）改东合州为雷州。其州郡之名，以"合州"为主。雷州阶段：东合州之名只使用了七年，在贞观八年，本州刺史陈文玉奏请改东合州为雷州，因其有擎雷水，故名。从此，"雷州"就被历代沿用，由唐而五代，及至宋、元、明、清，置郡设州，除了南汉乾亨元年（公元917年）改称"古合州"外，其余均使用了"雷州"的称谓。唐名"雷州"，宋设"雷州军"，元改"雷州路"，明称"雷州府"，清至民国二年，沿袭明之遗制，仍名"雷州府"。雷州半岛自汉元鼎六年设置合浦郡至民国二年废除雷州府的两千多年里，先后使用了合浦、珠官、珠崖、齐康、合州、南合州、禄州、东合州、雷州、古合州、海康等十一个域名。[24]

1949年12月5日海康县解放。1956年11月把遂溪县的纪家、沈塘两个区划归海康县（今雷州市），东里区新寮岛划为徐闻县。1958年秋至1961年春撤销海康县，原海康县一分为二：南渡河以北即现今的雷城、附城、白沙、沈塘、客路、杨家、唐家、纪家、企水、海田等10个乡镇与遂溪、廉江合并，称为雷北县，1960年改为雷州县；南渡河以南的南兴、松竹、雷高、调风、东里、龙门、英利、北和、房参、覃斗、乌石等11个乡镇与徐闻合并，称为雷南县。1961年4月按1958年前建制恢复海康县建制，同时将徐

① （明）欧阳保，等，纂修. 万历雷州府志［M］//日本藏中国罕见地方志丛刊. 卷一. 舆图志. 沿革. 刻版. 北京：书目文献出版社，1990.
② （清）雷学海，修；陈昌齐，纂. 嘉庆雷州府志［M］//沿革. 北京：中国国家图书馆. 中国国家数字图书馆. 中国古代典籍，嘉庆十六年（1811）.
③ 此处观点学术界尚有争论，湛江市地方志专家李堪珍认为春秋战国时期雷州半岛未入楚国管辖范围，且楚豁楼为子虚乌有，笔者在这里所呈现的是雷州当地普遍认同的另一说法。

闻的青桐乡（小乡）划归英利公社。1982年将沈塘公社的吴村、平衡、乾塘、坑仔、高明、朝栋、文章、吴西等8个大队划归遂溪县。海康县解放后，海康先后属南路专区、高雷专区、粤西专区、湛江专区管辖，从1983年9月起属湛江市。1994年4月26日，经国务院批准，民政部批复（民行批〔1994〕64号）同意撤销海康县，设立雷州市，由广东省直辖，委托湛江市代管。[43]

第四节

雷州半岛的人口结构与文化渊源

雷州半岛地处岭南边陲，北接粤西山区，南临辽阔南海，遥望琼岛海南。这样特殊的自然地理环境在古代交通极不发达的情况下，成为较为封闭的地区，因其封闭导致文化与生产力各方面均较中原地区落后。然而，雷州半岛处在南海交通要冲，历史上海陆交通和贸易兴旺，人员和物资往来频繁，随着社会与人类生产力的不断进步，航运交通的逐渐发达，竟逐渐成为南海一块相对开放的地区，在这种"相对封闭和开放的地理区位"[44]3，雷州半岛发展出了自己特有的民系，当地居民与周边环境相适应创造出极富地域特色的半岛文化。

雷州半岛三面环海，北接大陆的独特地理环境、热带的气候特征、蜿蜒流淌的南渡河以及起伏延绵的丘陵地，为雷州先民的繁衍生息提供了充分的栖息之地，同时又孕育了雷州本土文化的雏形。

雷州半岛目前的人口构成以汉族为主，有少量的少数民族，而历史上这块土地却曾是众多少数民族先民繁衍生息的聚集地。据历史记载，自上古时期便有古越人聚居而栖，这些古越人被视为当地的原住居民，在以后的历史中，中原汉人不断迁徙至此，并带来了先进的技术与中原的文化。在这些移民与当地原住越人不断碰撞融合的过程中，大部分原住越人被中原文化汉化，"未被汉化的那部分越人，迁徙他处而逐渐演变为壮、黎、瑶等少数民族。顾炎武的《天下郡国利病书》广东条云：'壮则旧越人也。'"[44]5-6但是，本土文化在汉化的同时并没有消亡，而是转化为一种基础文化与中原汉文化不断地碰撞与融合，例如雷州半岛的石狗文化、铜鼓文化等，这些文化渊源均来自于本土文化而形成影响于后世特殊的雷州文化。[44]

一、移民史

随着中原王朝的不断南进开发，雷州较早便纳入了中原王朝的管辖范围，同时也为南陲荒蛮之地带来了中原文化。随着历史的不断发展，经历了各个朝代的移民不断南迁融入，以及历史上众多名贤志士的贬谪留居，雷州逐渐摆脱了落后荒蛮的状态，最终形成了以闽南先民后裔为主体的汉人聚居地。

据有关考古材料证实，雷州半岛至少在五千年前就有人类活动。上古时期，古越人在雷州半岛聚居，古越人中的俚人属羌人的一支。他们由西向东迁至黄河中下游，夏商时族类繁多，后遭商朝征讨，一部分俚人逐渐南迁至长江以南，与百越族系混合。[45]岭南的俚人还有一部分定居于雷州半岛。[46]"迁徙雷州的俚人与原住越人聚居成为雷州的先民，他们崇敬雷神，善于铸造云雷纹铜鼓以酬雷"[45]。

秦始皇平灭六国、统一中原以后，开始谋划建立多民族统一国家的大业。首先选择进军的目标，就是岭南地区的"百越之地"。据《史记·平津侯主父列传》记载：公元前218年，秦始皇"使尉屠睢将楼船之士南攻百越"①。由于屠睢征战策略失误，加之越人凭借高山密林顽强反抗，使秦军大败。屠睢也被越人杀死，使得秦军的百越之战陷入"旷日持久"[47]的状态。同时军需供给发生危机。在这种情况下，秦始皇命太监史禄开凿灵渠，以通漕运，运输粮草深入越地，又"使尉佗将卒以戍越"①[47]。赵佗一改屠睢残杀越人导致失败的策略，推行"和辑百越"的民族亲和政策，团结越人各族部落的首领，并逐步得到了越人的拥戴。秦始皇三十三年（公元前214年）终于成功地平定了百越之地，"发诸尝逋亡人、赘婿、贾人略取陆梁地，为桂林、象郡、南海，以适遣戍"②[48]，在少数民族地区设立三郡，建立了秦朝政权。从此，"六合之内，皇帝之土。西涉流沙，南尽北户（夏季门窗向北为朝阳面的赤道附近），东有东海，北过大夏"②[48]，都归入秦朝版图，其中包括现在的越南以及我国的海南、香港、澳门地区。

秦灭亡后，楚汉相争，战乱连年。在中原没有建立统一中央王朝的情况下，赵佗统一了岭南各地，以今番禺为都城，建立南越国，自立为南越武王。赵佗统一岭南后，继续在南越实行"和辑百越""汉越一家"的民族融合政策，要求所有中原官兵和移民要尊重越人。他还自称"蛮夷大长老"，身穿越人服装，结发头顶，一副越人的装束。他起用了大量少数民族杰出人物拜相将兵，并且大力倡导汉越通婚，自己带头将女儿嫁予越人联姻，开创了中原人与岭南百越少数民族亲如一家、自然融合的局面。"不仅极大地消除了民族分裂与仇视的隐患，而且奠定了岭南多元一体化的文化格局"[49]。

西汉建立后，汉高祖十一年（公元前196年）五月，刘邦委派大夫陆贾携带诏书南下番禺，奉劝赵佗归顺汉朝，封赵佗为南越王。汉高祖在诏书中高度评价了赵佗治理和开发岭南地区的功劳[49]，赞扬他"居南方长治之，甚有文理。中县人（中原迁徙到岭南

——————————
① （西汉）司马迁. 史记［M］. 卷一百一十二//平津侯主父列传第五十二. 北京：中国国家图书馆. 中国国家数字图书馆：中国古代典籍.
② （西汉）司马迁. 史记［M］. 卷六//秦始皇本纪第六. 北京：中国国家图书馆. 中国国家数字图书馆，中国古代典籍.

的移民）以故不耗减，粤人相攻击之俗益止，俱赖其力。"①[50]

岭南自成为汉朝的疆域后，因为不存在移民的来源，并没有出现具有规模的移民。南越远离人口稠密地区，其周围的今福建、江西、湖南、贵州等地都是人口非常稀少、尚未开发的地方，不可能有大规模的移民输出。而中原人口稠密区南迁的人口至长江流域就已定居，难以越过这大片未开发区到达岭南。[51]交通的不便也限制了人口的迁入。虽然秦朝时就已开辟了几条越过南岭的道路，并通过开凿灵渠沟通了长江和珠江两大水系，但路途遥远，状况艰险，利用率很低。"旧交趾七郡贡献转运，皆从东冶泛海而至，风波艰阻，沈溺相系"②[52]，可以了解到当时交趾七郡对朝廷的贡献品和物资转运，都是从海路通过东冶（今福州市）转达的，很不安全。所以岭南便成为贬官罢黜流放罪犯及其家属的地方，而且以合浦郡为主（今广东徐闻县南）。史书记载，阳朔元年（公元前24年），京兆尹王章被杀，妻子被迁合浦。此后有罪官员、外戚及其家属多被迁合浦，仅少数有返回的机会。[53]265

而另一方面，岭南"处近海，多犀、象、毒冒、珠玑、银、铜、果、布之凑。中国往商贾者多取富焉"③[54]。地方官吏会以此牟利，就连被徙的官员家属也因此致富，如汉成帝时京兆尹王章被杀后，妻子徙合浦，居然因从事珍珠生产而成为巨富。因此，岭南不仅会增加一些流动人口，如商人，也会吸引一些人定居。[53]

西晋"永嘉八王之乱"后，东晋十六国与南北朝时期，历时一百多年的移民高潮，使得大批中原移民迁徙南方，此次迁徙基本分东、中、西三条主线，而大多数移民定居于秦岭江淮一带，越岭南之地者为数不多，但也有一些记载，如梁大同年间（公元535～546年），冯业曾孙、高凉太守冯宝与当地俚族首领、高凉州刺史冼挺之妹结婚，从此得到了冼夫人和俚族地方势力的全力支持。汉族北方移民与本地民族相结合，冯氏也发展为岭南最显赫的豪族，历经陈、隋和唐初不衰，直到唐高宗后才没落。[53]

唐天宝十四年（公元755年）十一月，正是唐代开元、天宝盛世的鼎峰阶段，身兼范阳、卢龙二节度使的安禄山，发所部兵及周边民族部众反于范阳（今北京市区南）；"时海内久承平，百姓累世不识兵革，猝闻范阳兵起，远近震骇"④[55]。安史之乱爆发不到一年时间，战火便燃遍黄河中下游的主要地区，并越演越烈。为了躲避战争灾难，黄河流域人民纷纷向战火未烧到的地区迁徙，寻找保全性命的安全场所。[56]235避难者"不

① （东汉）班固. 汉书·高帝纪下［M］. 北京：中国国家图书馆. 中国国家数字图书馆，中国古代典籍.

② （东汉）班固. 汉书·郑弘传［M］. 北京：中国国家图书馆. 中国国家数字图书馆，中国古代典籍.

③ （东汉）班固. 汉书·地理志下［M］. 北京：中国国家图书馆. 中国国家数字图书馆，中国古代典籍.

④ （宋）司马光. 资治通鉴［M］. 卷第二百一十七//唐纪三十三. 北京：中国国家图书馆. 中国国家数字图书馆，中国古代典籍.

南驰吴越，则北走沙朔"[57]。

因叛军未能进入秦岭以南和长江以南地区，甚至在淮海以南的活动也相当有限。广大南方地区得以避免战争侵扰，南方人民却享有了难得的相对和平局面，从而吸引了无数的北方人民，形成一股又一股的南迁洪流。[56]顾况说："天宝末，安禄山反，天子去蜀，多士奔吴为人海。"[58]李白诗："三川北虏乱如麻，四海南奔似永嘉。"[59]这些诗文都展示了安史之乱以后北方人民往南方大迁徙的广阔画面。

不过战乱并不是北方人民迁移的唯一原因，农民处境的日益恶化也是重要原因。至德二载，肃宗诏书说："诸州百姓，多有流亡，或官吏侵渔，或盗贼驱逼，或赋敛不一，或征发过多。俾其怨咨，何以辑睦？"[60]

唐代宗广德元年（公元763年），安史之乱结束，估计八年间有250万北方移民定居南方。

唐文宗大和八年（公元834年），诏岭南、福建、扬州地方官对蕃客常加存问，不得征收重税，安史之乱后，经海路前来贸易的外商日益增加，故有是令。

唐开成元年（公元836年），士大夫流放岭南后代未北归者达数百家。

唐僖宗乾符二年（公元875年），王仙芝、黄巢分别起义，继之而来的是军阀混战，再次触发了大规模北方人民南迁的高潮。

唐末天下大乱，战争连绵，人民财产受到的危害甚于安史之乱时，军阀、强盗横行，皇权架空，政治黑暗，不久便进入五代十国的分裂时期。

宋代是广东与海南历史上经济开发的重要时期，外来移民对广东及海南两地的民系形成具有重大影响。据吴松弟统计，宋代自元丰元年到至元二十七年的212年间，位于广西路南部的雷州的户数增长了550%；雷州也成为广西路人口密度最高的地区，元丰元年（1078年）尚居全国第六位，至元间已跃居第一位，每平方公里达到12.7户。[56]北宋初，雷州"地滨炎海，人惟夷獠，多居栏，以避时郁"[61]，一派荒蛮景象。北宋靖康之乱后，金人仍继续南进，江浙一带及中原逃亡的军民逐徙迁福建、广东，直至雷州半岛一带。其中最大规模的一次发生于南宋末期。当时为躲避元宋两军的战乱，闽南先民除大量迁移至台湾外，还有十几万闽南莆田人移民到雷州半岛区域。雷州半岛北缘"化州以典质为业者，十户而闽人居其九，闽人奋，空拳过岭者，往往致富。"[62]。宣统《海康县续志·金石》云："海康鹅感村官民，由闽入雷，自宋末梅岭公始"。同书

① （唐）于邵. 河南于氏家谱后续［M］//（清）董诰，阮元，徐松. 钦定全唐文. 卷四百二十八. 刻本. 扬州：扬州全唐文诗局，清嘉庆十九年（1814）.
② （唐）顾况. 送宣歙李衙推八郎使东都序［M］//（清）董诰，阮元，徐松. 钦定全唐文. 卷五百二十九. 刻本. 扬州：扬州全唐文诗局，清嘉庆十九年（1814）.
③ （北宋）王溥. 唐会要［M］卷八十五//逃户. 北京：中国国家图书馆. 中国国家数字图书馆，中国古代典籍.
④ （宋）乐史. 太平寰宇记［M］//中国古代地理总志丛刊. 卷一百六十九. 北京：中华书局，2007.
⑤ （宋）王象之. 舆地纪胜［M］. 卷一百十六. 广南西路. 化州. 风俗形胜. 引范氏旧闻合遗. 北京：中华书局，1992.

《人物志》又云："吴日赞，……府城东关人，先世系出八闽。始祖，宋淳熙初官雷州通判，因家焉，"[63]到了南宋时期，雷州已是"州多平田沃壤，又有海道可通闽浙，故居民富实，市井居庐之盛甲于广右"①[64]。由此可见，在南宋时期，奠定了雷州人口结构的基础和民系的基本格局。

此外，由于各个历史时期的倭寇侵略和当局严酷的海禁政策，闽南沿海的"河洛郎"们也陆续移民至雷州半岛区域。还有少量莆田人在移居潮汕地区几百年后"第二次"移民到雷州半岛区域。[65]北宋派遣的军队开驻雷州半岛，如雷州府知军事，诰命奉直大夫程浪斋公，皆为镇压边陲南蛮率军队远征从福建莆田而至，后称驻雷州湾的程村为宅基。程村为北宋"军户村"，繁衍至今。这是雷州半岛人口结构基本成型的关键时期，也是目前雷州人民自认为是宋代莆田后裔的重要原因。

不仅受战争与军事的影响，商业因素也是吸引移民的不可忽视因素，而这部分人以闽人为主。南宋广东有许多从福建前来经商的海商，以及前来进行违禁走私活动的商人。刘克庄《城南》诗说广州城南："濒江多海物，比屋尽闽人"②。

雷州城南天后庙大门联云："闽海恩波流粤土，雷阳德泽接莆田"。两地海神崇拜一脉相承。许多民居对联也写"源从闽海，泽及莆田"，说明雷州人在群体意识上为闽人衍生的一支，雷州文化与闽潮文化有深厚的渊源关系。[44]

明代雷州半岛并无大量的移民迁入，影响雷州半岛人口的构成主要是由于当时朝廷搞海防建设而进行的军事迁入。大量的所城、炮台、水师建设，使得军户占据了雷州半岛人口的相当比重。清嘉庆《海康县志》食货志户口条记载："天顺（明）六年（1462年）海康县民户一万三千七百九十，军户三千七百一十一"③。一个县有将近三分之一的户口是军户，形成一个不小的规模。

明末清初，由于自然灾害连续的影响，雷州半岛人口大量减少，据《徐闻县志》记载："万历二十四年大旱，赤地千里，是年斗米价银二钱五分，民多茹树皮延治，饥死者万计"④[66]；"顺治十年，徐大饥，病伤、虎伤人民，死者殆尽，先是壬辰癸巳，土人张彪与骆家兵相杀，连年不解，继复荒残，大饥，瘴发，阖室而死，百仅存其一二焉"[66]，人口大量死亡；此后不久，又遭迁界之灾，直至"康熙七年展界，设卫所，渐复官职招垦，给牛种"⑤[67]，才有移民不断迁入，此时的移民以附近居民为主，而后则有粤东客家迁入。

---

① （宋）王象之. 舆地纪胜 [M]. 卷一百十八. 北京：中华书局，1992.
② （宋）刘克庄. 后村先生大全集 [M]. 卷十二. 诗. 城南. 线装书局，2004：6.
③ （民国）郑俊. 康熙海康县志 [M]. 食货志·户口. 北京：中国国家图书馆. 中国国家数字图书馆，中国古代典籍，1929.
④ （清）王辅之. 徐闻县志 [M]//中国地方志丛书. 华南地方. 第一八三号. 卷一. 舆地志. 灾详. 影印. 民国二十五年重刊. 雷州：成文出版社有限公司，宣统三年（1911）.
⑤ （清）王辅之. 徐闻县志 [M]//中国地方志丛书. 华南地方. 第一八三号. 卷四. 赋役志. 屯田. 影印. 民国二十五年重刊. 雷州：成文出版社有限公司，宣统三年（1911）.

清代咸丰年间的土客械斗事件，也导致一部分客家移民向雷州半岛及海南一带迁徙。开始时，械斗只限于鹤山县一隅，而后蔓延到邻县。"故老相传，当日土客交绥，寻杀至千百次，计两下死亡数至百万"。①[68]393-397这场持续了十几年的土客械斗，虽不至传说中死者数百万，但也却使双方人口大量损失。

同治年间，朝廷为了平息这场争斗，颁布法令，予以资助，将这一带的客家人迁往他处，其中雷州便是重要一处。"委员到境，劝谕客众他迁，发给资费，大口八两，小口四两，派勇分途保护往高、廉、雷、琼等府州县及广西……等县，觅地居住谋耕。"①[68]

近代雷州半岛人口大规模的移民发生在20世纪50年代，起因是由中央指挥的雷州半岛橡胶种植大生产运动。为了解决当时国际敌对势力对新中国的严密封锁和橡胶禁运，中央决定在种植橡胶条件相对成熟的雷州半岛进行大规模垦殖。中华人民共和国华南垦殖局于1951年底成立，由叶剑英元帅亲自担任第一任局长。同年，根据中共中央的命令，中国人民解放军林业工程第二师和一个独立团进驻雷州半岛，拉开中国垦殖史上一场惊天动地的植胶大生产的帷幕。其开垦的难度和意义并不亚于著名的"北大荒"垦殖。据统计，当时的垦荒者除了林二师全体指战员外，还有来自全国各地自愿报名参加的国家干部、大中专院校师生、土地改革工作队员、归国华侨、各地农民、工人及苏联机械专家，共计37650人（当时徐闻县全县的总人口只有40000人）[69]。这些人口沉淀下来后成了雷州半岛近代新移民的构成主力。几十年来，湛江农垦人口已达17万之多，不但建成了橡胶基地，而且还建成了糖蔗、剑麻、水果、养殖、林业、茶叶基地，拥有170多万亩土地。[69]

雷州半岛这块土地上的人口构成伴随着中原历史的漫长推演，不断地变化、更新与交替。原住民与移民无疑是其构成的主要因素，各种情况的移民在组成当地人口的同时，也为这片土地带来了多元文化融合的契机，经过时间的推移，这些多元文化逐渐沉积下来，与原住民的遗风相融合，形成了别具一格的雷州人的雷州精神与雷州文化。

二、方言

雷州人虽源于闽南，但人们通过劳动改造自然，创造适应自身生存与发展的环境，同时也创造了自己的历史和文化，如本土文化、中原文化、闽南文化、广府文化、海洋文化以及历朝历代戍边形成的军屯文化等，这些多元文化杂糅在一起被雷州人吸纳融合，逐渐衍生出了有别于岭南其他任何汉民系的雷州文化，并且发展出了自己特有的语言——雷州话。

---

① 曹树基. 中国移民史：清、民国时期［M］//葛剑雄. 中国移民史. 第六卷. 福州：福建人民出版社，1997.

《左传·僖公二十四年》："言，身之文也。"言语不仅是人们交流的工具，也是人们籍贯、文化素养的直观表现。"母语的形成伴随人之所以为人的过程，它还是人的社会关系、乡土情感和人的本质的重要载体。"[70]贺知章《回乡偶书》中"少小离乡老大回，乡音未改鬓毛衰。"①的嗟叹，以及俗语中"宁卖祖宗田，不忘祖宗言"的誓言，对言语意义都做了简洁概括。

目前雷州半岛主要使用四大方言，即雷州话、白话（粤语）、倕话（客家话）和海话[71]，为广东省内使用方言最复杂的地区。雷州话在元明时期称为东语，为闽语的一支，主要通行于雷州半岛大部分地区，包括徐闻、海康（雷州市）、遂溪三县，即宋代的雷州府地，以及背部吴川、电白、阳江的沿海地区。这些地区大部分在宋代已经有相当数量来自福建的移民。文献载：绍圣年间（1094～1098年）南恩州（辖今阳江、阳春、恩平等县）"民庶侨居杂处，多瓯闽之人"②[72]。特别是州治所在的阳江县，"邑大豪多莆（田）、福（州）族"③[73]。在当时，福建籍移民已成为雷州半岛汉族居民的主要组成部分。白话（粤语）主要通行于半岛北部的湛江市区、廉江市城关和吴川市等地，分湛江白话（高阳片）和吴川话（吴化片）两个片区，其中的吴川话融合了粤语、古汉语、闽语和俚僚古越语的特点，是一种混合型语言。[74]倕话，即客家话主要通行于廉江市和电白县的北部山区，和广东东部嘉应地区的客家话相近。海话主要通行于廉江和电白的沿海地区，与白话和闽语比较相近。明代人王士性《广志绎》指出："廉州中国穷处，其俗有四民：一曰客户，居城郭，解汉音，业商贾；二曰东人，杂处乡村，解闽语，业耕种；三曰俚人，身居远村，不解汉语，惟耕垦为活；四曰蛋户，舟居穴处，仅同水族，亦解汉音，以採海为生。"④[75]闽潮人抵达琼雷地区，闽南话亦即开始在当地传播开来。

历史上，雷州半岛的语言经历了不同的发展阶段，不同语言的此消彼长与当时移民的社会背景是相对应的，但具有一定的滞后性。"唐朝闽南一批居民移入雷州，壮大汉人队伍，进一步开发雷州半岛。唐宋以后，外地移民大量迁入雷州半岛，主要来自闽南兴化府、泉州府和漳州府等地。明清时期，雷州府属海康、徐闻、遂溪三县，均有闽人迁入。"[76]因此，闽人的不断迁入也推动了其闽语在雷州半岛的不断推广和发展，并最终成为普及整个半岛的通行语言。宋代祝穆在《方舆胜览》中引《图经》："本州云云，故有官语、客语、黎语"⑤[77]。这表明在宋代雷州已有官语、客语、黎语等三种语言。这

① （唐）贺知章. 回乡偶书二首[A]//（清）曹寅，彭定求. 钦定全唐诗［M］. 卷一百十二，影印版. 康熙四十二年（1703）.

② 丁琏. 建学记［M］//（宋）王象之. 舆地纪胜. 卷九十八. 广南东路. 南恩州. 北京：中华书局，1992.

③ （明）刘天授. 龙溪县志［M］//天一阁藏明代方志选刊. 卷八. 黄朴传. （明）嘉靖刻本. 上海：中华书局，1965.

④ （明）王士性. 广志绎［M］//元明史料笔记丛刊. 卷之四. 江南诸省. 广东. 廉州. 北京：中华书局，1981.

⑤ （宋）祝穆. 方舆胜览［M］//中国古代地理总志丛刊. 卷四十二. 广西路. 雷州. 风俗. 北京：中华书局，2003.

里所称"客语"，即"东语"。东语指其母语所在之地福建在粤之东。"东"来自潮州语，屈大均《广东新语》："潮阳以钱八十为一佰，曰东钱。"①[78]当时雷州有"潮州会馆"，称之为"东语"的潮汕话自然从粤东潮汕传到雷州。又称其是"客语"，指其相对于当地语言主体的客人身份还未消除，还未成为雷州话的主体。[70]到明代雷州话已经基本形成，并且与闽南、粤东闽语有明显的区别。明陈全之《蓬窗日录》也说："廉州人作闽语，福宁（今福建霞浦）人作四明语，海上相距不远，风气相关耳。"②[79]因此可知，闽南话在明代的雷州半岛已很普遍。明万历《雷州府志》民俗志·言语亦记载："雷之语三，有官语，即中州正音也，士大夫及城市居者能言之。有东语，亦名客语，与漳、潮大类，三县九所乡落通谈此。有黎语，即琼崖临高之音，惟徐闻西乡言之，他乡莫晓……东语已谬，黎语亦侏𠌯，非正韵其孰齐之"③[80]。明之东语既是今之雷州话，"通谈"表明它已经逐步成为当地通行语言的主体，是海康、遂溪、徐闻三县九所乡落通行的平民语言，它与福建的漳州话和广东的潮州话大致类似，因此称之为"东语"的雷州话是闽语系统的一个分支。所谓"东语已谬"，即与福建的闽语已经有差异，这也证明至明代雷州话已经有了诸多地域性发展，雷州话完全从闽南话母体中分化出去，成为一个子方言是在清代完成的。此时，外地人已很难听懂。清代张渠《粤东闻见录》说："省会（广州）言语，流寓多系官音，土著则杂闽语，新会、东莞平侧互用。高、廉、雷、琼之间，益侏离难解。"④[81]同时，作为本土语言的"黎话"地位已经下降，仅局限在徐闻西乡的语言孤岛上，已处于濒危的边缘。后来它最终在雷州半岛消亡，只有今天的海南黎族还在使用。

三、红土文化环境

雷州半岛红土文化的形成除了气候的原因外，地壳运动导致火山喷发所造成的火山地质、地貌，也是其原因之一。雷州半岛曾经历过多次火山喷发，有53座火山口露出地面。火山喷发形成的火山岩分布面积占雷州半岛总面积的38%。这些地质活动给雷州半岛带来了丰富的矿物质、旅游资源及奇特的火山景观等。特别是火山岩风化成肥沃的砖红壤，成为雷州半岛最主要的土壤类型，所以雷州半岛有"红土地"之称。[82]

据史载，早在五六千年前，雷州半岛就已经有人类活动。人们通过劳动改造自然，创造适应自身生存与发展的环境，同时也创造了自己的历史和文化。雷州半岛的火山文化就是这样产生的。雷州半岛崇雷的雷文化与火山文化相互交融，形成了雷州的

① （清）屈大均. 广东新语［M］//清代史料笔记丛刊. 卷十一，文语. 北京：中华书局，1985.
② （明）陈全之. 蓬窗日录［M］. 卷之一. 寰宇一. 广东. 廉州. 刻本，嘉靖四十四年（1565）.
③ （明）欧阳保，等，纂修. 万历雷州府志［M］//日本藏中国罕见地方志丛刊. 卷五. 民俗志. 言语. 刻版. 北京：书目文献出版社，1990.
④ （清）张渠. 粤东见闻录［M］//岭南丛书. 方言俗字. 广州：广东高等教育出版社，1990.

"红土文化"。

雷州半岛地处偏远，因历史上远离中原王朝统治的核心，且开发时间亦相对较晚，因而被称为"蛮荒之地""瘴疠之乡"。但经过千百年来一代代原住民和移民的开发，半岛在成为大陆天南重地的同时，也形成了独特的亚文化区域。无论在岭南还是在全国，都是一个特色鲜明的文化区，我们称之为雷州半岛文化区。

按照文化区的划分标准，要成为文化区至少具备两个方面的因素：一方面，要有一定的地理空间和地理环境；另一方面，要有独特的文化，即该地域独有的一系列文化现象及其精神内涵。

雷州半岛的地理环境作为地域文化形成的初始物质条件，对地域文化有着深刻的影响。作为文化区域，它不仅包括地理的雷州半岛，也包括受到这一地域文化辐射的周边区域。前广东炎黄文化研究会副会长祁峰先生明确指出："雷州文化应是泛指雷州半岛及受其影响的周边地区的地域文化。"廉江和吴川的一部分属于半岛范围，受半岛文化影响较大，其他地区和半岛之间互有影响。①

所谓地域文化，是指"因着一定的地理形势，在历史发展过程中形成的，得以与其他地方区别开来的语言、风俗、宗教、生活方式和生产方式等。"[83]有观点认为，地域文化最根本的特征是独特的语言和仪式。尽管生活方式与生产方式等物质层面对地域文化的形成具有决定性的意义，但物质层面都会通过精神层面表现出来。"也就是说，语言和仪式最能象征文化独特性，最能集中体现文化的独特性"[84]。

任何区域文化的生成都是文化的创造者、文化生成的特定环境以及这两者之间的互动，即人、区域地理环境及人与环境的互动，这三个条件共同作用所促成的。由于历史的进程及环境的影响，雷州半岛及其邻近地区形成了以雷文化为主体的一种区域文化——雷州半岛文化，简称雷州文化。②雷州文化是岭南文化的重要分支，与广府文化、客家文化、潮汕文化一道，被列为广东四大区域文化之一。事实上，雷州文化是一种多元文化，是由雷州半岛的多种语言和先后在半岛出现的民系族群的文化共同复合构成的。

雷州文化作为雷州人社会结构的精神基础，无处不体现其雷文化特征。雷州半岛乡村传统聚落人居环境同样是以雷州红土地环境为自然基础，雷州"红土"文化为社会背景，以雷州人为核心共同创造出来的。

---

① 历史上廉江、吴川与半岛三县在归属上有分有合，共同归属湛江市以后，相互的影响进一步加深，可以视为半岛文化区的一部分。

② 目前学界对雷州半岛文化已有"雷文化""雷祖文化""雷阳文化"等十多种命名，但这些命名均无法覆盖雷州半岛文化的整体，有种种局限性。相比而言，"雷州文化"的命名包容面更广，更符合区域文化命名惯例。

第三章

乡村传统聚落
形态系统的构成

现代科学技术的发展，使得关于聚落人居环境的研究出现专业化越来越细分的趋势，而针对某一个侧面的研究难免陷入一叶障目的困境。根据道萨迪亚斯提出的人类聚居学理论，结合吴良镛先生的人居环境科学可以使我们认识到对于乡村传统聚落人居环境的研究需要建立综合的系统思维，从整体角度切入，分清层次，理顺联系，真正理解乡村聚落的客观规律。因此，本章将在城市化快速发展的背景下，以乡村传统聚落系统的概念来整体阐述乡村聚落在个体、群体、城市、区域乃至国家范畴内的发展规律。

第一节

聚落构成研究的发展

聚落作为人居环境研究的重要空间载体，其当前的研究成果十分丰硕，归纳总结起来主要体现为：从演变机制、影响因素、形态类型、空间结构、社会表征等方面对聚落形态进行了较为深入的研究。首先，虽然聚落形态的研究有了长足的发展，但研究方法主要借助于文化地理学和文化人类学的研究基础解释一些村落结构的现象，定性研究较多，定量不足，不能完整深刻地揭示村落的深层结构和形态演变的动因。其次，对于乡村空间形态的变动及其在乡村发展中的地位研究大多停留在传统的经验式描述阶段，缺乏理论内核，导致目前的乡村规划缺乏理论与实证支持，盲目追逐城市规划的形式与模式框架。最后，对于村落形态的研究主要考虑研究村落的形态结构在社会背景以及宗族礼法等变化的情况下所产生的变迁，对于微观尺度下的建筑实体如何演变到宏观的村落形态涉及较少，缺乏对村落如何从无序的自发建设演变为可感知的有序的村落形态的研究[85]，亦缺乏对于村落静态阶段与动态阶段聚落形态秩序的波动进行理论化分析。

在人类进入文明社会以后，聚落之间随着人类社会的不断快速进步，无论是地理空间还是社会属性都变得相互交织与关联，没有了传说中的"世外桃源"，聚落个体之间、群体之内的相互联系都在聚落形态系统这个共享网络中发生。本书的重点在于关注当前雷州半岛乡村传统聚落的人居环境及其可持续发展，因此，着眼过去、关注当前、展望未来，成了本书的思维逻辑原则。而将乡村传统聚落形态作为一个体系来综合研究也是结构整体性的哲学要求。

第二节

相关概念

这里，将乡村传统聚落中关于聚落与聚居，乡村聚落与乡村聚居，聚落系统与聚落形态系统等几个概念做了深入辨析，以期在研究乡村传统聚落形态系统构成之前给读者一个明晰的认识。

"聚落"一词古代指村落，较早出现聚落这一称谓见《汉书·沟洫志》中记载"（洪水）时至而去，则填淤肥美，民耕田之。或久无害，稍筑宅室，遂成聚落"①[86]。关于聚落的定义较多，《大百科》中定义"聚落是指人类各种形式的居住场所，在地图上常被称为居民点，它不仅是人类活动的中心，同时也是人们居住、生活、休息和进行各种社会活动以及进行劳动生产的场所。"[87]显然，这种定义中将居住作为定义聚落的主要依据，然而本书在这里希望拓展成广义聚落的概念，虽然修筑宅室可以逐渐形成聚落，但人是聚落构成的行为主体，能够将人固定在这个聚居点的最直接生产资料是土地。因此，农业用地作为人类聚居生存的根本，也是一切聚落产生的最基础条件。在农业社会时期，农田数量的多少与土地肥沃程度也是决定其居民生活水准、聚落规模甚至是未来持续发展的重要因素。因此，聚落不仅是居住建筑及其相关生产、生活设施的集合体，还包括支撑其生存的区域自然环境和生产活动空间。总的来说，"聚落是人类活动的中心"[88]。

聚落是研究地域人居环境的空间载体，聚居是人居环境的主要行为构成，二者共同构成了地域人居环境的重要内容，这两者既相互关联又有所区别。在对雷州半岛传统聚落进行系统研究之前，为了更为清晰、严谨地进行梳理研究，这里需要对一些概念进行辨析。

一、聚落与聚居概念

聚落指人类的各种居住场所，强调物质空间要素的组成。根据聚落规模大小与物质要素构成的复杂程度，一般可分为乡村聚落和城市聚落两大类。聚落的存在形态受建筑功能格局与风貌以及居住方式的不同而异，同时也受到自然地理条件的深刻影响。聚居是人类的居住方式与生存行为方式。其概念由希腊学者道萨迪亚斯于20世纪50年代提出的"人类聚居学（Human Settlement）"理论，他指出聚居由有形的实体聚落及周围自然环境以及人与社会生活共同组成。吴良镛院士将其理论引入我国建筑学研究领域，并进

---

① （汉）班固. 汉书 ［M］. 卷二十九. 沟洫志. 北京：中华书局，1964.

一步结合中国实际，提出人居环境科学的概念。从两者概念基础上可以看出：

聚落与聚居两者的侧重点不同，前者强调居住环境，重点在空间；后者体现聚居行为过程中的综合属性，强调居住状态。通过聚居方式的不同，人类形成不同类型的聚落形态。

聚落与聚居两者内涵的范畴不同，"聚居包括群体聚集居住过程的一切要素与形态，不仅包括空间的，也包括非空间的。"[89]而聚落主要突出物质空间要素与形态，因此，聚居的内涵比聚落宽泛，聚居将聚落内容涵盖其中。

在这两个概念中，人的主体地位不同。"在聚居中，人是生产聚居行为的主体，聚居的产生是因为人类对聚居的需求与动机"[89]，合作求生从而获得更多的生存要素与空间，因此聚村而居便出现了。聚落更强调的是聚居空间中各种实体要素以及彼此之间的关系，诸如人、建筑、道路、设施、水系、景观等。在聚落研究中，人只是作为聚落构成的实体因素之一，并没有作为主体来对待。

聚落与聚居是紧密关联的一组概念，互为结果与成因。聚居方式在一定程度上决定了聚落形态，反过来，聚落形态也会对聚居方式形成各种行为上的制约与促进。

二、乡村聚落与乡村聚居

乡村聚落是指聚落居民以务农为主要生产形式，以农业为主要经济活动而形成的有一定规模的，具有一定历史文化遗存的聚居地。相对于城市聚落来说，是非城市人口的聚居地或集中住区。总的来说，乡村聚落包括了村落、集市、集镇等在内的不同层级的非城市聚落。

乡村聚居是指在一定的地域范围内，一定规模与从事农业生产密切相关的人群集中居住的现象、过程与形态。[89]这一过程往往会形成一些小规模的地域空间形态，如村落、集市、集镇等，同时也形成了由血缘、亲缘、地缘、宗族等因素为纽带而交织的人际社会网络形态。因此，乡村聚居是"以村落、集镇等聚落形式及周边环境为载体，以血缘、地缘群体集中居住、生产、生活为内容的复杂系统，它具有产生、发展、成熟、衰退、重生等演变过程"[89]。

乡村聚落、乡村聚居与乡村社会环境共同构成了乡村聚落形态，按照吴良镛院士参照道萨迪亚斯"人类聚居学"理论提出的人居环境五大系统来看，乡村聚落形态的研究成为人居环境研究的基础内容，透彻理解乡村聚落形态的产生、发展与演变，才能对乡村传统聚落在未来发展进行科学的可持续预知性判断。

三、聚落系统与聚落形态系统

聚落系统是在一定的区域范围内，特定的民系构成条件下，以建制镇、集镇、乡村聚落为节点，由区域、群体及个体乡村聚落之间相互联系，各种实体功能相互交织而成的一个有机共生网络体系。这个网络体系是共享的、动态的、可变的，这个系统强调聚落彼此空间上的相互联系与影响。

根据上文对聚落形态内涵及构成要素的分析，聚落形态系统是一定区域内，各个不同层次聚落形态共同构成的一个网络系统。它不仅包括空间物质层面聚落系统的各种要素，同时也包含了非物质层面的居民聚居方式与社会结构等方面的系统。在客观现实中它可以通过聚落的场地与土地利用、建筑功能与格局、聚落文化特征、聚落健康与舒适度、能源与资源配置以及聚落经济等六大方面表现出来其网络体系的功能运转。

因此，综合分析聚落形态系统的结构，从整体上透彻认识人居环境发展的历程，是乡村传统聚落人居环境可持续发展研究的核心内容。

第三节

聚落形态系统的内涵

在这一节，提出聚落形态系统结构是由地景空间特征、聚居生活方式、聚落空间特征及社会结构特征四个层次相互叠加形成的。其中，这四个层次分别为自然空间、人类行为、人工空间及社会空间。这个结构以自然为基础，自然决定了人类行为的方式，限定了人类聚居的形式，同时又为人类活动提供特定的物质基础，成为人工聚居空间形成的空间基础。由自然与人共同相互作用，从而形成一种社会结构的特征，这种社会结构特征组织着人类的行为方式，影响着人工聚居空间的形式，同时也指导了人类改造自然、与自然和谐共生的生存法则。虽然这四个层次共同构成了聚落形态系统，但其核心还是"人"，离开了"人"这个核心要素，自然永远为之自然，不会形成与人相关的聚落空间，更不可能出现社会空间。但人类又不能脱离自然而独立存在，因此，研究聚落形态系统需要将人与自然作为一个有机的整体统一分析。

一、聚落形态系统的构成要素

聚落形态系统的构成要素是多方面的，在不同层次也有不同的侧重方面，不同学者对其定义也因侧重点不同而异。李立认为"在物质空间的表层现象中，蕴含着行为方式、社会政策及社会文化观念的影响因素。因此，聚居生活方式、聚落空间特征与社会结构特征构成了聚落形态的三个主要方面。"[90]此观点强化了人为主导的物质空间要素。而自然环境空间（或称之为地景空间特征）作为聚落形态系统存在的基础，属于非

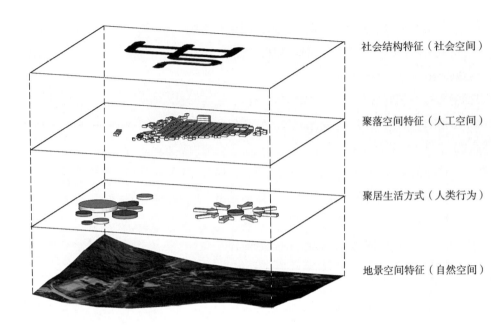

社会结构特征（社会空间）

聚落空间特征（人工空间）

聚居生活方式（人类行为）

地景空间特征（自然空间）

图3-3-1 聚落形态系统构成

人工化的因素，因此，笔者认为地景空间特征、聚居生活方式、聚落空间特征与社会结构特征这四个主要方面构成了聚落形态系统。（图3-3-1）

地景空间特征是聚落形态系统构成的自然物质空间基础，它的结构决定了人类聚居生活方式的选择与聚落空间特征的构成，虽然人类活动可以适当地改变地景空间的某些特征，但其基本限于聚落空间特征方面。聚居生活方式与聚落空间特征是构成聚落形态系统的外在显著因素。聚居生活方式以人为主体，关注某一定时期内人的行为活动方式，包括生产、生活方式等；聚落空间特征主要指直观可见的聚落物质空间形态，包括了聚落的分布，内外部形态以及建筑形态布局等。这两者之间通过社会结构特征有机地联系在一起。社会结构特征是人类聚居活动形成和发展的秩序和组织形式，包括了社会、观念、经济、文化、技术等。[91]社会结构特征与聚居生活方式相结合，为物质空间载体的生成创造了条件。这四要素之间的关系是相互影响和约束的，四者相互融合存在的有机整体便构成了聚落形态系统的丰富内涵。

二、聚落形态系统的结构性

聚落形态系统构成的四个方面之间是相互联系、相互影响的，两者之间形成互构的辩证关系。因此，将地景空间作为基础，四个方面两两之间相互关联变成了一个三棱锥结构，这个结构的棱是两两之间的相互关系，四个锥点是每三个方面相互作用的交点，四个方面则共同构成一个整体。[92]在几何学中，三棱锥是一个结构非常稳固的整体，这样恰巧应对了以自然地景空间为基础的，聚居方式、聚落空间特征与社会结构三者相互关联构成的稳定的聚落形态系统。到这里，再引申一步，这四个方面虽相互关联构成一个空间稳固整体，而促进这四个方面相互联系的关键是人，人类的行为使得这些方面产生并相互关联，因此，人是这个空间结构的物理核心。（图3-3-2）

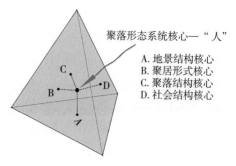

聚落形态系统核心—"人"

A. 地景结构核心
B. 聚居形式核心
C. 聚落结构核心
D. 社会结构核心

图3-3-2　聚落形态系统三棱锥结构图

瑞士哲学家让·皮亚特（Jean Piaget）关于结构进行了全面的定义：结构是种种转换规律组成的体系，并且是可以形式化的，结构具有整体性、转换性和自身调节性的特征[93]①。整体性强调了事物结构的内部要素是有机联系在一起，而非孤立的混杂，是整体大于部分内部之和。转换性在强调了结构动态性的同时，更指出了结构的能动构造功能。自调性说明结构是相对封闭和自给自足的，更是一种稳定系统。[94]通过这种概念的阐述，抓住这三点的基本特征对于聚落空间进行分析，可以全面深入地把握聚落空间的结构规律。在聚落形态的描述与研究中，聚落空间是其中人群活动的关系载体，我们所要研究的结构其实就是聚落内部各种人类活动空间之间的构成和转换关系。这样的结构也并不是物质实体，但它被在聚落中生活的人所感知，依赖于聚落中物质形态表现出来。

这种结构的概念还可以通过区域尺度的不同表现出差异。宏观的区域尺度下，城市圈是其中一种类型，不同区位的城市之间由于个体差异而产生各种特征上的互补，构成一个区域闭合的城市集群整体。中观尺度下，城乡联系亦是其中一种类型。城乡之间总是不断地进行着多方面的交换，诸如物质、能量、人员、信息等，这种交换将原本空间上彼此分离的城镇和乡村结合为具有一定结构和功能的有机整体。同时，在乡村聚落内部，其本身也存在着丰富的规律性联系，这使得聚落形态各要素构成生动的聚落整体。在微观尺度下，将乡村聚落个体作为一个整体来研究，其同样是富含变化的、连续的过程。

三、聚落形态系统的空间层次

对于农村聚落形态系统演变及变迁的研究，探讨聚落空间层次如何划分成为首要的问题。聚落空间的层次一般是按照地理尺度来划分的，从一个人、房屋、邻里、街区、城市、区域、国土以至跨越国界。[90]道萨迪亚斯在人类聚居学中，根据人类聚居的人口规模和土地面积的对数比例，将整个人类聚居系统划分成15个单元，15个单元大致划分

---

① 所谓整体性，是指内在的连贯性。结构的组成部分受一整套内在规律的支配，这套规律决定着结构的性质和结构各部分的性质。转换性，是指结构不是静态的。支配结构的规律活动着，从而使结构不仅形成结构，而且还起构成作用。结构具备转换的程序，借助这些程序，不断地整理加工新的材料。自调性，是指各种成分和部分联合起来所出现的系统闭合，达到平衡而产生的自我调节。见（英）特伦斯·霍克斯的《结构主义和符号学》。

为三个层次，"即从个人到邻里为第一层次，是小规模的人类聚居；从城镇到大城市为第二层次，是中等规模的人类聚居；第三个层次是大规模的人类聚居"[13]229。而每一个层次中都对应于自然、人、社会、居所、网络，共同构成聚落空间的整体模型。

对于乡村传统聚落人居环境的研究，本书将会以第一层次、第二层次，即城镇聚落与乡村聚落作为重点来阐述人居环境各要素之间的相互关系。其中，乡村聚落的研究是把村落作为不同用地性质及各种结构关系组成的"面"来对待，而在城镇研究中，乡村聚落则被看作区域内的"点"来识别其构成的网络结构[90]。这种划分方式并不是绝对清晰的，在城乡联系较弱的地区，这种层次的划分比较明确，而在城乡发展结合紧密的区域，这种划分方法，明显已妨碍认识其整体结构。将城乡聚落结构视为一个整体，从空间上重视其连续性，更有助于我们理解该区域人居环境构建的整体特征。

有了从要素、结构、层次三个方面对传统聚落形态作出的分析，使我们认识到其整体性内涵。下面将会从环境背景分析、历史角度的总结和传统聚落形态系统的构成与演进过程，以及在不同尺度下探讨其演化特征及机制。聚落形态系统的演化既离不开空间过程的历史基础，也受到社会因素变革的影响[95]，乡村之间、城乡之间两种层面的相互关系，与这两个因素交织在一起，形成一个完整的演化过程。

第四节

聚落形态系统演化的过程

乡村聚落的演化既是一定区域内，其社会经济活动过程的反映，也是一个遵循地域性生态区位规律而发生的空间自组织过程。不仅如此，在规划组织方面，人类主观行为对乡村聚落的演化也产生着非常重要的作用。通过一系列配套的引导措施等空间规划方式，在当今"城乡一体化""整体规划""可持续发展"等理念的指导下，"以实现乡村聚落的集约发展，建立一个与区域城乡协调发展相匹配的乡村聚落体系"[96]。

根据道萨迪亚斯理论，人类聚落形态应由自然、人类、社会、建筑与支撑网络五种基本要素构成。五种基本要素相互关联，缺一不可。然而，"以建筑和支撑网络为代表的有形的实体环境，并不能完整地反映人类聚居的真实面貌；实际上，容纳人类各种活动的任何空间，都应被视为某一聚落整体的一部分。"[13]同时，道萨迪亚斯指出，虽然人类聚落形态由五种基本要素构成，但其发展还受到其他因素的影响，这些因素包括了"经济的、社会的、政治的或行政的、技术的及文化的"五种认知方式。因此，本书在研究乡村传统聚落形态系统演变时，将会通过空间及社会两种过程来综合阐述其发展变化的规律。

一、空间过程

根据已有的成熟观点：聚落形态系统作为一个体系，其在空间上表现为一定的结构网络与土地利用关系的重叠，它们的发展变化直接影响了聚落形态系统的空间特征。结构网络包括如聚居形式网络、交通网络及自然环境网络等。土地利用关系主要包括居住地、就业地、农田、交通空间等物质系统及其对应的人口分布、居住、就业、物资运输等动态系统。对于一定区域内的乡村传统聚落而言，它的空间内容应表现为乡村、城镇以及城乡之间的相互联系。[90]

（一）乡村

乡村是人类社会出现的最早的聚落单位，它承载了农耕时代人类的生产与生活，其空间演化过程也对应着人类农业文明的历史发展轨迹。

1. 原始阶段

虽然在原始社会时期，食物的获取方式尚不稳定，人类聚居亦不能构成类似于村落的永久性民居点，但早期的原始聚居形式却构成了人类聚落的基本模式。据考古证明，早期的人类聚落形态一般为圆形，中心是氏族共用的储存食物及举行公共宗教仪式的大空间，周围是半穴居的住宅组合。这种原始的封闭的构图造型，虽然简单，但是其内聚性很强，居民点的分布呈现出强烈的向心性。不仅如此，当时的村落已经出现了一些明显的分区，如居住地、公共葬区、防御体系等。

2. 传统农业时期

传统农业时期，人类的农业技术不断进步，耕作制度和栽培技术不断完善，食物来源的稳定便促使人类永久性聚落的出现。同时，铁器作为农业生产工具的推广应用，更是大幅度提高了农业产量，这使得以户为单位进行农业生产成为可能。

此时，家庭生产功能的增强促使了以家庭或家族为单位的私有经济形式取代了原始社会的共产主义经济实体。因此，具有中心感及向心性强的圆形村落布局便失去了存在的基础，逐渐演变成为由方形单元簇集而成的村落形态。

这个阶段人类生产能力有限，生产方式单一，受自然外力影响较大，处于农业自给自足的自然经济阶段。因此，聚落规模较小，人口薄弱。同时，村落形态较为封闭，呈现内向型特征。此阶段在历史中持续时间较长，虽朝代更迭，但变化不大，处于缓慢的增长阶段，因此，可以称其为乡村聚落发展的静态阶段。

3. 工业化阶段

工业化始于18世纪中后期的英国，并迅速席卷全球。其以蒸汽机的改良为标志，机器的推广应用彻底改变了农业社会以人作为基本生产力单元的生产模式，并导致了社会系统乃至于文明模式的革新。迄今为止，工业化社会是人类历史进程中，人口增长最快、发展最迅速、财富积累最多、社会变动最剧烈的时期[90]。

工业生产的特征集中体现在两个方面：一是生产规模的扩大；二是工业生产的集中。空间上，工业生产要求有相对集中且分工明确的有限空间来实现规模效益，因此，人口集中的城市承担了这一功能。在工业化推动下全新的社会系统，形成一系列不同于传统农业时期的社会、结构、价值观念及生活方式，这些不断地影响着乡村聚落的改变。工业化促进了城市化进程的加速，城市化水平提高的同时，吸引了大批来自乡村的劳动力，劳动力的充足从而进一步推动工业化的发展。因此，工业化与城市化是相互依赖、互为推动的，一起作用加快了人类进程。

与此同时，乡村由于人口膨胀，土地紧张，传统农业生产率低下，劳动力大量剩余等问题导致农村出现了巨大的资源压力。这一切都迫使劳动力从农业转向工业，形成社会化的生产活动，乡村被从一个以自给自足的自然经济状态整合到一个以市场为普遍联系的巨大政治经济系统之中。这个时期的巨变打破了乡村聚落原有的平衡状态，乡村聚落在抗争与统一中不断地努力调整，以适应社会的快速发展，这个时期聚落形态系统的快速变化可以称之为动态发展阶段。

（二）城镇

城镇的产生滞后于乡村，随着生产力的提升，商品经济的逐渐发展，由人类交换贸易的集市逐渐发展到一定阶段的产物，而随着人类政治体系的发展，出现了一部分因为政治统治的需要而产生的城镇。

古代的城市出于统治与安全的考虑，外围都砌有城墙，内部大多围绕政权机关以规整的布局体现秩序、权力与威严。《周礼·考工记》记载的中国古代城市形制，对中国古代城市空间形态的规划布局产生了深远的影响。

工业化阶段，城市的生产职能占据核心，在经济因素的影响下，功能分化和阶层分化共同作用于城市空间结构，使得其形成丰富的空间形态类型，产生了现代城市用地的功能分区。此时，城市与乡村中间的小城镇受城市影响，不断发展，其经济辐射使其作为乡村地域中心的作用进一步加强，同时成为联系大中型城市与乡村的桥梁。

（三）城乡联系

虽然城市聚落人居环境是人类聚落形态发展的一次分化，但城市与乡村本是不可分割的一个整体，而现代社会有些研究则人为将城乡割裂开来用二元制的潜在观点来分析城乡关系，这本就是一个认识层面的错误。虽然城市与乡村聚落形态有差异，但是两者之间千丝万缕的联系成为我们研究乡村聚落形态演变的重要内容。

城乡联系的变化也是以工业化的发生为标志的。工业化前，城镇与乡村之间存在四个方面的联系：（1）传统农业时期，乡村以自然经济为主，从事农业生产和农产品的手工业加工。城镇发展建立于农业发展之上，是集市贸易和商品交易中心，但其交易对象大多是农民生产的农产品和手工品，城镇在经济上完全依赖乡村的经济活动，乡村经济是整个社会经济活动的中心。（2）古代城市以政治统治中心功能为主，因此消费性大于生产性。一般小城镇的经济职能以服务乡村为主，因此，城市与乡村的联系通过收税、兵役等实现，是统治与被统治的关系。（3）在传统农业时期，城乡的社会分工也并不十分明显，古代城市中亦有农业生产者居住，城郭之中有农田可被耕种，这与古代战争频繁、城市在困难时刻要有一定自给自足的能力有关。因此，空间上城与乡并没有真正分离。（4）城乡之间联系的紧密和产业的相似性，决定了城镇生活与乡村生活的同构性特征，城镇生活只是乡村生活的某种延伸和变异。

工业化之后，城乡联系之间才发生了明显分离。首先，城镇开始占据主导地位，无论在创造财富、经济管理还是结构规模上重心均从乡村转向城镇。其次，机器大生产使得城乡之间的产业彻底分离，呈现出了"城市工业，乡村农业"[90]的分工格局。再次，产业分离带来了社会生活方式的差异，工业化高效快捷的运作方式，打破了传统稳固、封闭的生活方式。随着城镇人口聚集，第三产业开始兴起并逐步专业化和社会化。最后，城乡联系的范围扩大。以前靠人畜运输的交通工具被现代工业交通工具替代，城乡之间可以沟通的范围不断扩大，传统的安土重迁观念逐渐被摒弃，人员流动更加频繁。城乡之间的贸易从以前单一的、单向的农产品供应向多元化双向发展。

虽然工业化之后，城乡关系之间发生了重大变化，但乡村传统聚落的农业基础并没有改变，只是城镇的中心作用进一步加强。因此，工业与农业之间的依存关系始终存在，只是形式发生了转变。

二、社会过程

由于社会生产力的重大变革引发了城乡空间及相互联系的明显分离与变化。但仅是停留在空间物质要素层面讨论这种城乡的变革无法全面认识聚落形态演化的本质规律。因此，有必要对社会层面的变革过程进行深层次及全面的探讨。

（一）社会文化

聚落空间形态是社会生活的现实反映，也是社会生活的需要，因此，"空间关系与社会关系存在紧密的联系，社会组织的整体性和分离性是空间互动和分离的根本原因"[90]。在传统中国农村，以宗法制度及血缘为基础的家族与宗族关系网络统治乡村社会延绵数千年，并以此构成了乡村传统聚落形态的基本单位。工业化以后，城市化和商品经济的发展使社会关系发生了巨大变化，血缘网络逐渐被地缘、业缘关系所取代。与此同时，聚落文化观念也随之发生了深远变化。

（二）经济技术

生产力和生产关系的发展促进了经济的发展，它涉及了生产方式、经济制度、产业结构等诸多方面，这些方面均对乡村聚落的空间形态产生了影响。经济强大之后，商品经济的概念就逐渐成为聚落空间组织的主要原则，原有等级秩序和宗族管理的方式逐渐瓦解，乡村发展的动力表现为逐渐以经济因素为主。

技术的进步是社会发展的根本动力。交通技术、通信技术的发展与进步对城镇、城乡，甚至乡村之间的区域形态会产生直接的影响；营建技术的进步与建筑材料生产的发展直接影响到了聚落形态格局、空间尺度、建筑形式与功能及景观装饰等。同时，技术的发展也潜移默化地间接影响着人们的生产生活方式，这些方式的改变不断地催生了聚落形态朝着不同的方向发展。

（三）政治政策

社会政治制度是一种统治机构与人们约定的办事规程与行为准则。有效的制度安排通过强档的激励机制可以激发人们的潜能，从而促进资源的最佳配置和使用[90]。在中国传统农业社会中，土地分配制度和管理制度是统治阶级的治国之本，而土地利用方式、所有制形式则是影响乡村聚落形态的主要人为因素。如《礼记·王制》："凡居民，量地以制邑，度地以居民，地邑民居，必参相得也。无旷土，无游民，食节事时，民咸安其居，乐事劝功，尊君亲上，然后兴学。"①[97]古代统治者以土地利用和管理制度作为调整和建立乡村居民点的主要手段，并形成了乡村聚落的一种内在布局方式而影响至今。

其中最著名的，也被学者讨论最为广泛的就是春秋战国时期的井田制，《周礼》中详细记载了井田制及沟洫之法②关于农业土地利用的问题。见《周礼·遂人》郑玄注曰："云九一而助者，一井九夫③之地，四面八家各自治一夫，中央一夫，八家各治十亩，八家治八十亩人公，余二十亩，八家各得二亩半，以为庐宅、井灶、葱韮，是十外税一也。"④[98]1162井田制之下，田地不归农夫所有，不得买卖，由国家统一调配。直到战国晚期，秦国商鞅变法废井田，开阡陌，封建土地私有制才逐渐取代了井田制，新的土地制度解放了社会生产力，使得社会经济得到了快速发展。

① （汉）郑玄，注；（唐）孔颖达，疏. 礼记正义 [M] //李学勤. 十三经注疏. 卷第十二. 王制. 北京：北京大学出版社，1999.
② 沟洫之法是春秋战国时期人们为土地防洪排涝的重要手段。见《周礼·冬官考工记下·匠人》："匠人为沟洫。耜广五寸，二耜为耦。一耦之伐，广尺，深尺，谓之畎。田首倍之，广二尺，深二尺，谓之遂。"
③ 夫一廛，田百畮.
④ （汉）郑玄，注；（唐）贾公彦，疏. 周礼注疏 [M] //李学勤. 十三经注疏. 北京：北京大学出版社，1999.

聚落形态系统形成的规划思想

吴良镛先生在《人居环境科学导论》一书中引道萨迪亚斯关于乡村型聚居的理论，将其基本特征总结为："（1）居民生活依赖于自然界，通常从事种植、养殖或采伐业；（2）聚居规模较小，并且是内向的；（3）一般都不经过规划，是自然生长发展的；（4）通常就是一个最简单的基本社区。"[13]若是对以上总结的狭义理解，可以将乡村型聚落视为一个依赖自然生存的、小规模的、基本无序的自组织发展的社区。而其理论是以广义聚落为前提，范围包括了整个人类的聚落，时间跨度可以追溯到人类原始社会时期。因此，对于中国乡村聚落理论的研究是否适宜，尚需进一步论证。

以往研究中，对于中国古代传统聚落的规划研究主要集中于古代城市的选址、整体格局、功能分区等方面，而关于传统乡村是否有规划一直是研究的盲点区域。在笔者进行乡野考察及文献翻阅的基础上，可以初步证明，中国传统乡村聚落是有明确规划思想存在的，并且体系十分完善。

在分析了聚落形态系统内涵及其演化过程后，这里对乡村传统聚落的规划思想进行了探讨。传统观点认为，古代乡村没有规划，是由无序逐渐发展为有序，规划只存在于古代城市。而笔者尝试从聚落产生的根本层面，通过土地利用、赋税与人口管理、安全与传统文化等方面，探讨出乡村传统聚落从产生之初便存在规划思想甚至是明确的规划方法。其目的亦是通过探讨找出人类行为与聚落空间特征之间存在必然的因果关系。

一、规划思想的起源

关于传统聚落规划的起源可以追溯到原始社会时期。原始农业出现以后，原始的聚居形式也随之出现，形成了最初的原始聚落。这些聚落通常选址靠近水源，又不被水患影响的区域，按照氏族血缘关系聚居在一起，形成定居型聚落。聚落周围是人们的生产用地，形成了生产、生活相结合而又分别的聚落形式。

陕西临潼的姜寨聚落遗址，其整个聚落更是以中心广场①为核心，形成居住区、沟防区、墓葬区与陶窑区为主的三环结构[99]（图3-5-1）。生存安全是原始聚落的首要目标。从整体来看，遗址沟防区的壕沟呈半圆形环绕在居住区的北、东、南三面，西面临河。"这样的选址布局既解决了人畜用水问题，又增加了天然屏障，省却了不少人工沟

---

① 毕硕本根据土层沉积情况等资料推断认为中心区域应该为一个巨大圆形的洼地，但并未解释洼地作何用途。若确为洼地的话，笔者大胆猜测其应为了住屋降雨排水而又实现雨水收集的双重作用。大房子前面有水塘的布局甚至可能成为日后聚落公共建筑门前水塘的雏形。

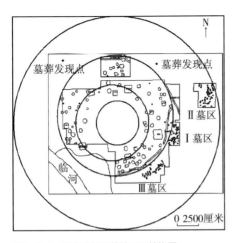

图3-5-1 姜寨遗址聚落的三环结构图

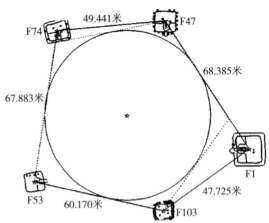

图3-5-2 姜寨遗址五个大房子分布图
（来源：毕硕本 绘）

渠劳作之苦。"[99]原始社会民主制所表现的公平均等关系，通过居住区的五个大房子之间的均等布置而实现。由初等几何学知识可以得到，若使得五个点连成的五边形周长最短，且使其所包含的内切圆面积最大，则该五边形必为正五边形。结合姜寨遗址居住区五个大房子的布局关系可以发现，除了F1处大房子据考古推测可能因其建成时间较晚，该位置有其他房屋存在，因此F1偏离了正五边形的顶点位置[99]（图3-5-2）。通过这些近乎标准的几何图形分析，可以肯定的是姜寨遗址聚落是经过人为规划而形成的聚落形态，自然无序的生长不可能出现如此精确的聚落布局。因此，从居住区、壕沟、墓葬区的三环结构，呈近似正五边形布局的五个大房屋的排列方式以及周围生产用地的划分，反映出姜寨遗址原始居民朴素的规划观念，同时也体现了整体性与安全性、实用性与审美观的完美统一。[99]

　　随着原始社会后期掠夺战争的不断增多和社会生产技术的逐渐进步，原始战争工具，如弓箭和木弩的性能及杀伤力均有所提高，因此，出现了防御性要求更高的史前早期城堡。这些城堡的夯筑垣墙，成为真正抵御外敌来犯、守卫家园、保护人们生命财产安全的军事设施，如湖南澧县城头山城址便是这一时期的典型，接近圆形的聚落轮廓，反映出人类早期的空间意识[100]（图3-5-3）。

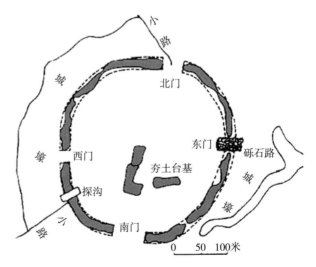

图3-5-3 湖南澧县城头山城址
（来源：毕硕本 绘）

二、"由圆变方"发展历程

大量的原始社会聚落遗址考古挖掘证实，原始时期的聚落大多以向心型的圆形为主要聚落形态，居住的房屋也以圆形为主。而通过春秋战国时期的一些重要文献及相应的考古发现可以得知，至迟在商周时期的聚落及建筑形式均已向方形转变。因此，在探讨古代聚落规划思想的内容之前，我们需要先回答这个"由圆变方"的过程是如何实现的。

（一）圆形聚落形成的原因分析

1. 原始氏族的社会制度

在原始时期艰苦的生存条件下，氏族成员需要平等互助才能战胜自然灾害和野兽侵袭，氏族部落内部实行朴素的原始民主制，并崇尚均等原则，食物与工具为氏族成员共有。试想一种场景，狩猎归来，氏族成员围篝火而坐，分享一天的收获……在这种条件下，圆形的特殊几何特性便成为体现公平与均等的最佳图形。因此，以圆形作为聚落布局，就成为生存法则的空间反映。

2. 原始崇拜的影响

原始社会时期对太阳的崇拜是人类历史上的一种共有现象，虽人们不懂其科学原理，但知道太阳乃万物生存之本，因此，圆形作为太阳的象征出现在原始社会氏族生活的方方面面，图腾、绘画、器皿装饰、建筑平面等，以至于聚落布局也以圆形来呈现对太阳的崇拜。对太阳崇拜的另一表现是朝向取东，这种特征一直持续到汉代，有些城池的主入口依旧朝东，是后来才转向朝南的。

3. 阶级尚未产生

原始氏族部落虽由族长管理，但当时阶级尚未分化，氏族的财产为全体成员共有，收获也是平均分配，因此，土地的利用与管理也没有出现阶级的划分。因圆形聚落的存在及交通的便利可达性存在，氏族的生产区域也是以环状分布在聚落周围。这样就进一步加强了聚落的圆形内聚向心性。

（二）方形土地利用的产生——国家机器的统治需求

1. 阶级统治的需求

随着原始氏族社会结构的瓦解，奴隶制国家开始出现，国家的出现也就代表了人类阶级分化的开始。国家机器的运转必然需要通过对土地及人口的等级划分与控制而得以实现。此时，圆形无论从社会制度还是统治者管理而言，都已不合时宜，显示不出等级差异。据《礼记·王制》载"天子之田方千里，公侯田方百里，伯七十里，子男五十里。"[1][101]332土地的多少成为了阶层与社会地位的象征，因此，一种可以反映统治者阶级

---

① （汉）郑玄，注；（唐）孔颖达，疏. 礼记正义［M］//李学勤. 十三经注疏. 卷第十一. 王制. 第五. 北京：北京大学出版社，1999.

地位以及便于其统治的新形式的出现就成了一种必然。

2. 土地与人口管理的需求

在传统农业社会，统治阶层管理国家的根本就是土地与人口，因此对这两项重要内容的控制就成了重中之重。土地多少不仅代表了社会地位同时也是财富实力的象征，但土地的统计与管理工作就显得至关重要。然而，在古代数学不发达的情况下，圆形与弧线对于土地的丈量与计算都是十分麻烦与困难的。因此，方正平直、沟洫纵横的井田之制为土地的管理带来了有效的解决途径。有了土地，便需要有人来劳作，更需要将其管理起来。因此，奴隶主们为监督奴隶们从事农业生产，采取了结合生产组织定居的办法[100]，即授田地、宅地（"廛"）予以农业奴隶（"甿"），并限制他们迁徙的自由，借此把他们附着在田地上以供剥削。从《汉书·食货志》："理民之道，地著为本。故必建步立晦，正其经界。六尺为步，百步为晦，晦百为夫，夫三为屋，屋三为井，井方一里，是为九夫。"[①][102]可以看出，古代统治者"以田里安甿[②]"[98]，以"夫"为单位来计算井田制的田亩之数，因此可以断定土地与人口关系的紧密，且"井方一里"与上文中诸爵位的土地"里"数相结合，便可知其土地与人口占有的关系。所以，方形作为土地计算的基本单位，其优势十分明显。

其中，"邑"是当时一个农业生产的组织单位，也是一个居民聚居组织的单位。古代奴隶社会重要的土地制度——井田制，是生产组织的基本依据。为便于耕作且有利于生产与生活的统一管理，"邑"均随田地一同建置。《礼记·王制》言曰："凡制邑，度地以制邑，量地以居民，地邑居民必参相得也。"[③]再看《周礼·小司徒》记载："乃经土地而井牧其田野，九夫为井，四井为邑，四邑为丘，四丘为甸，四甸为县，四县为都。"[③][98]279这种简单而有效的四进制计算方法来进行土地与人口管理，是圆形所不可能实现的（图3-5-4）。由于"邑"中宅地与田地规划相结合，聚居组织编户又是以井田制为依据，以至"邑"的形制及其内容必然受井田制的影响，出现了与井田制度密切结合的轮廓方正的"邑"。[100]

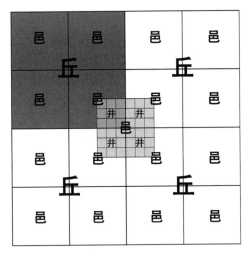

图3-5-4 井邑关系图

① （汉）班固. 汉书 ［M］//卷二十四上，食货志第四上. 北京：中华书局，1964.
② 指古代农村居民，春秋时期指奴隶。
③ （汉）郑玄，注；（唐）贾公彦，疏. 周礼注疏 ［M］//李学勤. 十三经注疏. 北京：北京大学出版社，1999.

3. 贡赋征收的管理

古代政府的税收制度主要是以土地和人丁为主要征收对象的。因此有"以任地事而令贡赋，凡税敛之事"[1][98]279，人口与土地的紧密联系，也使得统治者在计算政府财政收入时同样通过土地及人口的计算来实现的，因此，没有方形作为土地的计算基础，国家的存在之基也就无从谈起了。

4. 技术工艺的限制

圆形与弧线无论从功能布置及建筑营造等各方面均需要较高水平的几何知识，这在古代难度显然大于方形与直线，即便是现代，圆形及弧线的施工工艺都要较方形直线困难，因此，从实际功能出发，方形之制成为人们实现从神造到人治的必然选择。这在某种程度上也对应了"天圆地方"的说法。据《汉书·食货志》载"是以圣王域民，筑城郭以居之，制庐井以均之，开市肆以通之，设庠序以教之。"其中"城郭""庐井""市肆"均是以方形与直线的形式出现，这显然与便于管理、易于营建、有利交通等实际功能是紧密相关的。

通过以上分析，我们可以清楚地了解到古人是如何从崇尚圆形而转为使用方形的过程。笔者认为，这一过程的发生，主要是以社会制度变革的需求以及寻找切实有效办法的匹配而产生的。也是生产力与生产关系发生冲突时，人类自我寻求解决方式的一种客观历史进程。自此以后，中国无论城市与乡村均以方形作为规划的基础，并在此原则之下灵活变通，创造了灿烂的东方聚落文明。

三、古代村落规划思想的内容

由上文可以看到，在原始社会聚落已经有了相当水准的规划观念，而随着人类社会的不断发展，生产力与生产关系的不断变化，新的社会制度取代旧制度，乡村聚落形态的规划与聚落布局也随之发生了相应的变化。在这里笔者主要通过土地利用、税赋与人口管理及安全与传统文化等方面来阐述乡村聚落规划思想的主要内容。

（一）土地利用

在《周礼·匠人营国》[2]篇中关于营造的理论被视为中国古代城市规划的经典原理。而城市之外的乡村部分，古籍中并没有如建城一样明确的营建之述，因此也导致有些学者认为村落是自行生长且没有规划的。这种认识不免有些片面，古代典籍主要是为统治者著书立说及教化百姓而服务的，作为社会最底层乡野之民的生活自然不会进入古代史学家们的眼界。但笔者认为，古代官方文化与制度作为社会强势观念是贯穿整个古代社

---

[1]（汉）郑玄，注；（唐）贾公彦，疏. 周礼注疏［M］//李学勤. 十三经注疏. 北京：北京大学出版社，1999.

[2]"匠人营国，方九里，旁三门，国中九经九纬，经涂九轨。左祖右社，面朝后市，市朝一夫。"

会各阶层的，因此，《匠人营国》篇中的理论同样也是乡野规划的依据基础。

土地是农民生存的根基，因此，对于土地的合理利用成为村落族人能否顺利发展的基本原则。土地的利用及管理同样是现代规划的重要内容之一，而古人很早便有了关于土地规划利用的系统理论。

1. 区域划分

在土地区域划分方面，据《周礼·遂人》记载"以土地之图经田野，造县鄙形体之法。五家为邻，五邻为里，四里为酂，五酂为鄙，五鄙为县，五县为遂，皆有地域，沟树之。"[98]390这表明在城以外的部分，古时已经根据地图对土地有明确的区域划分，并且有数学逻辑管理思维的存在，同时生态意识也已表现出来，"沟树之"意为防止水土流失在沟壑之处植树保护。

在土地性质的划分方面，据《周礼·载师》记载"以廛[2]里任国中之地，以场圃任园地，以宅田、士田、贾田任近郊之地，以官田、牛田、赏田、牧田任远郊之地，以公邑之田任甸地，以家邑之田任稍地，以小都之田任县地，以大都之田人畺地。[3]"[98]这表明古代社会已经根据土地的位置远近，土地属性不同而进行不同使用性质的划分。

在土地交通组织规划方面，据《周礼·遂人》记载，"凡治野，夫[4]间有遂，遂上有径；十夫有沟，沟上有畛；百夫有洫，洫上有涂；千夫有浍，浍上有道；万夫有川，川上有路，以达于畿。"[98]392汉代郑玄对此进一步解释曰："遂、沟、洫、浍，皆所以通于川也。遂，广深各二尺，沟倍之，洫倍沟。浍，广二寻，深二仞。径、畛、涂、道、路，皆所以通车徒于国都也。径容牛马，畛容大车，徒容乘车一轨，道容二轨，路容三轨。"[1]可见，古人对交通主、干、次、辅，甚至道路宽度已有明确且系统的规定，同时与道路相匹配的沟洫之制也起到了排洪泄水、保护水土和道路通畅的多重作用。

2. 田舍利用

在田舍利用方面，"井田制"成为土地利用的最初制度，据《春秋谷梁传·宣公十五年》记载，"初税亩，非正也。古者三百步为里，名曰井田。井田者，九百亩，公田居一。私田稼不善，则非吏；公田稼不善，则非民。初税亩者，非公之去公田而履亩十取一也，以公之与民为已悉矣。古者公田为居，井灶葱韭尽取焉。"[5][103]204-205古人以九宫格形式划分土地，因形似"井"字（图3-5-5），而曰井田。每井田百亩，为一夫之地，中间一井为公田，周边八井为私田，公田每家负责耕作十亩，共八十亩，还

① （汉）郑玄，注；（唐）贾公彦，疏. 周礼注疏［M］//李学勤. 十三经注疏. 北京：北京大学出版社，1999.

② 市中空地未有肆，城中空地未有宅者。

③ 《司马法》曰："王国百里为郊，二百里为州，三百里为野，四百里为县，五百里为都。"杜子春云："五十里为近郊，百里为远郊。"《士相见礼》曰："宅者在邦则曰市井之臣，在野则曰草茅之臣。"

④ 夫为土地计量单位，一夫为古代百亩之地。

⑤ （晋）范宁集，解；（唐）杨士勋，疏. 春秋谷梁传注疏［M］//李学勤. 十三经注疏. 北京：北京大学出版社，1999.

可持续发展观下的雷州半岛乡村传统聚落人居环境

余二十亩，八家均之，每家二亩半，为居住用地。另外，为了防止水患与引水灌溉，古人还规划了与井田制相匹配的沟洫之法，见《周礼·匠人》郑玄注曰："匠人为沟洫，主通利田间水道。"[1][98]1157又进一步解释曰："井田之法，畎纵遂横，沟纵洫横，浍纵自然川横。其夫间纵者，分夫间之界耳。无遂，其遂注沟，沟注入洫，洫注入浍，浍注自然入川，此图略举一成于一角，以三隅反之一，一同可见矣。"[2][98]1159由此可见，沟洫纵横，支流汇入大川，形成井然有序的土地利用规划。

图3-5-5 甲骨文"田"字

（二）税赋与人口管理

在古代生产力低下的情况下，土地虽是财富的象征，但地必须有人耕才能产生效益，因此，古代人口的重要程度与土地等同。古代统治者的税赋主要是通过土地与人丁来征收，这种人地关系的管理方式一方面保证了统治者财富来源的稳定，另一方面也实现了对人口的全面管理，诸如人口流动、数量和质量等。因此，通过土地规划来管理人口就成了统治者的手段。见《周礼·小司徒》记载："乃均土地，以稽其人民而周知期数。上地家七人，可任也者家三人；中地家六人，可任也者二家五人；下地家五人，可任也者家二人。"[2][98]277由此可见，古代乡村聚落的土地规划，是统治阶级为了便于管理土地与人口，其最终目的是为了"以任地事而令贡赋，凡税敛之事。"[1][98]279"均土地"是统治者安抚人心的重要手段，这样的手段也深刻影响了土地利用的规划方法是以均为主，同样，乡村传统聚落的建筑格局也受此规划思想的影响，同族之间宅地亦以均等为主要原则。

古代的税赋制度从以国家公有制为基础的井田制，向以私有制为基础的均田制、租庸调制、两税法及一条鞭法发展，但都无外乎是田人双重赋税。这样虽然保证了统治阶级初期的利益，但给劳苦大众却带来了沉重的负担。因为排除战争与瘟疫疾病等因素造成的人口损失，人丁税即人头税的横征暴敛，成为制约人口过快增长的制度因素之一，因此，也在一定程度上导致历史上人口增长一直较为缓慢，直到清代施行摊丁入亩的税制，将人头税取消，将人的数量与纳税分解开来，统一摊入田税中，这种方式释放了长久以来增人增税的制度压力，加之清代社会诸多方面的快速发展，诸如农业、医学、经济等，人口才实现了爆炸式增长。人口的急剧增多打破了原有人地关系的平衡，因此，集约化用地成为乡村聚落规划的重要内容，这一方面可以由岭南明清时期乡村传统聚落的集约性充分地表达出来。

① （汉）郑玄，注；（唐）贾公彦，疏. 周礼注疏［M］//李学勤. 十三经注疏. 北京：北京大学出版社，1999.
② （晋）范宁集，解；（唐）杨士勋，疏. 春秋谷梁传注疏［M］//李学勤. 十三经注疏. 北京：北京大学出版社，1999.

（三）安全与传统文化

土地利用的规划与赋税人口的管理固然重要，而这些宏观层面的因素作为一种共识前提，不能直接决定中观层面聚落形态的规划问题。因此，在聚落形态规划以及微观的单门独户建筑形态构成方面，安全意识、社会制度与传统文化习俗便成为直接影响因素。

1. 安全防御的需要

"安居乐业"是从古至今人居环境所追求的终极目标。从上文中原始社会时期陕西临潼姜寨遗址可以明显地看到环绕遗址居住区周围的壕沟以及借助自然河流形成的防御工事，而历朝历代的城市建设均将城隍建设作为规划之重。乡村聚落的规划莫不如此，虽然大多数学者将关注风水选址及宗族礼法等方面的内容作为聚落营建之首，其实乡村的规划建设首先是以安全为要义的。如山岗坡地点穴选址必须先相土尝水，以判断此处土基是否可以安全建屋；山岗靠背草木是否茂盛可以防止水土流失，避免村庄被泥石流淹没；河水走势是否会对村落选址构成侵蚀，日久天长会造成基垮屋塌。平地河滩的选址首先要判断村落是否会被汛期洪水淹没。沿海地区甚至还要考虑台风侵袭，海盗倭寇骚扰。因此，遍布中国大江南北的各种类型乡村聚落，都是把安全防御作为村落规划的头等大事对待。如关中地区多以村—寨的形式出现，安时居村，危时躲寨。雷州半岛地区的乡村传统聚落除了有村围之外，可谓村村有碉楼，户户有射击孔。客家土楼更是独楼城村，将安全防御做到极致。

而安全防御的规划除了借靠自然的优势之外，更多的是人为规划与设计营建，所以所谓村落规划，不管是抵御自然灾害，还是防御人祸，从一开始便深刻地影响到了村落形态的未来发展。

2. 先秦诸家思想的综合影响

当我们讨论到村落选址布局时，多数人都会提及宗法礼制、堪舆等，其实这些都是由先秦诸家思想的发展而日臻成熟的。

（1）儒家思想的影响

儒家思想首推礼学，子曰："不学礼，无以立。"[1][104] "礼"的起源可以追溯到原始社会时期的祭祀仪式，其逐渐发展成为宗法制度的规则，西周以后更是成为统治阶级维护其利益的核心政治思想。[105]《左传·隐公十一年》："礼，经国家，定社稷，序民人，利后嗣者也。"[2][106]礼学不仅仅限于经学或儒学，它已经渗透到了中国传统社会的各个方面，哲学、宗教、政治、道德等无所不包。礼学对乡村生活的影响也十分深刻，甚至汉

---

① （魏）何晏，注；（宋）邢昺，疏. 论语注疏［M］//李学勤. 十三经注疏. 卷十六. 季氏十六. 北京：北京大学出版社，1999.

② （周）左丘明，（晋）杜预，注；（唐）孔颖达，疏. 春秋左传正义［M］//李学勤. 十三经注疏. 卷第四. 北京：北京大学出版社，1999.

班固撰言曰"仲尼有言：礼失而求诸野。"①[107]1746 这足以见得礼制对乡野村落影响之深。因此，可以断言，乡村聚落形态规划时肯定会受到礼学思想的影响而进行布局规划。如《考工记·匠人营国》中的"左祖右社"之制，村落在祠堂布局选址时，往往会将祠堂至于村落之东，这也对应了"左祖右社"之礼。

儒家思想中受易学阴阳之论影响颇深，并且其推崇的中庸之道更是成为中国社会的传统行为准则。受易学影响之深，莫过于众所周知的风水堪舆之术。"由先秦阴阳五行之说发展起来的风水对中国几千年来的乡村传统聚落的规划发展起到了决定性的作用"[105]其决定的方面主要包括了村落选址、村落雏形及村落未来的发展。虽然风水与村落居民之间的良性互动是不争的事实，甚至有些方面已经通过计算机模拟进行了科学解释，笔者认为切不可过于夸大风水对于聚落人居环境的决定作用。所谓的"龙脉""旺穴"本质上是环境宜居的客观现实自然环境，无论开发与否，它永远存在于那里，而与其居者，人的互动才是风水有其现实意义的根本原因。因此，利用风水堪舆之术对宜居环境的选择加之居者心中对未来美好愿景的努力才是乡村传统聚落形态规划的本质意义。

（2）道家思想的影响

道家道法自然的核心思想成为多数村落尊重自然、顺从自然规划的思想来源。在古代人们受改造世界能力低下的限制，便转而求与自然和谐而达到宜居的目的。《周礼·匠人》中曰："为规，识日出之景与日入之景。昼参诸日中之景，夜考之极星，以正朝夕。"②[98]记载了古人选址立国、建村以太阳星辰为参考的技术手段。这也对应了《老子》中记载的"王③法地，地法天，天法道，道法自然。"④[108]47 主张自然是一切都要遵从的对象。

另外，道家无为受尊、朴素天下称颂的思想，使得乡村传统聚落在规划营建时充分注重与自然和谐，反映出传统朴素的审美哲学。

（3）管子思想的影响

管子辅佐齐桓公成为春秋五霸之一，其思想以务实重效为主，以富国强兵为宗旨、以务实、融纳各家之长为特征，不因循守旧，讲究灵活变通。这种讲求实用为上的思想对乡村聚落的规划影响较为明显。《管子·乘马》云："凡立国都，非于大山之下，必于广川之上。高毋近旱而水用足，下毋近水而沟防省。因天材，就地利，故城郭不必中规

---

① （汉）班固. 汉书［M］. 卷三十，文艺志第十. 北京：中华书局，1964.
② （汉）郑玄，注；（唐）贾公彦，疏. 周礼注疏［M］//李学勤. 十三经注疏. 北京：北京大学出版社，1999.
③ 顾本成疏："人，王也。"据此古今本即使作"人"，亦指上文之"王"。
④ 沙少海，徐子宏. 老子全译［M］//中国历代名著全译丛书. 第二十五章. 贵阳：贵州人民出版社，1989.

矩，道路不必中准绳。"①[109]这种依靠自然资源，凭借地势之利，水源之便的建城原则充分彰显了与自然和谐之重要。同时也强调为功能实用，并不用拘泥方圆规矩及平直准绳之法。

管子的营建思想在乡村聚落规划中的影响表现在了村落选址、就地取材与顺应自然三个主要方面。如选址方面，有山靠山，无山卧岗，水源充足；就地取材方面，取土筑屋，土空而坑现，便将坑体作为村前水塘，既经济实用又改造了村落微环境；结合自然方面，虽有平直的井田制用地划分及纵横的沟洫之法，但因势利导结合自然环境进行生产、生活用地的规划及房屋的营建，不仅和谐自然，同时又营造了丰富的村落景观。

3. 宗族观念的影响

宗族制度是中国古代社会的重要特征之一，它以血缘关系为纽带将整个族群联系在一起，族群内部人们根据长幼尊卑排列次序，每个个体都有一个合适的位置存在于这个族群之中。这种血缘关系派生出来的空间规律在乡村聚落空间布局中有着明显的反映，数千年来一直影响着乡村聚落形态的规划。

与以往讨论宗族礼制不同，笔者在这里主要针对血缘宗族单一种姓或者多种姓村落的规划思想与空间表现形式，从敬宗睦族、均平共生的角度做出探讨。

（1）敬宗睦族

《朱子·家礼》有云："君子将营宫室，先立祠堂与正寝之东。"②[110]对于立祠于东，朱子进一步解释曰："凡屋之制，不问何向背，但以前为南、后为北、左为东、右为西，后皆放此。"②[110]这样的祠堂布局也对应了《周礼》所述"左祖右社"之制。村落选址规划确定后，进一步详细的规划工作便是强调宗祠的位置布局，先择佳地而立。虽然宗祠的普遍兴建是唐宋以后，但从原始社会事情的聚落遗址就可以发现氏族长老便居于村落中心或重要位置，这一传统延续至今。在祠堂的位置选定之后，便是按照血缘宗法的长幼尊卑来规划村落的空间布局。长者居中为尊，村落由东向西或由左及右为长房、次房依次排列，并根据每房的人丁情况依次纵向延伸规划发展，每户的宅基面积基本相同，在既定的宅基内人们可根据自家情况与财力自行营建。因此，在规划有序的巷道格局中，建筑形象似而不同，装饰多而不乱。这种依宗法制度规划的村落既达到了敬宗睦族的愿景，又营造了井然有序的乡村空间景观。

（2）均平共生

在乡村传统聚落中有一种十分普遍的共同现象，就是虽然在村落中有贫富之别，但村户的庭院宅基甚至门庭面阔都是基本一致且均等的。这种现象一方面证实了中国传统乡村聚落的空间布局肯定是人为规划而产生的，而并不是无序自由生长而成的。另外一

① 谢浩范，朱迎平. 管子全译［M］//中国历代名著全译丛书. 乘马第五. 贵阳：贵州人民出版社，1996.
② （宋）朱熹. 家礼［M］//朱杰人，严佐之，刘永翔. 朱子全书. 第七卷. 上海：上海古籍出版社，2010.

方面，也反映出原始社会时期所实行的均平共生原则是古代先人普遍遵循的生存法则。这种法则长期影响人类聚居的生活，《周礼·土均》还有关于均平土地官员职责的专门记载："掌平土地之政，以均地守，以均地事，以均地贡。"[1][98]孔子在《论语·季氏》亦云："不患寡而患不均，不患贫而患不安；盖均无贫，和无寡，安无倾。"[2][104]因此，均平和谐，互助共生是传统农业社会生产力低下、生活质量较差的情况下，人们构建乡村生活的理想。这种理想同样也通过村落空间规划予以充分表现。

均平共生的现象在岭南乡村传统聚落中表现得极为突出，众所周知，岭南人口由历史上几次重大的移民南迁融合形成，当时的情况下，无论是平民百姓还是原来北方巨族，迁徙至陌生的岭南荒蛮之地，其首要目标便是生存下来，因此均平共生的原则便被人们普遍认可，岭南以宅基均平为特征的梳式布局、棋盘式或井田式布局的村落规划形式便推广开来。客家的土楼及围垅屋建筑形式（图3-5-6），也属于这种均平共生思想的空间载体。甚至，村中有支房取得功名或富甲一方也不得损坏村落原有规划格局，只能另寻他址再建豪宅楼宇。

图3-5-6　福建永定客家土楼
（来源：陆琦 摄）

---

[1]（汉）郑玄，注；（唐）贾公彦，疏. 周礼注疏［M］//李学勤. 十三经注疏. 北京：北京大学出版社，1999.

[2]（魏）何晏，注；（宋）邢昺，疏. 论语注疏［M］//李学勤. 十三经注疏. 卷十六. 北京：北京大学出版社，1999.

4. 贯穿始终的规划思想

中国乡村传统聚落无论从宏观层面的土地利用规划与人口管理，还是从中观层面的聚落选址与形态布局，甚至在微观层面乡村聚落宅基划分及建筑营建方面都是有明确的规划思想贯穿始终的。众所周知，现代规划是融合多要素、多人士看法的某一特定领域的发展愿景，意即进行比较全面的、长远的发展计划，是对未来整体性、长期性、基本性问题的思考、考量和设计未来整套行动的方案。[111]规划具有综合性、系统性、时间性、强制性等特点。中国的传统聚落与西方不同，它是以宗族血缘为纽带的亲缘聚落，任何聚落在产生之初，其先人都希望宗族世代长存，子孙瓜衍桃绵。因此，对本聚落未来相当长时间内美好发展的规划愿景是必在情理之中的。

多数学者认为乡村传统聚落的规划不受古代官方的重视，因此乡村聚落规划不像古代城市规划一般有详细的文字记录。笔者认为，古代统治阶层为了维护其统治，历朝历代一向重视对平民的教化，因此，古代官方文化作为统治者的强势文化必然侵染到了社会的各个阶层和人们生活的各个方面。先秦各学派哲学思想中有利于统治者的内容均被作为官方主流文化得以宣扬教化，这些流传下来的内容可以将其作为"大传统"，乡野民间必然以"大传统"为主流意识，不然如何科举入仕实现封建社会的奋斗梦想呢？而民间由于地域的不同，民族的差异会在"大传统"之下形成诸多的乡俗民规，为了区别"大传统"，将这些乡俗民规称之为"小传统"，这些"小传统"虽然会对乡村聚落的布局形成一定的影响，但仅限于微观层面，宏观与中观层面的规划布局必然是以官方文化为主导的"大传统"为依据。同时，《周礼·冬官考工记》中所载："匠人营国"的城邦之制也只是一个理想的都城模式而异，现实当中几乎找不到与其严格对应的古城遗迹。而且这段关于建城的记录严格意义上也只是都城，而对于诸侯卿大夫等的都邑建设仅从礼制等级做了规定，并无明确的营建记载，因此，并不能武断地下结论无明确记载便不存在。

虽然到目前仍然没有能够直接证明乡村传统聚落规划理论及方法的存在，但在诸多经典古籍中都可以找到与乡村聚落布局紧密相关的记载信息，而且也可通过一些信息间接地推导出乡村聚落规划思想是如何作用的。因此，可以肯定的是乡村传统聚落是有完善的规划思想贯穿村落的产生、发展、兴盛等过程的。乡村传统聚落在取得安全休养生息的前提下，以官方"大传统"主流文化，如土地利用、人口与赋税的管理以及宗族礼法的综合影响下，结合堪舆学说的理论及技术手段，再结合地域自然环境及本族群特有的"小传统"文化，进行乡村传统聚落规划与营建，以不变的规划思想应万变，从而创造出了多彩灿烂的乡村传统聚落空间景观。

第六节

聚落形态系统的整体结构

　　20世纪70年代末，英国著名地理学家哈格特（Haggett）在论述空间差异与空间体系的概念时，针对关于人类活动空间结构模式与秩序等方面的研究，使用图解的方式表达了区域分布中的六要素及其规律性（图3-6-1）。"第一个要素为运动的模式，解释不同地方之间货物、居民、货币、思想等的交流而产生运动；第二个要素是运动路径或网络，解释运动要沿着特定的路径进行；第三个要素为结点，指交通系统中的交点。诸多结点控制着整个系统，其空间布局构成结点区域分析的重要因素；第四个要素是这一系统中结点的层次，结点的层次规定着该居住区域结构范围内各地的重要性；第五个要素是地面，指那些位于由结点（聚落）和网络（路径）形成的框架中的地面，在不同的地面，有不同的土地利用形式和程度；第六个要素称为空间扩散，解释人类占据地表的模式是频繁变化的空间秩序。空间扩散通常在一个或几个地方开始，然后顺沿路径、通过结点、跨越地面，达到不同层次。"[112]

　　通过哈格特关于人类空间结构模式与秩序的理论，我们可以看到自然环境因素与人类自身活动各种复杂关系的交织共融，聚落不可能独立存在，或多或少都会与自然及其他聚落产生各种各样的联系与行为。在这些因素与关联共同作用下，农村聚落便由以农业生产为主的均质性聚落，逐渐发展成为具有层次性的聚落体系[113]。聚落体系是由聚

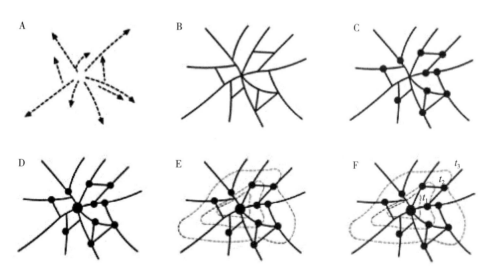

图3-6-1　哈格特空间体系图解要素①
（来源：李贺楠 绘）

---

① 李贺楠. 中国古代农村聚落区域分布与形态变迁规律性研究 [D]. 天津：天津大学，2006：67.

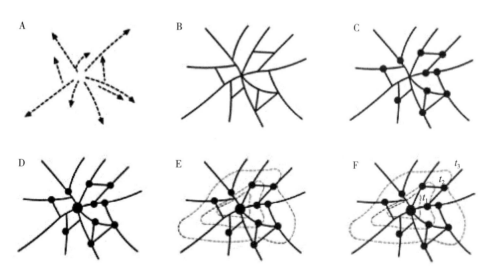

落节点和中心相互联系而构成的。节点的位置是指在交通沿线某些特定点上的位置，这一位置具有贸易交流和交通便利等优越性[113]。如交通的枢纽点，在道路纵横的交叉点，便利的交通会吸引来四面八方的人汇聚而进行物质流通，聚落也会因此而生；交通的阻碍点，在畅通的路线上遇到阻碍的地方，如急流险滩、沟壑天堑的关隘、大港海峡等这些地方人们为了安全必定会驻足停留，因此聚落也会由此而建；运输的转换点，当交通运输由一地到另一地必须转换交通运输方式时，因货物转运的耽搁及人员的停滞，便会引起对仓储及居住的要求，因此聚落也自然而生。

而区域聚落系统仅靠上述的交通联系是不能构成一个完整体系的，聚落空间层次的划分，也是系统构成的重要表征。"中国古代农村聚落在空间层次划分上遵循着与其人口规模和土地面积相对应的普遍规律，并有着空间层次划分的独特性"[113]。其一，在封建君主专制的高度中央集权统治与城乡经济一体化的自然经济模式下，聚落空间呈现出"城乡连续"①的特征，古代的镇主要职能是聚集商品，便于流通的场所，也兼作村与城之间的过渡层面聚落；其二，中国古代无论农村聚落还是城市聚落，其主要职能均为居住，因此，古代中国城市更多地是为了聚集人口，以便支撑国家的功能性需要，如军事与生产。同时，城市以向外放射状发散，肩负有对周围较小城邑或农村的管理职责，农村传统聚落则要从事农业生产的同时要支持城镇的正常运转。因而，城市又成为区域不同层级的行政中心。这种基本结构特征，决定了古代中国聚落空间层次与行政区划层次具有同一性的特征。[113]这种"城—镇—村"层次明确的分布模式，是区域聚落系统的逻辑基础。

在这里，本书根据城乡聚落的规模、性质与分布，使用"点、群、网"的概念描述其系统特征。农村的个体聚落，在雷州半岛区域层面，我们可以将其称之为"点"。"点"聚落的发展进而成组成群，这些"群"聚落之间根据区位的不同，有着不同性质的内在联系与共享，可以形成农村聚落集群，或者发展为以镇为中心的"群"聚落，如南兴镇、建新镇、龙门镇等。各个"群"聚落的中心便是城市，如雷州市（海康县）、遂溪县、徐闻县，这些中心肩负了不同的聚落核心功能。"点""群"与中心城市的层级聚落体系中在纵向是相互支撑与层级管理而存在的，然而这些体系并不是简单而孤立地发展，在不同层级之间，同一层级之间，不同元素之间，在生产、生活、经济、政治等诸多方面均存在着纵横交错的相互关联，从而形成了一个"网络"结构。网络结构一旦形成，这个地区的聚落形态便有了一个稳固的发展环境。这就如同各种柔弱的纤维细线是禁不起撕拽冲击的，而通过不同的纺织方式以形成经久耐用且可让我们遮风避雨的衣物一样结实。恰恰是这个网络结构的存在才使得雷州半岛区域的聚落能够形成一个相对完整而又独立的人居区域，抗外界的侵扰能力增强，因此，才得以在强势的广府文化圈范围内形成一个独立的传统聚落形态亚区。

---

① 李贺楠. 中国古代农村聚落区域分布与形态变迁规律性研究［D］. 天津：天津大学，2006.

一、点——个体乡村聚落

　　个体乡村聚落作为雷州半岛乡村传统聚落系统中的"点"，是构成聚落系统的基本单元，它们的形态、功能与彼此之间的联系决定了区域聚落系统的形态与属性。虽然个体乡村聚落在整个聚落系统中只是作为一个"点"存在，但个体聚落仍具有独立的形态与边界，它跟自身周边的环境发生各种关系，形成人工环境的物质边界，如田地、壕沟、村围等。而仅仅是边界尚形不成完整的聚落空间，完整的个体聚落通常由边界、中心、节点、道路等要素共同构成。

　　边界限定了聚落人为活动的范围及人工行为方式，同时也是聚落规模的外在表现。中心在这里一般情况下是指聚落祠堂或村落发源地祖屋的所在地，村落往往围绕中心不断地扩展延伸发展。但它并不是一定指聚落物理空间范畴的中心，还有社会属性的中心，包括视觉的中心、行为活动的中心、精神的中心和权利统治的中心等。视觉中心就是可以被大多数人看到的物质存在，并且可以成为标志性的参考物，如高耸的碉楼、古树苍天等；行为活动中心是聚落成员相对固定的聚集活动场所，如举行交易的小市场、聚会观戏的广场等；精神中心是聚落成员精神生活中重要的内心寄托，包括道德秩序、社会文化观念及对自然的警卫等，这些空间如庙、观等；权利统治的核心一般是宗族举行重大事物的空间，如祠堂等。节点是聚落空间的一些空间突变或者功能转换的部分，在聚落中起到了空间与功能提示性的作用。道路就是聚落空间组织的结构，聚落的各种空间通过道路、水系等组织在一起。

二、群——群体乡村聚落

　　群体聚落是聚落形态系统中十分重要的一种存在形式，从先秦聚落以"氏族聚落"作为标签，秦汉聚落成为"里聚"；六朝至唐的聚落成为"豪族聚"，而明清则成为"宗族聚"[94]，在聚落发展史中始终是以群聚的形式而存在。

　　个体聚落不断发展，继而以集群形式而存在，这与雷州半岛聚落的实际布局情况亦相吻合。不同区位的集群之间，以及个体聚落之间同时存在着直接与间接的复杂关系，如逐级构成关系，同层次的并置构成关系，以及同层次的简单依附关系等（图3-6-2）。这些构成

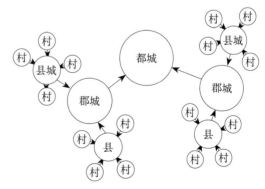

图3-6-2　群聚落关系图①

---

① 李贺楠. 中国古代农村聚落区域分布与形态变迁规律性研究［D］. 天津：天津大学，2006：89.

关系即可抽象为等级群、并列群、链接群，三种群的存在形式揭示了各要素在无主次、无先后的情况下，以同一性、共时性为基础的非线性多重网式相关的构成关系[94]。在聚落空间形态研究中的从低到高的层次关系就可以理解为群之间的等级关系。而聚落与聚落，人群与人群之间的关系则可以认为是并列群的关系[94]，甚至是依附关系。

（一）群体聚落的形成类型

古云："方以类聚，物以群分"①，群体聚落的产生是人类在自然界聚居生存的一个必然结果，就雷州半岛聚落现状来看，这些群聚落的产生主要分为三种类型：一是由"点"聚落（或土著聚落）发展而来；二是由移民聚落共生而成；三是由中心城镇辐射而成。

1. 由"点"聚落发展而来

"点"聚落在产生之初便被聚落的创始者进行了一定的规划，这种乡村聚落规划不仅仅遵循了风水、宗族、礼法等方面的规则，同样是以生产力条件与生产资源配置相匹配的聚落适宜性规模为前提的。聚落的适宜性规模受多方面因素共同影响而决定，关于这方面后文将有详细论述。由于适宜性规模的制约存在，聚落的发展便不会无限膨胀，因此，在漫长的历史进程中，随着人口数量与聚落规模的不断扩大，聚落会如同细胞分裂一般，由最初的基元聚落分支出不同的聚落。新生聚落会迁移至基元聚落的适宜生存规模范围之外而形成新的聚落，同时又与原基元聚落保持各种共生互享的联系。虽然新生聚落与原聚落基元有诸多共享与联系，在新生聚落功能与结构未达到一个完整聚落时，即尚未形成一个独立的生存力单位，我们亦可以将新生部分视为原基元聚落的一种生长扩展状态，一旦新生聚落已符合一个完整聚落时，即成为一个有独立生存力的单位时，它便成为一个独立个体与原聚落构成集群的关系，从形态上这些聚落便形成了组群聚集的结构。这些聚落之间基本都是同族同宗，由于宗法、血缘制度的存在，基元聚落对于新生聚落有中心内向的作用，群聚落之间等级关系与并列关系并存，聚落之间的关系亦较为紧密。

2. 由移民聚落共生而成

雷州半岛是一个典型的以外来移民为主的传统聚落区域，因此，移民聚落的聚集也成为群聚落的一种重要构成方式。与生长型群聚落不同的是，这种类型的聚落集群是在生产资料开发有限、生产力发展迟缓的封建农业社会，以共生互助为生存原则的均衡发展模式。因各个聚落之间并没有宗族血缘的必然联系，所以，群之间聚落多是并列关系。因生产资料与生产方式的不同，也会有部分依附关系的存在，聚落关系较类型一相对疏远。

---

① 高亨《周易大传今注》[M]//系辞上传，济南：齐鲁书社，1979：504. 高亨根据篆文写法认为"方"当作"人"，其是写法形似的谬误。人有异类，各以其类相聚。物有异群，各以其群相分。

以上两类群聚落属于自给自足型的聚落集群。一个自给自足型的聚落通常由一个村落，有时也会由几个村落同时构成。在集群中讨论的自给自足是基于集群中诸聚落基元结合各自特征，彼此间发生一些互补的活动，从而实现一个以年为周期的自给自足生存圈[114]。

3. 受中心城镇辐射而成的聚落群，往往发展成为城乡连续体

城乡连续体是一种范围更大，级别更高的聚落集群形态。这种聚落群类型受中心地理论的影响，形成"聚落—城镇"的单线联系，乡村聚落之间是并列关系，甚至有竞争关系的存在。在这个集群中每个聚落都不是自给自足的，城镇的各种需求使得乡村聚落在分离的层面上功能被专门化了[114]，并且成为城镇的互补部分，而城镇在生活必需品的方面依赖乡村聚落的供应。可以说，城镇与乡村聚落互为连续体。

（二）群体聚落的选址特征

根据英国著名地理学家哈格特（Haggett）在论述空间差异与空间体系的概念来分析，群体聚落的地理布局有着明显的共性特征。其一是良田肥美之地。在传统的农业社会，土地是农民最基本的生存资料，土地肥美，生产资料充足，其结果就是人丁兴旺，在以人为主要生产力的农业社会，充足的生产力与富足的土地便是一个聚落群可以长久不衰的根本保证；其二是交通便利的枢纽之处。如果在农业社会，聚落群主要是依靠土地来发展，那么到了工业社会时期，以现代机动交通的贸易流通带来的效益则远远超过了仅靠生产粮食的自给自足，生活品质也带来了显著提升。因此，聚落群的发展便出现了以交通便利的枢纽为核心，沿道路带状延伸发展，这样便于农作物的输出以及外来商品的输入。如图3-6-3所示，雷州半岛龙门镇依靠国道、省道以及县道等不同层级公路的连接而不断延伸发展，尤其是在连接省道与国道之间的县道，成为发展的重要区域；其三是港口码头等物流转换之所。海产品以及外来商品通过港口码头要向内地转运，由

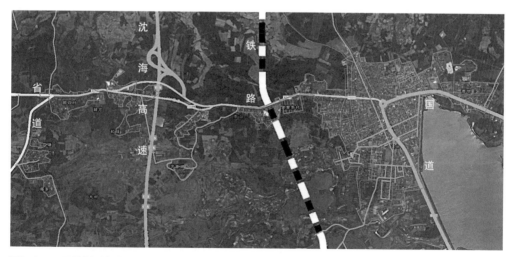

图3-6-3　雷州龙门镇镇区发展与道路关系图

水陆转陆路，腾挪另一种交通工具是必须的步骤，因此，货物的滞留保存及转运就成为这类聚落群生存发展的资料来源。现代交通的发达也使得新鲜的海产品得以转运内陆销售，从而增加聚落居民收入，内陆商品也可远销沿海，提高居民生活品质，形成一个有生存力的聚落群体。

三、网——区域乡村聚落

没有孤立的聚落单元，不同区域、区位及自然地理的聚落所受周围环境影响的主要因素是不同的。抓住主要矛盾来研究其变化趋势，是可持续发展所关注的要点内容。乡村聚落研究无法抛开城镇的影响因素，城、镇域乡村构成了一个资源合理再分配的动态网络，离开谁，这些层级都是无法孤立存在的。因此，在讨论乡村传统聚落人居环境时，要将其置于所在的整个人居环境网络，即区域聚落中来看待其发展变化。

上面对群体聚落的分析主要是建立在结构体系中元素的同一性基础之上，然而它们不仅不同层次上的元素存在着差异，同层次上的不同要素也存在区别，这些差异不同于"群"的结构方式，而是各种"群"的关系之间的相互关联以及聚落要素之间的不同次序交织在一起，变成了一个系统的"网"状结构（图3-6-4）。

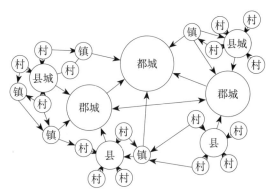

图3-6-4 网聚落关系图[①]

网和群一样，都是描述一定数量之上的群体，所不同的是群之间的关系较为平等与单一，而网的概念则更为复杂，系统更为庞大。系统中各个结点的层级不同、功能有异，而在同层级之间的不同元素之间，不同层级的节点之间，是彼此联系与相互依存的。在区域聚落中，中心聚落如县城则成为整个网络中的点，具有对周边的辐射作用；而上文作为构成区域聚落体系的"点"，聚落在此时对于中心聚落形成了"面"的概念。与经济发达的珠三角地区城市连绵区不同，雷州半岛经济发展滞后，城镇化水平偏低，因此，半岛区域的聚落体系构成了乡镇连绵区。县城—建制镇—村是乡镇连绵区的主体构成，且以乡村聚落为主要基础，三者之间通过现代交通紧密联系，逐渐形成了协调发展的产业系统，区域聚落地域空间的层次日趋复杂，交通网络亦越发成熟而丰富，形成了多元发展的"网络"分布体系。

① 李贺楠. 中国古代农村聚落区域分布与形态变迁规律性研究 [D]. 天津：天津大学，2006：90.

第七节

乡村传统聚落的支撑系统

本章针对聚落形态系统结构，从宏观层面的结构系统，中观层面的支撑系统以及微观视角下的建筑功能与格局进行了深入的分析。提出聚落宏观层面的结构系统是由"点—群—网"的结构体系组织在一起相互交织影响。中观层面的支撑系统以安全系统为首要条件，然后由生产、生活、生态的三方面共同构成雷州半岛乡村聚落整体形态结构。

道氏的人类聚居学理论中将人类聚居分成了五种基本要素，即自然、人类、社会、建筑和支撑网络。前部分内容在区域聚落形态系统构成的宏观层面关于自然已进行了较为充分的阐述，人类与社会不是本书讨论的重点，故不在这里赘述。建筑将会在下文中专门论述，因此，在这里具体到聚落本体时，则需要从中观层面来分析支撑聚落正常运转与持续发展的各种系统。道氏理论中针对支撑网络主要"指所有人工或自然的联系系统，其服务与聚落并将聚落联为整体"[13]，他强调的是如道路、给水排水系统、通信系统、电力系统以及经济、法律、教育和行政体系等。而本书对乡村传统聚落的支撑体系认识有所不同，本书认为在宏观层面解决了自然、人类、社会等问题之后，支撑村落发展下去的主要体系在安全系统、生产系统、生活系统及生态系统四个方面。这四个方面综合在一起满足了人们"幸福地生活着"的终极人居环境目标。

安全系统，"安居乐业"是从古至今所追求幸福生活的终极目标。聚落能够抵御自然灾害，如旱灾、洪涝、风灾、地震等，又能防御人祸侵扰，拥有充分的安全感，理所当然成为人们生息繁衍的第一要求。

生产系统指农业生产力与生产关系所构成的体系。宋人陈耆卿则说："夫稼，民之命也；水，稼之命也。"①[115]农业生产作为乡村聚落的存在基础，自然是农民的头等大事，农业生产包括了农民从事农业劳动所获得的各种回报，囊括了农林牧副渔等较广义的内容，它不仅要满足农民自身的生存需求，同时也要支撑周边城市甚至是国家发展的需要。

生活系统，包括了市政设施体系、交通系统、贸易、医疗、教育、娱乐等多种内容，这个系统的完善程度是聚落居民生活水平高低的重要指标，《管子·牧民》曰"仓廪实则知礼节，衣食足则知荣辱，上服度则六亲固"[116]由此可见，生产的富足与生活的品质直接决定了人民的素质及邻里亲情的社区和谐。

生态系统，这里的生态系统与人居环境五大系统中的自然系统所不同，它指的是与

---

① 黎翔凤. 管子校注 [M] //新编诸子集成. 北京：中华书局，2004：2.

聚落相关的半人工自然环境体系。在大的自然环境条件限制之下，聚落居民会对聚落周围的自然环境进行一定程度的人工改造，同时在"天人合一"思想及一些地方风俗习惯的影响下，不同聚落会呈现出差异性的生态系统构成。

安全、生产、生活、生态，这四个方面构成了乡村聚落人居环境营建的方方面面，讨论这四个方面的内容不仅是关注乡村聚落可持续发展的问题，更重要的是在可持续发展的基础上如何更让村民拥有更好的生活品质，从而真正实现"幸福的生活"。

第八节

乡村传统聚落建筑格局的总体特征

民居建筑包括住宅及村落中与居民生活相关的一切建筑物，它既是乡村聚落系统中最基本的空间层级，又是联系人的行为与聚落产生关系最直接的空间部分。因此，透彻研究建筑的功能与格局，有助于透彻理解乡村传统聚落系统中微观层面上如何由上而下一脉相承地实现人居哲学的整体概念。

影响民居建筑营建的先决客观因素便是建筑基址的选择与大小，它决定了建筑尺度以及空间构成。上文详细论述过，关于土地的利用，乡村传统聚落有明确且系统的规划，因此，可以认为乡村传统聚落的民居建筑也是在规划的基础上营建产生的。虽然土地由村落宗族统一规划管理，而宅者可在宅基地块之内尽展乾坤，所以，村落内部的空间构成呈现了既统一又多样的空间序列及景观形象。

在民居建筑中以住宅建筑与人们休养生息关系最为紧密，因此，《宅经》开篇即曰："夫宅者，乃是阴阳之枢纽，人伦之轨模，非夫博物明贤而能悟斯道也……凡人所居，无不在宅……故宅者，人之本。"①[117]这段话精辟地总结出了住宅空间既要顺从天地宇宙的阴阳和谐，又需要规范宗法道德的行事准则。可见，古人营建宅居时对风水理念的重视和宗族意识的尊崇。

居住建筑作为村落空间中最小的空间层次，其空间的尺度与形式都要完全符合使用者诸多的实际需求，因此会不可避免地受到方方面面因素的制约。所以，要厘清楚影响居住建筑这一村落最基本空间的外界因素，还是需要诸多努力的。所幸的是，大量关于住宅单元的研究表明，住宅建筑与村落空间的整体有"同构"现象的存在，因此，对村落形态分层研究的方法，亦可将居住单元作为一级子系统，继续分析各种因素对其空间的影响方式[118]。

---

① 黄帝宅经 [M] 雕版. 武汉：湖北崇文书局，光绪三年（1877）.

一、堪舆理念对住宅建筑整体的影响

堪舆理念一直以来都是影响中国乡村传统聚落人居环境的一个重要因素。它源于先民对自然万物变化的朴素观察和哲学思考，其中关于传统理想人居环境的选择和人们的主观改造，对于当前的人居环境有着积极的指导意义。在古代，从上梁起灶到盖房铺路，凡是与动土营建相关的活动，人们无不先行考虑风水影响。"风水"已经深深地烙印在人们的思想之中，并成为民俗文化重要的一部分。风水理念一直是人们把握做事方向及把控局面的有利工具。民居的营建更是如此，无论从住宅的朝向、门位的选择还是到住宅形式的约定俗成，"藏风聚气""四水归堂"这些涉及住宅整体形态、住宅与周边环境的关系的诸多方面，无一不与堪舆理念密切相关[118]。

对于建筑形态划分，堪舆理论将其分为外形和内形两种。《阳宅十书·论宅外形第一》开篇即曰："若大形不善，总内形得法，终不全吉，故论宅外形第一。"[①][119]建筑的外形注重与周围环境、其他建筑物的形体、周边道路网相互之间的协调；建筑的"内形"则注重住宅使用功能的内部空间形态及环境的布局处理[120]。就住宅建筑而言，其"外形"包括了住宅的基址及宅院朝向与门向的选择，住宅与周边大环境及微环境的关系等；"内形"则包括建筑平面布局、流线组织等基本形式。

（一）住宅的基址选择

在整个村落的基址、大朝向选定之后，对于不断发展，规模不断增加的村落而言，其每座住宅的位置选择，虽然受到了村落大格局的限定，但仍然受堪舆理论的主要支配。相地、看风水、定朝向、门向是住宅建筑之初一系列必行的程序。《相宅经纂》原序中曰"四正四隅，八方之中，各有其气，气之阳者，从风而行，气之阴者，从水而行。理寓于气，气囿于形。"[②][121]堪舆理论将万事万物归结为"气"，居住建筑中的阳宅追求的是获得"乘气""聚气""顺气""界气"等传统养生环境，以"顺阴阳之气以尊民居"[②][121]具体表现为通过调整坐向、门向，设置屏墙、影壁等手法，以及采用一定的住宅形制使之实现。《阳宅十书·论宅外形第一》中提出了最佳的宅基选择（图3-8-1）："凡宅左有流水，谓之青龙，右有长道，谓之白虎，前有汙池，谓之朱雀，后有丘陵，谓之元武，为最贵地。"[③][119]风水中还有用辨土法与称土法来判断基地地质等的好坏，用今天专业术语说就是探测地基的承载力[121]。

图3-8-1 理想宅居选址图

① 阳宅十书［M］//古今图书集成. 艺术典第六百七十五卷，堪舆部汇考二十五. 影印. 上海：中华书局，民国二十三年（1934）.

② 何晓昕. 风水探源［M］//潘谷西，郭湖生. 古建筑文化丛书. 南京：东南大学出版社，1990.

③ 同①.

然而，在村落发展到中后期时，住宅布局已经相对成熟，密度也较大，屋宇鳞次栉比，不可能每家每户都可以这样选择，因此，这种理想的宅居环境只能在最初迁居新址时以及村落整体环境的选择中得以体现。而后期建设宅院同样在井邑之间寻求堪舆之法，如在井邑之宅的辨形方法中，"龙""砂""穴""水"都被赋予新的喻义而广泛应用。正如《阳宅会心集》中所说："一层街衢为一层水，一屋墙屋为一层砂，门前街道即是明堂，对面屋宇既是案山。"[①][122]

（二）住宅与周边环境的关系

住宅主体与其周围的自然环境，如地形、水势、水质、树木以及人工环境（建筑、小品等）之间，同样需要运用堪舆理论进行重点的设计处理。古人讲求宅院与周边微环境的和谐，反映出古人在实际生活中用经验哲学在近人的尺度内总结出适宜的人居概念。

谈及周围环境，肯定要讨论绿化种植方面的问题，堪舆理论对于植物的种类及种植位置与方式都有明确的说法。如《相宅经纂》卷四之"阳宅宜忌"中，提到"东种桃柳，西种栀榆，南种梅枣，北种李杏"，又"中门有槐，富贵三代，宅后有榆，百鬼不近"，"门庭前喜种双枣，四畔有竹木青翠则进财"[②][121]。

（三）住宅的门向

门，作为一个宅院的"气口"，有着非常重要的地位。一般民居多是坐北朝南，风水将之称为"坎宅"，其三吉方为离（南）、巽（东南）、震（东），宅院主门应位于此三方向之一。其中又以东南为最佳，俗称"青龙门"[121]。在岭南地区也有不少坐西向东的聚落与建筑，这种朝向并不违背风水原则，《朱子·家礼》中对朝向有这样的解释"凡屋之制，不问何向背，但以前[③]为南、后为北、左为东、右为西，后皆放此。"[④][110]876

大门作为住宅内外空间的分界点，承担着宅院内部空间与外界沟通、融合的作用。大门除了位于宅院的吉位之外，还要迎吉避凶，符合之前提到的"乘气"之说法。

另外，门向有诸多禁忌，有些被世代因循下来成为"常识"性的东西，如：（1）门不对瓦头、墙角、烟囱、坟墓、近处的山口等，与这些物象相对，都是堪舆理论中的禁忌。对于这种情况，最常见的规避方法是砌照壁，或以高耸的院墙代替照壁从而隔断"犯冲"。（2）门不对巷口，俗话说"家门冲巷，人丁不旺"。（3）门不对门。村落中看不到两家门户对开，即使较难避免，也会扭转门向或错开轴线。

① 亢亮，亢羽. 风水与建筑 [M]. 天津：百花文艺出版社，1999.

② 何晓昕. 风水探源 [M] // 潘谷西，郭湖生. 古建筑文化丛书. 南京：东南大学出版社，1990.

③ 这里的"前"指宗祠之前.

④ （宋）朱熹. 家礼 [M] // 朱杰人，严佐之，刘永翔. 朱子全书. 第七卷. 上海：上海古籍出版社，安徽教育出版社，2002.

（四）住宅布局的基本形式

《黄帝宅经》中谈到关于宅院有这样的论述："宅有五虚，令人贫耗；五实，令人富贵。宅大人少，一虚；宅门大内小，二虚；墙院不完，三虚；井灶不处，四虚；宅地多屋少庭院广，五虚。宅小人多，一实；宅大门小，二实；墙院完全，三实；宅小六畜多，四实；宅水沟东南流，五实。"①[117]

乡村传统聚落住宅的基本形式一般以四合院与三合院天井为基本单元，通过纵向或者横向的相互串联与并联组合成成簇的院落。合院作为中国传统民居的基本空间构成，其形式和构造均受到堪舆理论的影响。天井作为合院里唯一的室外空间，下接地气，上承阳光雨露，是住宅与自然沟通交融的重要场所。同样，在堪舆理论中，水是财富的象征，所以屋顶承接的雨露一定要流到自家的天井中，因此有"肥水不流外人田"的说法。天井地面构造上通常比堂的地面低一点，以青砖铺地，下面是联通暗道的排水系统。这种院落的优点是布局紧凑、节约土地、面积利用充分。

二、宗法礼制对宅院内部空间结构的影响

传统以宗族血缘聚集的村落有着浓厚的宗族情节。不仅在村落整体布局方面，在住宅单元中也处处得以体现。特别是住宅内部的平面布局、空间秩序等方面直接受宗族观念的影响。

（一）基本单元里的轴线和秩序

受宗法礼制观念的影响，传统住宅建筑中四合院的最基本形式：天井—厅堂—两厢（厦房）—门房（倒座），呈现中轴对称布局，在功能布局上表现出相对固定的模式。

1. "祖先"居中。厅堂是供奉家族祖先牌位、会见宾客、举行家庭集会，如祭祀、执行家法、商议家事等的场所，是严肃的核心场所。在村落中若将厅堂纵向类比，会得到厅堂—家祠—支祠的层层递进关系。因此，在住宅中，厅堂理所当然占据中心位置。厅堂的朝向即住宅的坐向。由于其功能上的纪念性和仪典性，厅堂的布局摆设形成了一定之规。

2. 长幼有序的居住概念——厅堂两侧的厢屋一般是作为卧室使用。与厅堂的开敞形成鲜明的对比，卧室类似黑箱暗房，只在其进深方向向天井开窗采光，形成非常私密的空间。如果住宅只有一进院落，则两厢的居住顺序为"长居左，幼居右"，这是遵照我国传统礼教的"左为上"的观念。

3. 门房又次之——门房的用途较多，除了作为进出口的通道，也可作居室、书

---

① 黄帝宅经［M］雕版. 武汉：湖北崇文书局，光绪三年（1877）.

房、会客或贮藏等用。

（二）多进院落的"内外有别"

宗法制度在血缘、亲缘等因素的前提下，提倡聚族而居，同时又与封建礼法结合为宗族中的建筑制定了一套内外有别、尊卑有致的空间秩序。《礼记·内则》记载："为宫室，辨外内。男子居外，女子居内，深宫固门，阍、寺守之，男不入，女不出。"①[123]宋代司马光在《居家杂议》中对于《礼记》的规定又做了更进一步的解释："凡为宫室必辨内外，深宫固门，内外不共井，不共浴室，不共厕，男治外事，女治内事，男子昼无故不处私室，妇人无故不窥中门……"②[124]对于规模较大的多进四合院组合的宅院，就算背靠背的小型院落，其内外的差别也十分明显。内厅及天井是家人，特别是妇女们活动的场所。男人们通常在外经商打拼，妇孺留守家中，妇女不仅不便出门，更是连中门都不可逾越。这种封建礼制上的划分，首先是为了维护古代男尊女卑的封建家长制度，认为女子不可登堂露面；二是同样是对妇女的一种歧视与管制，通过建筑区域上的划分束缚女子的行为，使其"恪守妇道"[118]。

传统宅院中多进院落的内外之别，在现代社会中演变为住宅私密性的差别。传统宅院中的外厅是客人落座、聊天、喝茶的场所，类似于现代住宅的起居室（客厅）；内厅（后厅、边厅）则只供家人起居，类似现代家居中的家庭室。在古代，客人若被请进内厅一坐，则表示与主人有极亲密的关系或受到主人极高的重视。

---

① （汉）郑玄，注；（唐）贾公彦，疏. 礼记正义［M］//李学勤. 十三经注疏. 卷第二十八. 内则. 北京：北京大学出版社，1999：858.
② （美）伊沛霞. 内闱——宋代的婚姻和妇女生活［M］//胡志宏. 南京：江苏人民出版社，2004.

雷州半岛乡村传统聚落形态系统及典型村落

雷州半岛乡村传统聚落是在半岛特有的自然环境下，经过各个历史阶段的不断作用，不同社会经济文化背景的影响以及人们行为方式的不断改变叠加而逐步发展演变过来的。在雷州半岛丘陵起伏的红土地上，这些星罗棋布般散落的传统聚落在静静诉说着半岛先民与自然抗争并和谐共处历史的同时，又深深地在半岛乡村传统聚落未来的发展中打下烙印，极大地影响着当地聚落人居环境的发展与构成。要深刻理解与探索半岛人居环境未来可持续发展的方向，对其聚落形态系统的分析，就成为首要的系统研究工作。

第一节

半岛传统聚落形态概况

一、聚落形成的环境因素

雷州半岛三面环海的地理位置，半岛内部拥有丰富的水系、平坦的地势、肥沃的土壤，这些自然的有利因素为孕育雷州古越人本土文明及后来汉族移民文明起到了至关重要的决定作用；同时，开放的地理位置、多变的海洋环境以及雷暴台风的恶劣气候等不利于自然的因素也促使雷州半岛的聚落文明及形态出现了多样性个体的异化发展。半岛环境的利弊具体表现在以下五个方面：一是丰富的水系，用于饮水灌溉，以利民生；二是平坦肥沃的土地，用于农业耕作，以保仓廪；三是广阔的海洋资源，既用于耕海织田，又便于舟楫贸易，以通交流；四是凭借南陲要塞，作为军事防线，以保安全；五是沿海恶劣气候的自然侵蚀与海上海盗倭寇的横行，对半岛人居环境所构成的威胁。这些功能在不同的历史阶段、不同的区域环境发挥了不一样的作用，并与当时的生产力水平、军事形势、社会经济、民族关系等有着直接的关系。

纵观雷州半岛传统聚落的产生、发展过程，其历史背景、形成的历史阶段和功能都不尽相同。因此，聚落的形态、空间构成以及建筑风貌也相应地出现了多元化的外在风貌特征。聚落一旦产生，就会在相当长的时期内不会随意改变位置。在此期间，有可能聚落会随着社会的发展而产生变化，甚至有可能制约聚落形态的发展，因此，聚落的选址就决定了其形态的布局和空间构成。然而，自然环境是聚落形成、存在的基础，任何聚落都不离开对自然环境的依赖，但不同类型的聚落对自然的态度是完全不同的。

二、聚落与半岛地形的关系

雷州半岛乡村传统聚落与半岛地形的关系是十分紧密的，聚落一般都位于水源、河流、道路的交汇处或附近，这就是"近水择居，便生利民"[1][12]的思想。因半岛地形较为单一，为火山丘陵地貌，主要有河滩、海岸、坡岗、盆腹、四种地形特征，因此乡村聚落在这种地貌特征下与半岛地形关系主要有"滨、望、依、据"四大类。

（一）"滨"即聚落紧邻河溪而建

这类村落的代表是南兴镇的东林村，村子紧邻南渡河下游南岸而建，借河流冲积而成的肥田沃野之利繁衍生息（图4-1-1）。这种类型的村落在享受河滩土地收获的同时也面临汛期洪涝灾害的负面影响。

图4-1-1 滨

（二）"望"即聚落临海而建

半岛三面环海，海洋资源颇丰，人们自然会向自然索取生存的空间，而鉴于海边潮汐风浪的影响，这种类型的村落一般会选择地势较高，距海岸线有一定安全距离的位置聚居，因此就形成了望海之势（图4-1-2）。这类村落的代表如徐闻县三墩港附近的二桥村、南山村等。

图4-1-2 望

（三）"依"即聚落沿着斜度较大的坡地由下自上发展，形成逐层升高的聚落空间特点

这种聚落因坡地而层次分明，显得气势庞大（图4-1-3），如禄切村。

图4-1-3 依

（四）"据"即聚落坐落于诸丘陵之间的盆腹之地，状如卧龙盘踞在盆底

这种聚落凭借腹地水润土肥的优势，一般发展规模都较大（图4-1-4），如青桐

图4-1-4 据

---

① 王树声. 黄河晋陕沿岸历史城市人居环境营造研究［D］. 西安：西安建筑科技大学，2006.

洋村、鹅感村等。

三、海陆聚落的基本特征

雷州半岛受临海环境和福佬文化的影响，加之整个雷州半岛以丘陵地貌为主，故该地区聚落多建于小盆地，选址依靠于山坡或高冈。一般来说，民居坐北向南，前有河流或水塘，易于接受东南风或南风吹拂。如白沙镇的邦塘村，该村由中间的沟渠水田分为南北两村，七街十四巷顺坡而建，沿轴线南北排列成行，南风贯通每条街巷首尾。

沿海常受台风侵袭，台风风向不定，时为北向，登陆后转南向，俗称"回南"。故而，为了抵御台风的影响，聚落多选址在靠山冈南侧平坡地或者凹形坡地。如龙门镇的潮溪村，村落坐北向南地坐落在一个东西北三面围绕的凹形坡地。同时，为阻挡台风，村落多建围墙与多进式天井。围墙采用贝灰、砂、土，分实三合土，甚至加上红糖、糯米，所筑土墙厚实，坚固异常，可抗台风。

雷州半岛台风登陆次数多且强度大，聚落须有防护林作为屏障，故多在林地或者背风坡选址，在外很难看到隐藏在树林下的村落。当然，受风水及宗法制度的影响，雷州民居的大部分聚落同样以祠堂为核心布置，密集式布局，中轴对称，聚落前部置半圆形池塘，塘前为晒场，布局严谨，有的村后还有风水林，其形式与广府系、客家系地区大同小异。

四、聚落的选址与分类

雷州半岛聚落的多样性决定了其聚落分类无法用单一的方式来阐述清楚。因此，用多种分类方式来描述雷州半岛传统聚落可以给人们一个较为全面、直观的了解。

雷州半岛目前遗存下来的传统聚落从风貌上来看，有些聚落以明清时期传统风貌为主，尤其是清代风貌为最多，有些聚落以当代建筑风貌为主，杂乱无章，而大部分的聚落以旧有传统风貌与当代建筑风貌混合并存为主。从聚落基本类型上来划分，可将其分为城镇型与乡村型两大类。一般来说，城镇型聚落规模较大，功能齐全，人口众多，然而由于交通及经济因素的影响，有些乡村型聚落规模甚至超过了部分城镇型聚落，但就综合功能而言，这种大规模的乡村型聚落还是较为薄弱的。从聚落形成方式来看，大体可分为三类：第一类是基于原始聚落发展而形成的聚落，这一类聚落往往历史悠久，集中在水源、交通便利之处，最终发展成城镇型聚落，如雷州市（海康县）、遂溪县与徐闻县；第二类是产生时间较晚的聚落，主要是宋代以后，大量福建籍官兵进驻雷州半岛，由军事寨堡及其辅助村寨发展而成，如雷州湾的程村便是宋代军户村发展而来的；第三类是基于沿海水运交通及海产养殖而发展起来的聚落，这些聚落多集中在沿海岸线，如徐闻的海安镇、南山村等。

作为本书调研区域的雷州市（海康县）、遂溪县与徐闻县三个县级城镇型聚落均归湛江市管辖，从宏观角度来看，由于半岛因火山喷发而形成丘陵地形的单一性，因此从城镇型聚落的总体特征来看，这三县城镇各方面类型基本一致，唯雷州市历史最久，规模最大，是半岛的核心。今天的雷州市在历史上一直为大陆南陲边关军事重镇，同时它也是历代雷州半岛的政治、经济、文化中心。[38]相对于城镇型聚落，从中观角度来看乡村型聚落，其类型根据局部地形的微差异出现了多样化类型的发展。

乡村型聚落与城镇型聚落有所不同，城镇选址首先受到了政治、军事等一系列因素的影响。村落则与此不同，因受到海洋性气候润泽与地形地貌近似的影响，聚落整体格局相似，都强调适应海洋气候与丘陵地形，内部格局大都规整，聚落建筑色调淡雅并与庭院相结合，在材料上多采用青石、红砖、赤瓦，木结构较少暴露。村落选址首先考虑生存问题，即生活与生产两方面。根据村落生存方式的不同，可将村落选址分为三大类型，即平原型、坡地型及滨海型，其中平原型又包括了盆地与河滩两种选址类型。

（一）平原型聚落

平原型聚落选址一般四周地势平坦，以聚落为中心形成村落—防护林—耕地层层向外的发散型整体布局。受传统堪舆理论的影响，这种类型的聚落因缺少坡地及山冈，因此普遍在村落的后部种植风水林，以期达到完整的风水格局。如东岭村，整个村落地势平坦，祠堂进深贯穿整个村落，后无民居，民居建筑以祠堂为中心向两边延展开来，祠堂前有围墙，专门划出一块空地做公共活动的场所，同时也兼具晒场的作用。再向外有水塘，这种村落格局与广府系的梳式布局十分类似，只是建筑风格迥异。

平原型聚落中盆地型聚落则选址在丘陵环绕的盆地腹地，四周较为平坦，因受四周丘陵坡向的排水影响，村落内部布局在顺应地势的情况下，尽量规整，这样便产生了灵活自由的空间组合。村落内部道路蜿蜒曲折，进而也营造出形态多变的院落及层次丰富的巷道空间。如鹅感村、青桐洋村都坐落在小盆地中心，远远望去村落隐蔽在一片郁郁葱葱的林地当中，从主干道经过蜿蜒静谧的乡间小路，穿过大片农田，经过林地，村落才会豁然出现在眼前。该类型聚落农作物以旱地经济作物为主，如甘蔗、菠萝等。

另一种河滩型聚落一般选址在靠近河流的河滩地附近，亲水性强，这种类型的村落大多布局规整，南北朝向，类似于广府民居聚落的梳式布局。村落在平坦的河滩地上选择一块相对地势较高，可以应付一般汛期的地块作为居住用地，周边低洼处便成为水稻田与鱼塘。民居建筑以祠堂为核心，沿东西方向排列开来，顺南北方向展开列。如东林村，该村坐落在南渡河南岸，在拦海大堤便可远眺到村子，村落周围围绕大量的水稻田和鱼塘，土地肥美，鱼虾成群。这种类型的聚落农业基础较好，水稻与水产成为村民的主要经济来源，经济状况较佳。不过，因地处河滩，在享受河水滋润的肥美良田同时也会受到水患的一定影响，不过每次水患结束之时，都是水田更为肥美之时，这也是该类型聚落与自然和谐共生的智慧典范。

（二）坡地型聚落

坡地型聚落选址一般是位于山坡向阳地，村前有风水塘，村落依山而筑，由南向北逐渐升高，且高差较大，村落背后有后山作为风水靠山并植风水林。南北方向的高差有利于村落巷道排水，同时也营造出了层次丰富的村落景观。村落整体格局亦如广府系的梳式布局，祠堂前有晒场。民居建筑以祠堂为中心向两边展开，较大的村落会有分支祠堂，支祠以总祠堂为中心向两边延展，民居建筑同样以总祠堂与分支祠堂为分别的核心向两边展开，构成规模庞大的村落建筑群，如禄切村。穿过茂盛的林丛，便可望见村落建筑群，该村有数间祠堂，总祠堂在中心，分支祠堂在两列，民居围绕祠堂在两侧展开，并有数座碉楼矗立在村落当中，层次丰富。

（三）滨海型聚落

滨海型聚落选址沿海岸线散布开来，与远离海边的内陆村落不同，这种类型的村落布局较为自由、松散。在古代，这类聚落的生活条件是比较艰苦的，渔民靠海而生，伴海而居，甚至更有渔民现今还保持着居住于船屋、在海上生活的习俗，这种择船而居的渔民称之为"疍民"。因以出海打渔为生，所以其村落的布局首先要满足生存的需要，一般建筑没有围合严密的院落，但房前会有较大的场地，用来从事织网、晒网、晒海产等渔业生产活动。由于受到海边气候环境恶劣、建材资源不足的影响以及在当时易受到海盗倭寇袭击不宜居等因素，滨海型聚落一般没有质量较好的宅院遗存，多以土坯墙茅草屋或者石块砌墙茅草屋等形式出现。

雷州半岛聚落的形成及发展是自然因素与人类行为共同作用的结果，这里仅通过表象地描述，并无法真实地映射出雷州半岛居民在这块红土地上营造适宜其生存的人居环境的历史进程以及聚落演进变化的本质。因此，对于传统聚落形态的演进进行整体、系统的梳理，有助于我们深刻理解雷州人营造适宜人居环境的生存哲学。

第二节

半岛聚落支撑系统

一、安全系统

聚落的安全防御缘于原始社会时期人类为了防止野兽与自然灾害以及抵御氏族部落之间的战争而修建的安全设施，如沟壕、栅垣等。这些高墙厚筑、四周环形设防的防御形态，在古代中国长期而广泛地存在[100]。因此，可见"安居乐业"是从古至今人居环境所追求的终极目标。

聚落的安全防御形态在历史发展中呈现出环壕型、环壕土围型、早期城堡型和龙山文化城堡[100]的演进过程。其中，前两种还具有比较原始的特征，浅壕矮墙仅为防御野兽侵袭和洪水泛滥以及本聚落牲畜走失等；早期城堡型聚落已经开始出现了夯土砌筑的城壕形式，但其圆形平面的形制也反映其还处在原始社会的体制阶段；龙山文化城堡形成于距今4800~4100年，其城堡形制较早期城堡均有较大进步，且平面已呈现规则的方形，代表着聚落防御体系进入了一个新的发展阶段，在不断地发展与成熟过程中，这种防御系统的形制延续了几千年。

堡寨的聚落形式作为人类寻求安全保证及统治者管理需要的基础，一直伴随着乡村聚落的发展以不同的形式出现。古代居住型聚落在商代被称作"邑"，自西周始称作"里"，奴隶社会的乡遂制度与井田制相结合，保持了"邑"的本来特征，因此，在农村"邑"和"里"并无严格的区别[97]100。《周礼·乡大夫》："国有大故，则令民各守其闾，以待政令"①[98]。闾即里门，可见里的四周是筑有围墙的。除里门外，里内住户不得直接对大道开门，出入必须经由里门。再看《汉书·食货志》对奴隶社会农村里的描述："春将出民，里胥平旦坐于右塾，邻长坐于左塾，毕出然后归，夕亦如之。"②塾为门侧之堂，这样可推断出有里门。既有里门，当有里垣[125]，可见这种农村的邑里防御之制古已有之。

虽然乡村传统聚落防御系统之后的发展不一定都如上文所述有完整的壕墙之制，但求安的防御思想是深入乡村聚落规划与营建的。乡村传统聚落的安全防御系统主要针对两个方面的威胁，即天灾与人祸。天灾即自然灾害，包括地震、旱灾、洪涝、海涝、台风等，明万历年间的《广东通志·雷州府·舆图》有载："夏秋飓风大作，驱潮则

---

① （汉）郑玄，注；（唐）贾公彦，疏. 周礼注疏［M］//李学勤. 十三经注疏. 北京：北京大学出版社，1999.

② （汉）班固. 汉书［M］卷二十四上，食货志第四上. 北京：中华书局，1964.

咸流逆上，挟雨则拔屋撼山。"[126]可见台风之害深重；人祸主要是火灾与贼匪倭寇之流入侵。

雷州半岛乡村传统聚落的防御体系营建是双重甚至多重的。因为半岛地形以丘陵为主，无险可居，因此人工的防御体系成了主要防卫手段。天灾方面，在村域边界范围内针对洪涝灾害会设置挡洪墙、泄洪池、排洪沟；针对旱灾会深挖井、广蓄水；针对风灾则通过种植防护林控制建筑高宽比、通过建筑山墙减少风压等措施。人祸方面，针对火灾通过建筑设置封火山墙及巷道进行防火分隔；针对贼盗倭寇，在村域边界夯筑村围或者密植箣竹使其难以通过，宅院建筑则是高墙、碉楼、跑马廊，防卫反击同时兼备。

二、生产系统

雷州半岛在历史上一直处于较为落后的地区，时至今日也是广东省经济欠发达地区，因此农业生产一直是当地居民赖以生存的主要手段。因半岛三面环海，除了耕地之外，海产产业也是沿海聚落居民生存的重要组成。除此之外，因占据绵长曲折的海岸线，雷州半岛的商业活动也十分活跃，自汉代始，这里便是南丝绸之路的重要港口之一。因此，雷州半岛乡村传统聚落的生产系统主要包括农业生产与商业经营两部分。

（一）"理地织海"的农业生产

1. 理地

雷州半岛洋田素有"平畴数万顷，居民数千户"①之称，但该地区降水集中于夏秋季节，冬春季节雨量较少，加之地表径流少，最大径流仅为南渡河，极易发生旱灾[127]。明万历年间的《雷州府志》记载："雷地病燥涸。"②[128]同时，半岛三面环海，台风灾害严重。万历年间的《雷州府志·星候志·潮汐》记载："平时潮水到于田亩，为飓发则咸潮逆起，大伤禾稼，故东洋田俱筑堤岸以遏之。"③[129]又见屈大均《广东新语》进一步解释"然洋田中洼，而海势高，其丰歉每视海岸之修否。岁飓风作，涛激岸崩，咸潮泛滥无际。咸潮既消，则卤气复发，往往田苗伤败，至于三四年然后可耕。以故洋田价贱，耕者稀少。故修筑海岸，最为雷阳先务"。④[130]因此，因地制宜、灵活多样地修

① 王元林，查群. 宋代以来雷州半岛水利建设及其影响新探 [J]. 广州大学学报（社会科学版），2012（8）：80—85.
② （明）欧阳保，等. 雷州府志 [M] //广东省地方史志办公室. 广东历代方志集成. 舆图志. 影印. 广州：岭南美术出版社，2009：16.
③ （明）欧阳保，等，纂修. 万历雷州府志 [M] //日本藏中国函件地方志丛书. 卷二. 星候志. 潮汐. 刻版. 北京：书目文献出版社，1990.
④ （清）屈大均. 广东新语 [M] //清代史料笔记丛刊. 卷二. 地语. 雷州海岸. 北京：中华书局，1985：50.

筑水利工程，理地治水，改善土壤结构以利农业成为雷州人顺利从事农业生产的头等大事。

近代随着人们对雷州半岛的全面开发，水资源又称为限制农业发展的制约因素，因此，20世纪50年代末当地政府集人民愿望，号召并组织开展了雷州青年运河的兴建工作。"雷州青年运河源于广东省湛江市廉江县鹤地水库，经遂溪、海康、湛江等县市。总干河长74公里。另有四联河、东海河、西海河、东运河、西运河等5条分支，全长271公里，主、干河分出的干支渠4039条，总长5000多公里，于1960年建成。因位于雷州半岛，开凿者以青年人为主，故名。"[33]由人工开凿的雷州青年运河自北向南延伸，其灌溉渠道分布于整个半岛北半部。运河以农业灌溉为主，综合工业、生活供水和防洪、发电、养殖、航运、旅游等功能。

2. 织海

雷州人民在努力改造耕地条件的同时也积极向海洋寻求生产空间的可能性，"山民务农圃以尽地力，海人谋鱼盐以养身家。"①[131]鱼盐生产是开发海洋资源的主要形式。因雷州属亚热带海洋性季风气候，海洋资源极其丰富，海洋农业文化积淀深厚，其捕捞业在明朝初年就已兴旺发达，捕鲸业在当时亦具有相当规模。但明中叶时期由于内忧外患，加之清初的海禁政策，导致雷州的捕捞业被迫停滞。海禁解除后，渔民纷纷复业。[82]除捕捞业外，海产品养殖也很发达，"渔箔横列，以海为田……渔佃为生"②[132]。即用竹制"渔箔"围滩涂，使鱼类养殖、储存、捕捞三者达到完善的空间组合，有效利用水体、滩涂和饵料，使渔业生产工厂化和规范化，取得精养密放的效果。这种方式类似于今天的网箱养鱼，是一项先进技术，其经济效益大于海洋捕捞。[133]

除渔盐之利外，采珠活动在雷州半岛还有着久远的历史。因此，雷州史称"南珠故乡"，自古即有珠民入深海采珠。在雷州与合浦之间的海域称珠母海（今北部湾），从汉代以后一直是著名的产珠区，历代设官收税。南汉时，成为南汉两个专事采珠的媚川都之一。在盐庭村西南1公里处发现的面积达20000平方米以上的珍珠贝壳遗址，堆积层厚达2米以上，正是当年采珠业繁荣的历史佐证[133]。

雷州的采珠业一直延续到现在。中华人民共和国成立后，雷州半岛办起了海水珍珠养殖场。特别是改革开放到现在，海水珍珠养殖面积达55.63万亩，年产量占全国总产量的70%以上[82]，是目前我国海水珍珠养殖的最大基地。

（二）商业活动

从地理位置来说，雷州半岛三面临海，海岸线曲折绵长，港湾众多，又有徐闻以及

---

① （清）叶廷芳. 电白县志［M］//中国方志丛书. 卷一. 疆域图. 影印. 台北：成文出版社，民国五十六年（1967）.

② （清）章鸿，叶廷芳，修；邵泳，崔翼周，纂. 重修电白县志［M］//中国方志丛书. 卷十四. 艺文志. 相斗南. 观海文. 清道光六年（1826）刻本. 台北：成文出版社，1968.

附近的合浦古港；紧靠历史早期中原南下北部湾的湘桂走廊这条水陆交通线；而雷州半岛上台地广布，容易通过，海陆交通方便，海上丝绸之路对其影响甚大。雷州人善于经商有着悠久的历史与传统，汉代徐闻、合浦港作为海上丝绸之路始发港，已与东南亚诸国直接交易。"汉置左右候官，在线南七里，积货物于此，备其所求，与交易有利。故谚曰：'欲拔贫，诣徐闻。'"①[134]又见《汉书·地理志》记载："自日南障塞、徐闻、合浦船行可五月，有都元国，又船行可四月，有邑卢没国；又船行可二十余日，有谌离国；步行可十余日，有夫甘都卢国。自夫甘都卢国船行可二月余，有黄支国，民俗略与珠厓相类……黄支之南，有已不程国，汉之绎使自此还矣。"②[135]据载，自先秦南和越国时期开始相当长的一段时间内，海上丝绸之路起始港就设在徐闻[136]。当时出口的货物主要是"杂缯"（各色丝绸织品），入口的是明珠、璧琉璃、奇石、异物等。缅甸、印度、斯里兰卡以及欧洲一些国家在不同时期也派官员使者和商人到我国雷州半岛经商[82]。

唐宋时期，雷州半岛中部的雷州港兴起，逐渐成为雷州半岛水陆交通的枢纽。通过海道，主要出口米、谷、牛、酒、黄鱼、白糖和雷州陶瓷品。[82]《雷州府志》记载："雷之乌糖，其行不远，白糖则货至苏州、天津等处"③[137]。据《读史方舆纪要》记载："府三面距海，北负高凉，有平田沃壤之利，且风帆顺易，南出琼崖，东通闽浙，亦折冲之所也。"④[138]除明清海禁期间海洋贸易受限之外，至道光年间，在海禁解除之后，雷州又出现了"商旅穰熙，舟车辐辏"⑤[139]，"商船蚁集，懋迁者多"⑥[140]的局面。

雷州又是我国引进新作物基地之一，如花生"宋元间，与棉花、番瓜、红薯之类。粤估从海上诸国得其种，归种之。……高雷廉琼多种之，大牛车运之，以上海船而货于中国"⑦[141]。

三、生活系统

水是生命之源。在传统聚落中，与生活第一相关的内容便是水资源的获得及处理。因此，本书在实地调研中将水资源的利用进行了专门的访谈及调查，详细内容可见附录。

① （唐）李吉甫. 元和郡县图志［M］//中国古代地理志丛刊. 附录.（清）缪荃孙，校辑. 元和郡县图志阙卷逸文. 卷三. 北京：中华书局，1983.
② （东汉）班固. 汉书［M］. 卷二十八下. 地理志第八下. 颜师古注. 引臣瓒曰. 北京：中华书局，1964.
③ （清）雷学海. 雷州府志［M］. 卷之二. 地理志. 土产. 刻本，嘉庆十六年（1811年）.
④ （清）顾祖禹. 读史方舆纪要［M］//中国古代地理总志丛刊. 卷一百四十. 雷州府. 北京：中华书局，2005.
⑤ （清）喻炳荣，朱德华，杨翊纂. 遂溪县志［M］. 卷之四. 埠. 刻本. 北京：中国国家图书馆. 中国国家数字图书馆. 数字方志，道光二十八年（1848）续修，光绪二十一年（1895）重刊.
⑥ （清）喻炳荣，朱德华，杨翊纂. 遂溪县志［M］卷六. 兵防. 赤坎埠. 刻本. 北京：中国国家图书馆. 中国国家数字图书馆. 数字方志，道光二十八年（1848）续修，光绪二十一年（1895）重刊.
⑦ （清）檀萃. 滇海虞衡志［M］//王云五. 丛书集成初编. 卷十. 志果. 上海：商务印书馆，1936.

（一）水系统

1. 供水

雷州半岛地表径流有限，但地下水资源丰富，因此自古以来乡村聚落的村民便自筹经费挖井取水以供生活，如苏二村的子孝井、东林村的泉井等。至于农业用水则通过沟渠引附近河流与溪水进行灌溉。

当前，绝大多数村落有了自来水系统，但水源还是以河水与井水为主，因区位限制，与市政官网相通的不多见。有条件的村落会自建水塔以实现区域自来水供应；有些村落则是每家每户通过小水泵向自家水箱泵水储备，然后使用。

2. 排水

乡村聚落的排水系统既简单而又有效。对于大量的降水及洪涝，首先是通过地形排涝，村落都会选择自然坡地作为整个村落排雨水及防洪涝迅速而有效的途径。除了排洪泄涝，村落还积极利用水资源，通过挖掘大小数量不一的水塘，涝季作为排涝之用，同时也起到了水资源收集的作用，在旱季时可以解决水资源紧张的状况。另外，大型的水塘还可以养殖鱼虾，塘泥可以作为肥料改良土壤，获益良多。

对于生活用水的排放，是通过每家每户的院落地下排水沟排至巷道明沟，然后明沟联通村落的水塘及周围的沟渠，再排至河流与溪水之中。传统的农业社会时期，农民的生活用水均无化学污染，因此直接排至水塘与沟渠并不会对水环境造成化学污染。而目前新村的排水系统仍沿用旧村的模式，却没有关注村民清洁用品的变化，如洗衣粉、清洁剂等，这些现代清洁用品导致村落水塘及周边沟渠的化工污染，严重影响了人居环境质量。

（二）交通贸易

古代交通不便利，因此农民只有通过定期的集市才能够交换到自己所需的生活用品，如油、盐、布匹之类。因此，交通与集市贸易在农村生活中占据了重要内容。因交通问题，所以农村均才用聚中设市的办法来尽可能满足周边乡里。

早在战国时代，乡村聚落便已经有了市场。《管子·乘马》云："方六里命之曰暴，五暴命之曰部，五部命之曰聚。聚者有市，无市则民乏。"[1]至汉代，随着社会生产力的提高，交换领域的扩大，乡里之间的集市也逐渐得到发展。但这些聚市的普遍特征是自发形成，交换场所一般"相聚野外"[2]，旷地而聚，露天为市；交易对象主要是在农民与农民之间、农民与个体手工业者之间相互交换有无的一种贸易形式；根据经济发展的不均衡性，聚市的地域性差异明显，布局与疏密不一，且交换商品也有差异。

① 黎翔凤. 管子校注［M］//新编诸子集成. 卷第一, 乘马第一. 北京: 中华书局, 2004: 82.
② （西汉）桓宽. 盐铁论［M］//四部丛刊初编. 子部. 卷六. 散不足. 景长沙叶氏观古堂藏明刊本.

随着交通状况的改善、公共交通的增加、商品经济的发达，赶集的情况在农村也逐渐减少，取而代之的是以镇为中心的中级商业网点对周边聚落形成的辐射影响。在群体村落集中的区域，也会有地方性的小型商店来解决村民日常的生活用品需求。更多的商业需求则需要通过现代交通工具到附近的城镇解决。

在不远的将来，网络覆盖越来越发达的电商系统也会对农村的交通及贸易构成一定的冲击和行为模式的影响。那将会是一个新的课题等待学者去研究。

（三）文化教育

乡村聚落办学的历史渊源久远，据《汉书·平帝纪》载："安汉公奏车服制度，吏民养生、送终、嫁娶、奴婢、田宅、器械之品。立官稷及学官。郡国曰学，县、道、邑、侯国曰校。校、学置经师一人。乡曰庠，聚曰序。序、庠置《孝经》师一人。"[1]

汉代的庠、序教育主要任务是讲礼乐、推教化。庠、序的兴办，便于聚落居民的子弟就近入学，有利于启蒙、益智、教化，提高文化素质及地方文明程度。同时也为后世学校制度的形成发展，奠定了初步基础。[142]

雷州半岛自唐宋之后诸多名儒被贬留居，也开启了尚学之风。最著名的当属徐闻的贵生书院，为明代汤显祖所创立。学风之起也带动了乡里竞相办学的良好风气，当时有实力的村落都会设立私塾，供本族子弟读书，还会设立族产来奖励品学兼优的族人等。

当代村中的私塾已经消失，取而代之的是学校。早期有一村一校的情形，虽然学校规模不大，师资不多，但对于农民子弟也算方便。自从民办教师制度的改革和撤村并校政策实施以后，从资源配置管理来说，政府的确方便了集约化管理，增强了师资力量，提高了教学质量，但就农民子弟而言，上学距离的增加，甚至有些学生上学路途遥远，成为一个难题。再加之目前乡村还没有安全的校车系统，近来孩子自行上学路上的恶性袭击事件也时有发生，因此，从以人为本的角度出发，应该对乡村基础教育的设立点进行更为科学的论证。

四、生态系统

聚落的生态系统主要是由土地资源、水资源以及林木资源而形成的。土地资源与水资源是一切生物赖以生存的基础，乡村传统聚落除了选择土地与水源的利用之外，还注重林木等资源对村落形成的生态效应。

雷州半岛的村落一般都围绕着茂密的树林，这些树林除了可以为村落减弱风灾的同时，还起到了村落水土保持的作用，避免因水土流失而造成房屋地基的侵害。另外，茂密的树林也可以改善村落的微气候环境，减少水分的蒸发，起到防暑降温的作用。而且

① （东汉）班固. 汉书·平帝纪［M］. 北京：中国国家图书馆. 中国国家数字图书馆，中国古代典籍.

树木还可以吸引鸟类的栖息，鸟类是昆虫的天敌，可以为田间减少虫害起到一定作用。

村落的水塘沟渠也发挥着生态效益，水塘除了泄洪蓄水，还可以养殖鱼虾。水塘边往往可看到村落的公厕，其实这是鱼虾饲料的一个重要来源，鱼虾可供人类食用，人类的粪便又制造了肥沃的塘泥，塘泥又可作为尚好的肥料回归土地，亦如珠三角地区的桑基鱼塘形成一个完整闭合的生物链。

在乡村传统聚落中，没有孤立而来的存在，存在的即是智慧，只是我们丢弃了传统，忽略了其中的奥妙，也因此在当代新村建设中没有将这些聚落生存的智慧较好地延续和发扬出来，所以乡村传统聚落人居环境的研究将让我们进一步深刻地了解这些经过时间与实践检验的智慧精髓，以期为乡村聚落的可持续发展提供科学的方向。

第三节

半岛聚落形态系统中的共生区域

一、共生区域的概念

前文在乡村聚落规划思想部分提出过均平共生的观点，虽然仅是限于聚落层面的讨论，但这种均平共生的思想却深刻影响了乡村聚落形态系统构成。在群体乡村聚落布局的探讨中，我们引入共生区域的概念来阐述群体聚落之间的生存哲学。

共生区域的概念源自于地理学范畴。群体聚落及聚落网络系统的存在，便导致一种具有特殊社会属性的区域出现，即共生区域。威廉·桑德（William Sanders）于1956年把共生区域定义为"几个平行的、具有不同气候和物产的亚区，出于上述的不同而结成共同的交易单位"。[114]显然，这个概念对于本书讨论的群体聚落范围过大。因此，这里笔者将群体聚落共生区域的概念修正为：相邻的聚落基元显示出开发活动专门化的倾向，同一区域内的一批这样专门化的基元或基元群形成一个自给自足的生存圈[114]，各聚落基元显示出适应不同微观环境的，彼此具有差异的发展机制，它们将会共同组合成一个共生区域。

在生产条件及劳动产出类似的情况下，共生区域的概念以雷州半岛乡村传统聚落彼此之间相互适应生存的一种内在共识。这种共识通过具象与抽象，即共生空间及共生意识两种不同的形态表现出来，并且在不同的聚落系统层次中共生区域的表现形式也不尽相同。下面就通过不同聚落系统层次及纬度来分析这个概念。

二、群体间共生区域

共生区域的基本特征以聚落群所在气象、水文、地理条件为基础，决定于聚落形态构成以及居民生产、生活方式等。雷州半岛地形较为单一，因此其共生区域的特征类型主要分为内聚型、外散型和带状型三种。

（一）内聚型

这种类型的共生区域主要产生于平坦的河滩地及宽广的盆地腹地，属于生用地的集中区域。平坦的土地并接近水源，这样的地形便于人们开发水田种植水稻，聚落则会按照适宜的规模与数量围绕在一定面积的水田区域周围，通过道路联系在一起。水田作为人们生存的最重要依靠形成了周围聚落的共享生产基地。从图4-3-1中可以看出，人们把最好的土地留给水田生产农作物，将海陆的过渡区域不适合种植的土地作为村落选址，联系相邻聚落的道路也修建在过渡区域，这样既保证了生产区域的最大化，又充分利用了土地，且村落处在海陆之间，进一步便于人们进行耕海织田，兼顾了海陆两种生产。

之所以能够形成内聚型共享式生产基地的共生区域，笔者认为至少有三个优势：其一，它有利于同一种作物的统一种植与管理，如统一耕种、施肥、灌溉、收割等；其二，它便于聚落之间及人们之间的相互协作劳动，构成劳动力互补的优势；其三，它更适应现代农业机械化的操作从而节省人力。

图4-3-1　聚落内聚型共生区卫星图
（来源：Google Earth）

可持续发展观下的雷州半岛乡村传统聚落人居环境

这种内聚型共生区域的产生是有悠久历史渊源的，《诗》有云："有渰萋萋，兴雨祁祁，雨我公田，遂及我私。"①[143]可见，这种先公后私的生活原则在早期古代中国就已经形成，同时这种"公私"之分是与当时所施行的井田制相匹配的。古代奴隶主为了便于统治管理，便将土地划以井字格形式划分，每一百亩为一夫之地，三夫为一屋，三屋为一井，即"九夫一井"，中间一夫为公田，周围八家即为私田（图4-3-2），奴隶们需要先毕公田之事才可顾及自家私田之事，同时奴隶们的居住地集中在公田，这样便将奴隶们固定在其所服务的土地上。

从内聚型共生区域模型分析图（图4-3-3）可以看出其与井田制模型之间明显的渊源关系。井田制以公田为中心，八家聚而事之，具有明显的向心性特征；而内聚型共生区域同样以内部共生区域为中心，周围聚落以均等的机会与之构成自给自足的闭合生存圈，笔者认为这种共生区域的构成并不是一种巧合，应该是井田制均平共生思想的一种延续。在传统农业社会生产力条件有限，外界侵扰较多（尤其是雷州的海盗倭患严重）的情况下，聚落之间通过共生区域的通力合作必定是生存法则的首选，这是一种人居生存智慧哲学的表达。

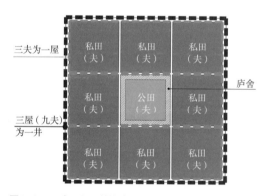
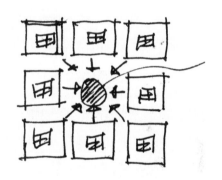

图4-3-2 夫、屋、井构成图　　　　　　图4-3-3 内聚型共生区域模型分析图

（二）外散型

这种类型的共生区域主要产生于坡地或高岗之处，属于居住用地的集中区域。因为人们要将平坦易于种植灌溉的土地留作农业用地，因此便会将经济效益较低的坡地作为居住用地的选址。这样一方面让有效耕地利用最大化，同时也利用了坡地的坡度实现了排水与通风的有利因素。可谓一举多得之生存智慧典范。

然而，仔细观察图4-3-4可以发现，围绕着小山岗修建的聚落并不是都坐南朝北的，而是以山冈为向心中心，向外发散布局（图4-3-5）。这种村落朝向各自不同的现

① （汉）毛亨，传；（汉）郑玄，笺；（唐）孔颖达，疏. 毛诗正义［M］//李学勤. 十三经注疏. 卷第十四. 甫田之什诂训传第二十一. 大田. 北京：北京大学出版社，1999：851.

图4-3-4　外散型共生区
（来源：Google Earth）

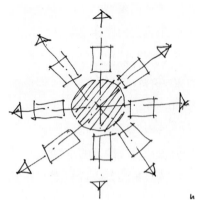

图4-3-5　外散型共生区域模型分析图

象并不违背传统的风水理念，这种情况属于"面"与"背"的定义不同而已。明代缪希雍在《葬经翼·难解二十四篇》中关于山的"面""背"进行了详尽的解释"山以得水为面，故不得水者背也；以秀为面，顽者背也；润为面，枯者背也；明为面，暗者背也；势来者为面，势去者背也；平缓为面，颓陡者背也；得局为面，失局者背也。"[①][144]可见"面"与"背"的选择均是以有利于人们生存，促进聚落发展为出发点的。因此，村落根据自己家族的特点选择不同的"面"向与靠"背"都是在合理之中的。

　　这种公用靠山的共生形态更多地体现出共生区域概念在抽象方面的表现，也可以说是一种共生意识的和谐状态。因为这种类型仅仅是讨论居住区域的共生区域，因而没有形成一个自给自足的闭合生存圈，似乎有些不太符合共生区域的定义，让我们放大一下区域，将生产区纳入考虑范围来看这个问题。有趣的是，居住区的外散型共生区在放大到一定的尺度后会与另一处居住区的外散型共生区组合构成生产区的内聚型共生区域（图4-3-6），或者由于地形的影响也会构成带状生产区域的共生。由此可见，共生区域在不同制度与地形条件下是相互关联的，必须通过其属性来予以划分。

图4-3-6　外散型引起的内聚型共生区
（来源：Google Earth）

①（明）缪希雍. 葬经翼［M］难解二十四篇. 照旷阁刻本.

（三）带状型

这种类型的共生区域主要产生于沿海地带和河岸两侧，沿海地带尤为明显。海洋是这种类型聚落生存的基础，乡村聚落往往顺着海湾或者半岛的沿线分布，其目的是为了充分吸取海洋资源的有利条件；交通运输线通常顺着岸线延伸，将各个村落串联起来。所以，这类乡村聚落通常都沿岸线铺开，成线性分布。以海洋为基础的工业多半和农业或林业、工艺、贸易也有联合。这些为附近地区服务的"非海上"行业占用土地，使聚落伸长，相互靠拢，形成了有利于集聚成较大聚落的群体结构。人们的经济活动受到沿海工业，尤其是受到渔业的制约，而渔业生产一直在远离基地的海上进行。[145]这样，聚落群与其相对应的耕海区域就共同构成了沿海岸的带状共生区域（图4-3-7），在这个区域中所有的村落均以海洋为生产基地成为自给自足的生存圈。

图4-3-7　带状共生区
（来源：Google Earth）

三、均平共生的现实

在雷州半岛乡村传统聚落内部同样存在着共生区域的概念，其更侧重于共生区域的抽象方面，强调均平共生的思想。这种思想甚至成为岭南传统聚落营建的一种共识。无论是广府聚落的梳式布局还是雷州的棋盘式布局（图4-3-8），甚至包括客家的土楼与围龙屋都无不体现着均平共生的思想。

这种思想主要体现在两个方面：第一，宅基的规划方式是统一而均等的，并不因贫富的差距而呈现巨大的差异。即便取得功名的人家也需要通过族人共议的方式，以光耀门庭、教育后人的名义，在不破坏村落既有规划的前提下，另辟新址营建，而不得吞并周边弱小同族宅地。如潮溪村的朝议第、东林村的司马第、苏二村的拦河大屋等均是在聚落外围建设的豪宅碉堡。第二，贫富贵贱平等相处。在雷州半岛大部分村落中可见红砖大厝与低矮茅屋毗邻而建（图4-3-9），并不会因贫富差距而将族人分而处之。

考证这种聚落内部的均平共生思想源流，可以追溯到早期古代中国的井田制时期。《孟子·滕文公章句上》记载："请野九一而助，国中什一使自赋。卿以下必有圭田，圭

图4-3-8 图棋盘式的孟山村
（来源：Google Earth）

图4-3-9 东林村茅屋与砖房共处

田五十亩。余夫二十五亩。死徙无出乡，乡田同井，出入相友，守望相助，疾病相扶持，则百姓亲睦。方里为井，井九百亩，其中为公田。八家皆私百亩，同养公田。公事毕，然后治私事，所以别野人也。"①[146]这段话是孟子给滕文公治国的方针建议，可以发现，几千年前井田制安土重迁、协同劳动、相助相扶的和谐亲睦社区生活已经被圣者推崇。虽说有专家推断孟子的一些话始于其心中的理想国，但作为占据中国几千年封建主流思想意识的孔孟儒家思想，其言论对后世的影响是不可忽视的。

众所周知，岭南目前的聚落均为北方移民所建，雷州地区也不例外，而移民往往为北方巨族，深受儒家文化的影响，因此崇尚礼乐、均平共生的思想流行也在情理之中。思想意识的抽象内容最终通过与人们休戚与共的聚落空间表现出来，造就了雷州乃至整个岭南的聚落格局。

四、适宜性的规模

聚落规模是指聚落生活、生产与社会活动的总和，一般通常选用聚落的人口规模和用地规模来综合反映聚落规模。[147]从雷州半岛区域聚落体系的调研中可以发现，乡村传统聚落规模虽大小有异，但同一选址类型或经济类型的聚落规模则是类似的，甚至聚落边界也是相仿的（图4-3-10），再根据群体聚落产生的原则可以判断，雷州半岛乡村传统聚落有种内在的聚落规模制约因素来限定聚落规模的尺度及人口数量，以求得该聚落的持续发展。本书在这里将这种内在制约因素称之为聚落适宜性规模原则。

---

① （清）喻炳荣，朱德华，杨翊纂. 遂溪县志 [M]. 卷六. 兵防. 赤坎埠. 刻本. 北京：中国国家图书馆. 中国国家数字图书馆. 数字方志，道光二十八年（1848）续修，光绪二十一年（1895）重刊.

图4-3-10　适宜性规模
（来源：Google Earth）

在英国以当地市政可以提供的可持续发展能力为依据，认为20000人是一个基本的人口构成规模，这样的人口规模与市政体系相匹配才能够实现聚落或者社区的可持续发展[148]。在国内，西北大学惠怡安博士对聚落的必要功能和非必要功能进行分类，通过对聚落供水、小学校、村卫生室及商业网点的测算，得出延安安塞县南沟流域的聚落适宜规模是2000人左右，同时，她认为"功能决定结构，结构影响布局和用地规模。农村聚落规模的大小与农村聚落的功能密切相关：功能完善，则聚落规模较大；反之，则较小"[147]。这种聚落适宜性规模的测算方法虽不见得能够在各地推广适用，但却提供了一种参考价值较高的分析聚落适宜性规模的思路。

笔者根据对雷州半岛聚落形态的研究分析，结合已有的研究理论，认为雷州半岛乡村传统聚落的适宜规模的理想目标是人口密度适中、人地关系均衡、经济收支平衡、居住健康舒适度适宜、行为活动半径可控及邻里关系和睦等。而适宜性规模则受到了村落生产力水平、生产资料性质、人地关系、经济、行为特征及居住舒适度需求等诸多因素的共同作用。

生产力水平直接决定了村落的劳动效率及劳动成果的多少。在中国传统农业社会，生产力与生产资料是决定村落生存发展的关键，生产资料的性质，如洋田、坡地、河塘等，是决定聚落经济属性的依据，其中坡地的经济价值最低，洋田较好，河塘最高。在几千年的封建社会中，乡村生产力几乎没有质的革新，因此属于生产力水平的静态阶段；直到近代杂交技术、农药化肥等的使用才使得农业产量大幅提升。与此同时，人口的爆炸增长使得人地关系出现了空前紧张，导致大量劳动力富裕。村落人口密度的增

图4-3-11 邦塘三村
（来源：Google Earth）

加，使得居住的舒适度下降，甚至会出现产出与供应之间的矛盾。村落要解决这种状况就必须考虑扩大居住规模。但村落居住规模不可能无限扩大，村落居民的行为方式决定了村落的规模尺度。在古代，人们主要依靠人力和畜力作为交通工具，这样就极大地限制了人们的活动范围和尺度，因此村落的规模也是以人们日常生活普遍接受的尺度作为衡量依据的。一旦超出了这个尺度，从行为方式的可达性以及宗族管理的便利性来看，都显得不太适宜。因此，村落的规模扩展就出现了分区管理或者干脆一部分人另辟新址建设。典型的案例如雷州市邦塘村的整体规模很大，但是分为南北村，后来还出现了邦塘西村（图4-3-11）。

然而，随着交通工具的发展，尤其是摩托车在农村的广泛使用，使得村民的流动性及活动范围的可达性大大提升，同时，现代市政设施的措施，也使得给水排水系统、供电系统的供需范围扩大。因此，近代聚落的发展则出现了蔓延式扩张，有些经济条件较好的村落或者一些距离相近的村落居然发展成为连片布局。纵使交通工具改变了聚落适宜性规模尺度的衡量标准，现代化市政设施提升了人们对高密度社区的生活体验，但从聚落规划布局的形态及建筑的功能与格局构成来看，近代聚落发展部分具有明显的传统聚落形态延续性特征。这应该是传统意识在聚落空间形态的一种潜在表现，也是聚落发展不可避免的过程，对于这一方面的内容，本书将在下面做专门论述。

第四节

聚落形态发展的典型模式

道氏根据聚落发展速度的快慢，将城市聚落分为静态城市与动态城市两种类型。笔者认为聚落发展速度的快慢取决于社会生产力发展的水平，乡村聚落与城市聚落是不可割裂的人类发展整体，乡村聚落的发展促使城市出现，而城市的发展也反作用于乡村聚落的兴衰。因此，乡村聚落的发展与城市聚落具有同样的变化规律，但时间上较城市发展有一定的差异或者滞后性。因此，本书以工业化为标志，根据社会生产力发展的水平及社会背景的发展变化，将乡村传统聚落分为静态发展和动态发展两个阶段。

一、静态阶段——工业化前

工业化之前，雷州半岛的乡村传统聚落与中国的其他传统聚落经历着类似的发展历程。传统聚落形态在以小农经济为主导的农业生产条件下，受自然生态的制约经历着缓慢的发展。从目前保留较好的明清时期聚落看来，其外观的整体典型特征为聚落景观与地景紧密和谐，以红砖彩瓦的坡顶建筑形成韵律与节奏的视觉美感；聚落规划布局有序、尺度适宜而空间构成丰富；建筑色彩绚丽、风貌统一而形式多元；装饰题材丰富、材质多样而技艺非凡。聚落的人口结构合理，在官方"大传统"与乡村"小传统"的传统文化影响下，邻里关系健康和睦。

二、动态阶段——工业化后

工业化以后，整个世界的生产力发生了质的飞跃，西方世界国家的经济发展凭借机械化大生产很快并极大地超过了中国传统以小农经济密集型人力劳动为主的发展模式。工业化带来商品化的快速发展，使得商品生产成本大幅降低，价格也大幅下降，价格低廉的洋货大量涌入中国，这样便使得中国农村的小农经济为主的自然经济发展模式逐步解体，农民的生活品质受到了严重的负面影响。而与此同时，清代施行的摊丁入亩政策取消了人头税而以田赋代之，从而导致了人口的爆炸式增长，这样便导致人地关系空前紧张。剩余劳动力严重富余，人口密度过大，引发了诸多农村问题。虽然民国时期，政府试图通过乡村建设运动来解决农村问题，却最终以失败告终。

中华人民共和国成立后，政府通过土地改革及经济制度改革一系列措施对农村进行重建工作，其结果是导致农村旧的传统彻底解体，而新的体系又没有完善建立起来，城乡二元制的种种弊端及户口制度的重重阻碍，导致城乡之间的壁垒日益完善，严重阻碍了乡村聚落的健康发展。而目前乡村传统聚落持续发展所面临的一系列问题，也成为在构建和谐社会下新农村建设美丽乡村目标的主要障碍。

综上可以看出，要深入讨论雷州半岛乡村传统聚落的可持续发展问题，就必须对其村落的演变模式进行分析探讨，而村落形态的演变本质上是功能与形态的矛盾相互作用的结果[85]。因此，对于村落的形态与功能之间相互影响，将成为其发展模式探讨的重点。

第五节

健康有序的典型——东林村

一、区位与沿革

（一）地理位置

东林村，现属雷州市南兴镇，位于雷州南渡河下游南岸，南兴镇的东北部，东邻东地村，西邻西沟村，南依下地村，北接南渡河，为东林村委会的中心村。东林村距离雷城10公里，距南兴镇区约12公里（图4-5-1）。西邻G207国道及沈海高速，东通雷州湾。东林村所在的区域属于南渡河中下游的沿海冲积阶地地区，该区域海拔2.5～4米之间，地势平坦，土壤肥沃，

图4-5-1　东林村区位图

是雷州市的最大平原，盛产优质稻谷，有"雷州粮仓"的美誉。东林村地下水位较高，水源较为充足。一般5～9月为丰水期，11月至次年3月为枯水期。村内有9个池塘（又称九龙塘），1个水坝及联通池塘、水坝与田地的水渠。

（二）村史渊源

东林村始建于南宋祥兴年间，为林姓世居。据东林林氏族谱记载：七一学士公伟翠夫（林翠夫）以其文才担任宋南渡丞相，生了三个儿子，长子叫子震任雷州教授，次子叫子阳任文昌教谕，三子叫子福任苍梧知县。因遇上元朝的改朝换代，没有再回到闽地

故居，其族人分散在各地。由子震公开始重新任林氏第一代祖先，住在府城西街，直到知事伟才寿公占卜确定新的居住地，即如今东林村所在地。

东林村自古人丁兴旺，百姓勤劳，良田充足，田园诗景，文科鼎盛，富甲一方，名震雷州。另据《海康县志》和东林村《林氏家谱》记载，东林村始祖林翠夫乃南宋景定三年（公元1262年）壬戌科特奏进士、翰林七十一学士，升内秘阁校书郎，宋末参与文天祥、陆秀夫、张士忠等抗元保国运动，后为国殉难。[24]东林村自古崇尚兴学，文才蔚起，文运鼎盛。明代有解元、进士6人，举人11人，贡生等58人，任官职者45人。

如今东林村古村空间保存良好（图4-5-2），新村的建设活动从1972年已经展开，并已形成了一定规模。村落人丁兴旺、团结和睦、村落空间发展充满活力。深厚的历史渊源是东林文化底蕴的体现；村落空间的生长不息，展现出传统与现代并存对话的发展模式，是传统自组织传承与发展的体现，并使得东林村聚落空间具有独特的地域特色与感染力。2012年，东林村被评为广东省省级历史文化名村。

图4-5-2　东林古村东鸟瞰

二、聚落空间演变

东林村始建于南宋祥兴年间，其林姓先祖于该时期由福建莆田迁居于此。清代中期，雷州城社会经济文化达到空前繁荣，成为南粤名城，而东林村聚落空间的规模也于该时期达到顶峰。在封建时期重农抑商的政策环境下，精耕细作的农业一直为农村主要的生产方式，东林村整体空间发展相对缓慢，形态较为稳定。

近现代（1840年后），西方列强的入侵及商品经济的萌芽，使得外来文化对中国产生了巨大冲击。此时期，东林村的聚落空间也受到了外来文化的影响，出现了中西融合的民居元素符号，如桂庐居内的门楼装饰（图4-5-3）及双桂里碉楼上的英文字母射击孔（图4-5-4）。

中华人民共和国成立后，国家土地分配制度发生了巨大的变化，农村生产方式一直处于动荡的变化中：从土地改革的"耕者有其田"，到集体化的"人民公社"制度，再

图4-5-3　西欧风格的桂庐居门廊　　图4-5-4　字母射击孔

到"家庭联产承包责任制"的统分结合尝试，直至到后来的"农村股份合作制"。土地分配制度的变化与该时期的社会动荡，影响着东林聚落空间的演变，并直接造成了东林传统聚落空间的萧条徘徊不进[149]。"文革"时期，致使东林村传统聚落格局及民居建筑遭受了较大破坏，大量历史建筑被损毁；同时在中华人民共和国成立后"人多力量大"思想的影响下，村落人口暴增与传统割裂造成的家庭结构变革，促使了20世纪70年代东林新村的建设。

因而，可将东林村聚落空间的演变分为早期变迁（中华人民共和国成立之前）和当代变迁（中华人民共和国成立之后）两个时间段进行分析。

（一）早期旧村的变迁

东林村早期变迁（1949年以前）的资料已保存甚少，主要通过雷州地区的方志、东林村族谱、当地老人的访谈及乡野实地考察分析获得相关信息。这时期稳定的社会生产关系背景下，东林村落以血缘及地缘为纽带，以传统农业为经济基础，其村落形态发展与变化相对缓慢。

从古代舆图（图4-5-5）可以清晰地辨别出东林村周边自然环境的总体格局与今日差异不大。东林村的位置处于南渡河下游的南岸，擎雷岭以东，紧邻出海口，南侧的水系仍然保留。另外，可以发现在村落东侧，南渡河出海口附近布置了两处炮台。因

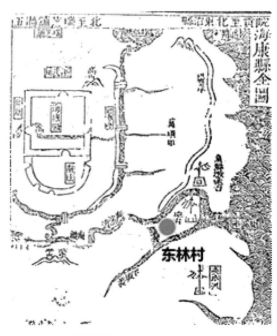

图4-5-5　东林村古图
（来源：《嘉庆雷州府志》）

《雷州府志》中记载当时此处为"南渡水，城南八里，乃往琼州必由之路"[1][149]，地理位置十分重要。且由于近海，海盗倭寇侵犯也成了影响东林村村落空间形态的重要因素。

在封建传统农业社会时期，东林村聚落空间发展变迁的动力来自于人地关系紧张不断升级的矛盾。如图4-5-6所示，东林聚落空间的演化发展可分为四个时期。第一阶段建设初始时期。村落最初选址位于现有村落的西南侧（图4-5-6a）。早期村址西侧与南侧紧临水塘，村落布局与广府梳式布局极为类似，建筑单体井然有序排列于南侧水塘之北，所不同的是多了连接纵向主交通的横向支巷。村落最初住宅建筑以就地取材的茅草屋为主。随后，村落稳定发展，人口数量迅速增长，村落规模也随之扩大并开始向东北侧发展。第二阶段建设发展时期。由于茅草屋结构不牢固容易损坏且居住环境质量差，随着村落经济的发展及明代制砖技术的推广，宅院建筑便逐渐被红砖大屋所替代，而且这一时期的村址已发展为如今的聚落中心区（图4-5-6b）。第三阶段建设完善时期。至清代，东林村居民林嘉材因经营有道，积累了大量的土地和财富，成为雷州显赫的富商，在其带领下，东林村的聚落建设也达到了顶峰。此时期开始大量建设祠堂，并留下了大量精美的古民居，如司马第、伟文、操进等（图4-5-6c）。第四阶段建设鼎盛时期。19世纪中期后，由于受到西方思潮的侵入，出现了受西洋文化影响的民居建筑。同

（a）旧村最早发源于西南角，多数房屋为茅草屋　　（b）旧村人口不断增多，逐渐向东北侧发展，房屋变为红砖瓦房，而部分茅草屋逐渐破败

（c）旧村继续向东发展，茅草屋逐渐被砖瓦房取代　　（d）清代，旧村发展得达到成熟，同时为了抵御海盗倭寇，出现了护村界面空间

图4-5-6　东林村聚落空间演变过程

① 赖奕堆. 传统聚落东林村地域性空间研究及其发展策略［D］. 广州：华南理工大学，2012.

时，民国匪患严重，该时期村落完成了村落整体防护系统的建设。这时期村落的整体形态已经臻于完善，聚落空间发展达到鼎盛（图4-5-6d）。

总的来说，东林村早期变迁进程比较缓慢，聚落空间形态得到了较好的延续与发展，到清末村落空间形态趋于成熟。而20世纪初持续到中华人民共和国成立前的战争混乱局面，又导致了聚落的发展由盛转衰。

（二）当代新村的形成

东林村当代变迁从1949年至今。在这段时期内，由于国家关于农村制度的变革及十年动荡时期，使得村落传统空间形态遭受严重破坏。改革开放后，社会稳定地向前发展，经济飞速增长，在这样的背景下，东林村又开始了由衰转盛的再发展过程。

中华人民共和国成立后，农村的土地制度经历了土地改革的私有制（1949～1958年），土地集体化（1959～1978年）和家庭联产承包责任制（1979年～）；村落行政管理模式经历了废除民国保甲制建立乡、村两级基层组织机构（1949～1955年），合作社（1956～1957年），人民公社的生产队（1958～1983年），农村管理区（1984～1998年）和村民自治（1999年～）。正是社会环境、土地制度及村落管理模式的变革，影响了东林村当代村落形态的发展变化。

中华人民共和国成立初期的人口政策导致东林村人口急剧增加。当时的土地为集体所有，村落形态在此时期较为稳定。但到了"文革"时期，祠堂及住宅被大量捣毁，传统聚落形态遭受巨大损失，传统村落空间被严重破坏。到20世纪70年代，人口持续增多，聚落空间的居住压力越来越大，东林村旧村已无法承受其人口规模。于是1972年开始了新村的规划建设（图4-5-7），到1976年旧村居民开始由陆续搬至新村居住。1972年至今，东林村聚落空间处于再发展阶段。

图4-5-7 东林村新旧村分布图

如今，地处粤西雷州半岛的东林村不像珠三角地区的农村纷纷进入了"农村股份合作制"阶段，其保持了较为传统的农村生产生活方式。聚落整体形态保存完好，新村建设发展迅速。东林村实行了政企分离政策，建立了村委会，实行村民自治。但其并无乡镇企业，土地仍是以农业用地为主，村中常住人口仍然以农业生产为主要经济来源。东林村是雷州半岛乡村传统聚落发展成新旧分区但紧密结合的典范，古村传统聚落空间保存良好，新村建设规模日趋成熟。

东林村聚落空间的变迁过程与社会结构、经济状况及土地制度联系密切。村落形态的变迁是由特定历史时期各种复杂要素综合作用而成的。东林村的早期发展缓慢而稳定，这与中国传统农业社会发展所相适应；而当代的迅速发展则与我国目前高速的发展趋势相匹配。

三、村落整体人居环境的空间构成

在近八百年村落发展变迁中，东林村聚落形态一直处于动态变化之中，几经兴衰，如今村落人口数量与空间规模均达到历史最盛。村落形成以古村空间为中心、新村环绕古村发展的古、新并存的空间形态。东林村落整体空间由古村空间、新村空间、村落周围的田园景观空间及附属建设构成。

（一）整体结构

东林村落选址在南渡河南岸地势稍高的河滩地，村落外围有大面积洋田围绕。古村传统聚落空间保存度非常高，新村空间已形成规模且与古村连成整体，空间形态结构成熟，形成了以村口景观序列空间为中心连接空间，古村与新村一体的聚落形态。古村原有封闭起防护作用的边界空间已经大面积消失（仅北侧边界还保留有护村水渠及防护林）。新村位于古村东侧，新旧村空间紧凑，中间由南北向的入村道路及两边的景观绿化进行分隔。古村和新村的南侧为东西向的通往雷城和南兴镇必经的乡道。目前，乡道两侧已经发展成为东林村的商业与文化中心：东林村村委会、东林小学、东林农贸菜市场、村卫生所、公交候车站及老年人活动中心等都位于村落入口处的乡道两侧（图4-5-8）。

（二）交通体系

东林村整体交通体系可分为三级（图4-5-9）：一级为东西向古村及新村通往城区的乡道，乡道连接着村落入口空间及各入村道路；二级为各入村道路，入村道路联系着村落内部巷道空间与乡道主路；三级为村落内部空间丰富的巷道空间，巷道空间是联系建筑单体的交通空间。东林村整体交通体系完整，层级分明，使得古村与新村联系紧密，空间的整体化程度高。

1. 香圃公祠
2. 敦仁居
3. 操进民居
4. 司马第居
5. 伟文居
6. 桂庐居
7. 双桂里及碉楼
8. 翰贵公祠
9. 怀正公祠
10. 福德堂
11. 祠堂
12. 庙
13. 村委会
14. 九龙坊
15. 双桂坊
16. 农贸市场及老年活动中心
17. 天后宫
18. 戏楼
19. 土地庙
20. 李氏祠堂
21. 雷祖祠
22. 医疗中心
23. 公园

图4-5-8 东林村总平面现状图

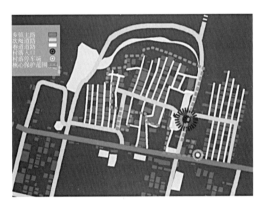

图4-5-9 村落交通体系图

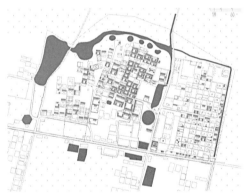

图4-5-10 村落水系现状图

（三）水体系统

东林村水体空间体系非常丰富，由水塘、古井、护村河、排水渠及水库组成（图4-5-10）。东林村委会在村落的东北面修建了一个灌溉用的储水库，水库通过水渠和北侧的南渡河相连，并有抽水及排水系统控制着水库水位的高低。水库的水是村落周边田地重要的灌溉水来源。古村有一环形水渠环绕，水渠串联着散布于古村周围的水塘，其中古村北侧的水渠还保存着古时防护渠的状况。新村的外围也修建了一圈排水水渠。古村和新村的环形水渠通过乡道南侧的水渠和东北面的水库相连，形成整体的给水排水体系。

原来古村外围有一圈完整的护村河，护村河与分布于村落四周的池塘相通形成整体的水体系统。村落的水塘在村落空间体系成熟时挖掘而成，每个巷道的尽端都连接着水塘，功能上方便村民用水，又起到预防火灾的作用。如今护村河仅剩北侧一段保留古貌，其他都已被填为宅建基地或被开拓成农用地。古村四周修建了些地下沟渠系统，使水系保留了原来的循环功能。村口空间是水体景观最为丰富与美观的地方，分布着古井及月状水塘（图4-5-11）。东林古村的古井非常大，显圆形，其水源始于地下泉水，村民往日生活用水要都由古井挑回，如今失去往日功能，与北侧月形水塘水系相接起到景观作用。古

图4-5-11　东林村口水塘实景

村落原来有九口水塘，其中位于祠堂前的水塘都保留较好，而位于巷道尽端的许多水塘则已经干涸。村落巷道都挖掘了排水沟渠，分为明沟及暗沟，排水沟渠与外围护村河相连，能将水存储于水塘之中。

四、聚落演变延续性研究

（一）古村空间构成

从古村村落空间图底关系可以看出来（图4-5-12），古村村落内部空间由巷道、节点空间与民居院落组合而成，民居院落空间与巷道空间互为图底关系。本书将从整体空间、街巷空间、建筑空间三方面来分析东林村古村落的物质空间构成；其中街巷空间包括了街巷交通空间与节点空间。

1. 整体空间

从古村现存整体空间形态中可以看出，坐北朝南的古村落，类似广府梳式布局的村落内部空间井然有序，村落北侧有护村河及护村林。在古村空间鼎盛时期，完整的护村河

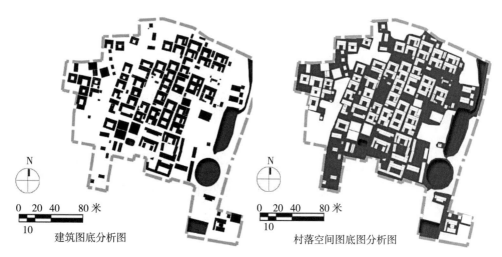

建筑图底分析图　　　　　　村落空间图底图分析图

图4-5-12　古村村落空间图底关系

及护村林将古村围成一圈。古村内部由一条东西朝向的主街串联起南北向的巷道，主巷道的端头为入村村口空间，巷道、节点、村落边界的护村景观构成了古村整体聚落形态。

2. 街巷空间

作为村落交通空间的街巷空间系统，其空间形态的形成经历了逐步完善的过程。如今呈现在我们面前的街巷，是与村落空间的繁衍生长过程紧密联系一起的。东林古村现存街巷道路分为三个等级，第一等级道路是穿越古村落的东西向主街、主街两端相接的南北向入村道路；第二等级道路是村落内部空间丰富有特色的南北走向，联系住宅单体的巷道空间，街巷的交叉口往往有一些放大的空间，可以供人停留交流；第三等级道路是建筑之间的巷弄比较狭窄，只起到方便交通联系的作用。

古村街巷空间的界面由民居建筑组合而成，虽然由于个别单体建筑已经损毁，破坏了巷道空间界面的连续性，但东林村整体街巷空间保存的完整性还是较高的（图4-5-13）。其中，最难得的是东林村的巷道铺地保存得非常完整，主街巷大体保留了原来铺地材质，古村落原始的铺地材质包括：青石板、红砖、沙土。铺地材质的拼接形式与技术手段直接影响到了建筑入口空间及村落的排水功能。

3. 节点空间

村落街巷主要的节点空间可分为三种：村口序列空间、街巷交叉口空间、住宅入口空间。村口序列空间的组成要素主要有村口空间、祠堂、天后宫、广场古榕树、古井、水塘、九龙坊，是古村村落聚集交往的主要场所；街巷交叉口空间一般会放大些，并摆设些石椅，供村民休息与停留；住宅入口空间，由住宅入口与入口前的巷道空间构成（有时还会在巷道与住宅入口相对位置建照壁），入口空间前的巷道铺地会进行铺装方式的变化来强调入口空间。

4. 建筑空间

东林古村建筑类型包括住宅、客厅、祠堂与庙宇四大类。东林古村传统民居保存

图4-5-13　古村街巷空间图

数量与质量都相当高。东林古村现有古民居超过80栋，在鼎盛时期古建筑规模超过120栋，如今损毁的建筑宅地大部分变成了空地或者菜地，只有少部分盖了新式住宅。其中，绝大部分是清代或民国初期建筑，明朝时期的建筑现存较少，且规模与开间一般小于清代。因此古村建筑空间整体性较强，保存状况也较好。

民居建筑空间形式为合院式，根据使用材料不同，分为砖瓦式民居（图4-5-14）和茅草式民居（图4-5-15）。茅草式民居是村落中存在时代最为久远的住宅形式，据对老者的访谈得知，早期在东林村落发源地兴建的住宅都是茅草屋形式，一直到明代村落空间往东发展后才出现砖瓦式住宅。早期茅草式住宅墙体由土坯砖砌成，后来发展成石砌墙体或者砖砌墙体；屋顶材料为木框架、竹编层及稻草层构成。茅草式住宅造价及技术要求低，空间为简单的合院形制；茅草式住宅采光与通风效果不好，空间舒适性差，随着村落空间的发展，便逐渐被砖砌式住宅取代。砖式住宅空间形式比较丰富灵活，空间秩序感强，比较符合传统思想观念对空间形式的需求。相比茅草式住宅，砖式民居造

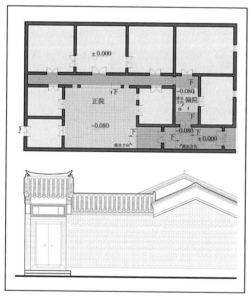
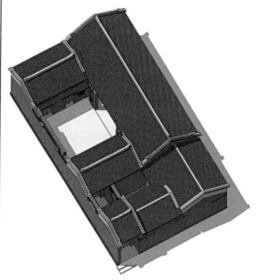

图4-5-14 东林古村典型砖式民居平面图、立面图及轴侧图

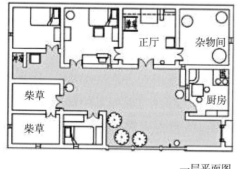

一层平面图

图4-5-15 东林古村典型茅草式民居平面图及轴侧图

型丰富且结构坚固，空间品质与舒适性也得到很大提高，更能适应雷州气候条件。目前，东林古村现存有大小祠堂11座，大小庙宇7个。祠堂与庙宇分布在村落主要空间节点位置，如比较重要的祠堂都位于水塘前面，庙宇则一般位于巷道的尽端。

（二）新村空间构成

自20世纪70年代开始建设的东林新村，经过近四十年的发展已经形成较大规模，新村内部空间不断完善与成熟，并与古村形成整体空间，是聚落空间生长的体现。

新村选址于古村东侧。在空间形态上和古村保持了很多的延续性，但在内部空间秩序及景观建设方面没有古村丰富。新村村落空间构成将从整体空间、巷道空间、节点空间与建筑空间进行分析。

1. 整体空间

如图4-5-16所示，从新村建设现状总平面图可以看出，新村发展紧邻南侧乡道，对东侧古村进行了一定退让，村落原有入口序列景观空间将古新村连为一片。新村延续了古村南北朝向的梳式布局空间形态和集中紧凑的空间肌理，村落骨架明晰，交通组织有序。另外，新村遵循当年各生产队商议的规划原则，以方形对宅基地进行划分并按生产队对宅基地进行编号。新村内各宅基地面积相近，建筑排列较旧村更为均质整齐。规划上宅基地间距较小，南北向为1米，东西向为3~5米。新村目前还有部分宅基地处于闲置状态，已建成的民

图4-5-16 东林新村现状图一

居建筑以一层为主。新村村落空间尚处于生长状态，据访谈调查的统计获知，不少居住于古村的村民在经济条件允许的情况下，都有在新村建设新房的意愿，已兴建一层新房的居民都想在原有基础上加盖二层或者三层。

2. 街巷空间

新村以中心巷为界，分为南北两个部分，采用以东西向中心巷连接各次巷，南北向次巷连接各建筑的交通组织形式。村内建筑排列紧凑，建筑和建筑间留有一定空隙，建筑入口基本位于建筑东侧。新村巷道形态笔直均质、尺寸统一，中心巷是东西向穿越新村落与老村相连的主街及主街东侧南北向和乡道相连的道路，宽约4米，次巷是村落内部南北走向，联系住宅单体的巷道空间，是新村绝大部分的巷道空间，除基地最东侧的一条为4米外，其余宽度约为3.5米，适合人行和摩托车骑行（图4-5-17）。新村巷道高

宽比约为0.9~1.4，构成新村巷道界面的建筑以平屋顶为主，偶有坡屋顶，平屋顶的屋顶平台多有挑出，占领巷道上部空间。新村建设前期，村民是一次性抽签获得分地的，由于缺乏资金，部分宅基地被荒废弃置，长草积水。

新村巷道空间形态处于发展阶段，目前组成巷道界面的建筑单体普遍为一层，根据现场访谈，大部分村民都将在经济条件允许的情况下加盖二层或者三层。因而新村空间还处于不稳定的生长状况，巷道的界面将随之发生变化。目前巷道分为水泥铺地或者土路，在排水上沿用了古村的排水经验技术（图4-5-18），雨水或者污水可以通过巷道一侧的水沟排至巷道外围的沟渠汇总，并最终和古村排水体系形成整体排至水库。

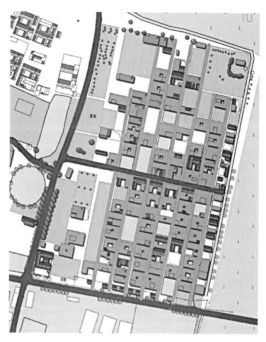

图4-5-17 东林新村现状图二

图4-5-18 东林新村巷道空间实景

3. 节点空间

随着东林村落空间的发展，新村空间的类型及功能都极大地丰富了村落整体空间。节点空间分为村落中心空间、街巷交叉口空间、住宅入口空间。村落中心空间是紧邻乡道发展起来的空间，是村落的文化商业中心，是古村新村共用的生活性公共空间，其组成要素主要有小学、农贸市场、老干部活动中心与村卫生所。相比古村，新村街巷交叉口空间比较单一，空间没有太多变化。住宅入口空间，主要特点是住宅入口的遮雨雨棚出挑较大，占用了一定的巷道空间，虽然强调了住宅入口空间，但是却影响了巷道空间的形态。

4. 建筑空间

东林新村建筑基本为住宅，其单体建设始于20世纪70年代，但大部分住宅集中于90年代建起。新村住宅的空间形态和古村住宅空间类型保持了一定的共同点，体现了传统起居生活习惯的自组织延续性，但传统院落及堂屋的功能逐渐弱化，内院空间变小或者逐渐消失，现代的生活空间（如：客厅、卫生间）开始出现。而传统的营建工艺在新村中体系不多，新村住宅结构大都为钢筋混凝土框架结构，传统的清水砖外墙及铺地技术逐渐消失。

村内住宅建筑平面大小相近，屋顶形式以平屋顶为主。建筑层数多为一层，部分有两到三层，以砖混结构为主，建筑风格混杂，既有红砖建筑又有混凝土或瓷砖饰面建筑。不同时期的住宅建筑，根据其空间形态特点，可大致分成新"三合院"式住宅（1972～1980年）、"天井式"住宅（1980～2000年）和"封闭式"住宅（2001年～）三个阶段。

新"三合院"式住宅特征与旧村的"三合院"式住宅极为相似，由正屋、横屋和庭院组成，其中正屋以坡屋顶为主，横屋则有坡有平。宅基地并没有被住宅占满，在东西两侧有一定退让，巷道空间较为宽敞。"天井式"住宅的特征是庭院空间明显缩小为天井。天井四周留出了供人们檐下活动的开敞廊道空间。宅基地被住宅占满，巷道空间被压缩。"封闭式"住宅的特征是住宅空间形态的封闭性进一步加强，天井被压缩得非常小甚至被取消。部分封闭式住宅完全舍弃传统居住空间模式，出现以客厅连接卧房的多套间空间组织形式。客厅、餐厅、卫生间等现代生活空间出现在该时期的住宅当中。屋顶平台挑出更大，压迫巷道空间（图4-5-19）。

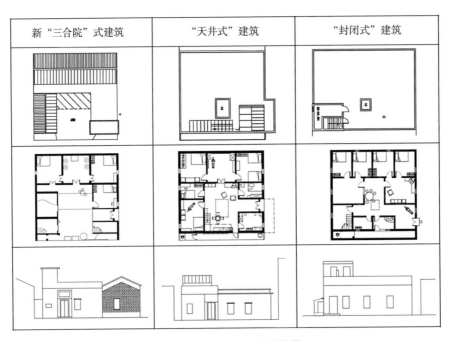

|新"三合院"式建筑|"天井式"建筑|"封闭式"建筑|

图4-5-19　东林新村各时期住宅建筑屋顶平面、平面、立面对比图

（三）新旧村落空间特征的延续性分析

东林新村的建设是伴随着历史的延续性与局限性而逐渐发生的。在20世纪70年代人们的活动范围及眼界都非常有限，因此新村的规划只能是以旧村的布局为规划依据。然而，因中华人民共和国成立后对于农村传统文化的破坏，人们在规划新村时便没有了旧秩序（如风水、宗族、礼法等）的约束，取而代之的是用类似城市规划一般，简单而乏味的方法来进行新村规划。其结果就是功能单一、交通组织清晰简单，而唯一能体现传统的就是其在尺度规模方面遵循了旧村的分区尺度，因此在分区划分规划方面的传统延续性是十分明显的。在建筑的营建方面，早期的住宅保留了较多的传统形式与特征，后期陆续建设的住宅因受到城市建设兴起的影响，逐渐从外观上摆脱了传统的形式，但内部空间格局的分布上还保留了深刻的传统形式。

东林新村的建设无论从村落的整体格局还是内部空间，甚至具体到建筑的形式与格局都没有跳出历史的局限与应该有的延续。因此，下文将从整体到局部来具体阐述东林新旧村之间的聚落空间特征延续性。

1. 村落整体格局

在布局朝向上，新旧村基本一致，均为大致沿南北向两端延伸的梳式布局。在交通组织上，新村沿用旧村街巷结构分级模式，以东西向中心巷连接各次巷，南北向次巷连接各建筑，建筑基本朝东开门，并且建筑和建筑间留有一定空隙。在空间肌理上，旧村北侧和西南侧主要为平民住宅、分支祠堂，宅基布局基本均等，建筑体量较小，肌理较为紧密规整，旧村南侧主要为后期建设，均等布置的豪门大宅、村落客厅，相对于北侧和西南侧平民住宅，其建筑体量较大，肌理较为稀疏。新村建筑则均为住宅并且是一次性进行规划的，不像旧村那样经历漫长的建设演变过程，因此虽然新村在一定程度上延续了旧村紧凑方正的肌理排布方式，但新村的整体肌理排布较旧村而言会更为规整均质。

新村对旧村除了在朝向布局、交通组织、空间肌理方面进行延续外，从村落发展模式上看，新旧村也是十分相似的。早期旧村在西南侧开始建设，当人口不断增加，村落以与西南侧相似的布局方式向东侧发展。雷州的一些村落在旧村建设饱和后会选择以旧村为中心向外发散扩展的模式进行新村建设。东林旧村居住空间饱和以后，新村没有选择这种模式进行建设，而选择了学习旧村以前的发展模式，在旧村东侧另辟一块完整土地进行新村建设。这说明了新村发展模式与旧村发展模式是具有延续性的。

2. 村落内部空间

一条南北走向的乡道将东林村分隔为新旧两个村，一条东西向的中心巷则将新旧村连接起来。旧村中心巷和一条位于村落西侧的巷道将旧村大致分成了三个地块（图4-5-20），地块一为巷道西侧的村落建设发源地，地块二为巷道东侧、旧村中心巷南侧地块，地块三为巷道东侧、旧村中心巷北侧地块（地块一、二、三分别对应图上的

编号1、2、3）。新村中心巷延续了
旧村中心巷的走势，将新村分为南
北两个地块（分别对应图上的编号
4、5）。

旧村三个地块的面积分别是地块
一：24700平方米、地块二：29000
平方米、地块三：22700平方米。分
隔三个地块的旧村中心巷长约173
米，最宽处约为5.4米，最窄处约为
2米。旧村各地块内大致由5～7条次
巷进行空间组织，次巷长短不一，

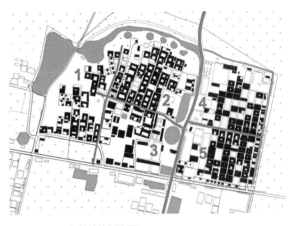

图4-5-20　东林地块划分图

最长的巷道位于地块三中部，长约135米。旧村次巷宽度一般为2～3米，为人行尺度，
巷道高宽比为0.9～1.8，构成巷道界面的建筑基本为坡屋顶，无建筑突出。巷道以平直
为主，局部有曲折参差，除了入口以外，墙面少有开窗，巷道形态较为自由，界面相对
封闭（图4-5-21a）。旧村内公共空间节点主要有两种，一种是分散穿插在古民居之中
的祠堂，是重大节日时村民举行祭祀和聚会活动的场所；另一种为巷道中重要的道路交
叉口和建筑间的闲置空地，是村民晒谷和喂养牲畜的场所。

新村南北两个地块的面积分别是地块四：22800平方米，地块五：20400平方米。分

（a）古村巷道界面

（b）新村巷道界面

图4-5-21　新旧村巷道界面对比

隔两个地块的新村中心巷长约167米，宽约4米。新村南北两个地块由7条次巷进行空间组织，次巷长短较为统一，南侧巷道长约109米，北侧巷道最短约为95米，最长约为120米。次巷除基地最东侧的一条为4米外，其余宽度约为3.5米，适合人行和摩托车骑行，巷道高宽比为0.9~1.4。巷道形态较为笔直，构成巷道界面的建筑以平屋顶为主，偶有坡屋顶，平屋顶顶层多有较大挑出，建筑外墙面较旧村有更大的开窗面积（图4-5-21b）。新村内空间节点只有一种，就是废弃的空地，无论是巷道东侧杂草丛生的绿地还是建筑空间积水的空地，其空间使用频率都不高，只是作为儿童嬉戏之所。

从上述数据对比可以看到，新旧村落的每个地块在地块面积、巷道长度和次巷数目上都较为相近。这说明了新村在进行规划时参照了旧村地块规模大小和划分方式，但由于新村是一次性进行规划而且宅基地的形状、面积相近，因此新村巷道形态较旧村更加笔直规整、巷道尺寸也更为统一。新村与旧村在高宽比的数据也较为相近，这说明了新村在巷道空间比例上也对旧村进行了延续。

虽然空间比例相近，但新旧村的巷道空间感受却不同，旧村巷道界面无建筑挑出，虽然巷道较窄但总体感觉较为开阔，新村虽然对巷道宽度进行了拓宽，但为了增加自家平屋顶的晒谷面积，村民无控制地挑出屋顶层平台，造成对巷道空间的压迫，巷道空间十分压抑。

东林旧村的一个空间特征是功能混合和多重利用，过去的村落承担着生产、居住和祭祀的功能，街巷既是交通空间又是生活交往空间。由于村民观念的影响，现在的祭祀活动只存在于旧村，新村仅是承担居住功能，建筑密布，即使有空地也积水长草，环境恶劣，再加上新村巷道规整，缺少放大的节点空间，居民又将晒谷的场所搬上自家屋顶平台，新村空间节点呈现单一性，缺乏邻里交往空间（图4-5-22）。

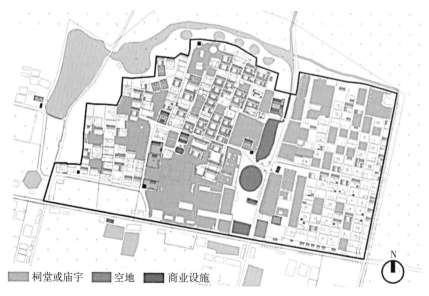

祠堂或庙宇　　空地　　商业设施

图4-5-22　东林地块划分图

3. 建筑空间布局

东林旧村传统建筑一般才用向心围合的方式，中轴对称，中心为厅堂和天井。建筑布局以封闭的天井为核心来组织。建筑空间布局的基本单元是三合院（三间两厝）或四合院。正屋一般为三开间，开间总长度约为13米，当心间是开间尺寸4.6米左右，进深4.5~5.5米的香火房，供奉祖先牌位、神灵塑像及接待重要客人，香火房两侧为卧室，开间尺寸略小，约4.2米。横屋（两厢）多为两开间，正屋与横屋的连接处为走廊。中心院落的长和宽为5~7米。东林村的大部分建筑都是在这种基本单元上向两侧扩展，增加以护厝，形成偏院（图4-5-23）。

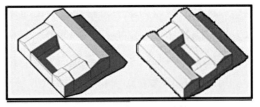

三合院或四合院基本单元

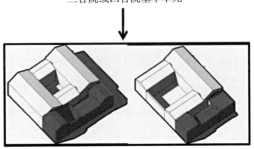

三合院加偏院或四合院加偏院

图4-5-23 传统建筑布局模式

东林新村是以旧村传统民居建筑基本单元作为原型来进行建设的，村内每户的宅基地形状近似为正方形，边长约为13米，这个长度正是东林传统建筑基本单元里正屋的开间总长度。20世纪70年代新村的住宅建筑布局和正屋开间尺寸与旧村的历史建筑基本单元具有极高的相似性，都是以天井和香火房为中心空间的三间两厝合院式布局，正屋屋顶为坡屋顶，其开间总长度、香火房及两侧卧室的开间尺寸也十分相近。这就解释了为什么东林村宅基地的边长和传统建筑基本单元开间总长度是相一致的。不同之处在于新村横屋开间尺寸更大，屋顶形式有坡有平，建筑之间的间距也较旧村更大。另外，较之旧村，新村住宅的功能分区更加明确，休息起居空间位于宅基北侧，楼梯间、厨房、柴房等集中在宅基南侧，建筑间宽约1米的间隙空间被利用为洗漱、储存杂物的空间。

东林新村正是以旧村传统建筑基本单元作为原型来进行建设的。传统院落在功能上相当于中央露天大厅的作用，具有多重生活功能和生活内涵，在整个建筑组群中占据精神统领和核心的作用。虽然新村在后来的建设中受到现代化的冲击，新村的建筑布局发生变化，香火房和庭院作为传统建筑的中心空间逐渐被客厅、餐厅取代，但庭院沟通交流的功能却以客厅、餐厅为载体在室内得以延续。

4. 新旧村之间聚落空间的延续对于历史性村落发展的启示

东林新村聚落空间形成和演变的成因复杂，除了是对旧村聚落空间特征的一种延续外也受到土地因素、经济因素和时代因素等其他因素的影响。总的来说，东林新村在发展过程中从村落整体布局、村落内部空间、建筑空间布局三方面对旧村都有较好的延续。

在整体布局方面，新村延续了旧村的村落发展模式，村落建设井然有序，以村口公共空间序列为中心连接空间，新旧村分区明确，村落整体和谐统一。新村延续旧村坐北朝南的梳式布局和集中紧凑的空间肌理，新村整体格局规整，村落内部通风良好，村落骨架明晰，空间形态虚实结合。

在村落内部空间方面，新村在进行地块规划时参照了旧村的地块规模大小和划分方式并延续了旧村的交通组织模式和巷道空间尺度。新村地块规模合理，以中心巷连接次巷、次巷连接建筑的交通组织模式明确、便捷，笔直的巷道形态视线通达、方向性强，村落巷道荫凉通风，宽度合理，能满足村民人行和摩托骑行的需要。但在巷道界面和建筑风貌方面，新村缺乏控制，挑出过多的屋顶平台挤压巷道上部空间，使巷道空间显得十分压抑，混杂的建筑风格与旧村缺乏呼应。另外，村内路网的规整性、建筑功能的单一性和建筑排布的紧密性使其缺乏公共空间营造的可能性。

在建筑空间布局方面，新村延续了旧村的建筑布局形式和空间尺度，新旧村建筑体量相近，尺度和谐。受到现代化的冲击，建筑布局发生变化，香火房和庭院作为传统建筑的中心空间逐渐被客厅、餐厅取代，庭院空间的消失使得建筑内部采光更加不足，但庭院沟通交流的功能却以客厅、餐厅为载体在室内得以延续。

要实现东林村的可持续发展，新旧村应朝向一个共同的目标，那就是村落整体的有序协调发展。旧村重在保护更新，重点历史建筑和巷道空间应采取保护和修复措施，与历史风貌不协调的建筑和区域应进行修整或拆除，传统民居内部应进行适当改造并引入现代化市政设施，以提升居住空间品质、满足人们现代化生活的需要。新村重在整合改造，这主要体现在巷道界面控制、建筑风貌控制和公共空间营造三个方面。已侵占巷道空间的建筑应予以改造，减小屋顶出挑对巷道的压迫感。未建建筑则应对建筑单体在占地、占空范围方面作出指引和控制，禁止在地面及空中侵占巷道空间，保证巷道空间的通风采光效果。建筑风貌的控制则是涉及建筑体量及立面设计，建筑层数需控制在三层以下以协调旧村，并应注重传统风格和营造技术在新建筑中的应用与发展。已建建筑可在立面上予以改造，在贴面材料和建筑装饰上寻找与旧村建筑的联系。另外，为争取更多的阳光和满足增加的居住面积要求，加建部分不应全部占满并保证其南边足够开敞，可以利用东侧或西侧加建住房，在扩大天井的同时通过加盖玻璃屋面的方法来消除使用面积减小的缺点。公共空间的营造可考虑利用荒废的宅基地，清理积水和杂草，种植树木并加建休憩、游戏设施，增加邻里交往的可能性，被占用的宅基地可另寻土地进行补偿（图4-5-24）。

历史性村落不仅需要考虑对旧有村落的保护，也要考虑到新村的发展。新建村落的建设不可能也不应该是旧有村落的完全复制，但它无论如何都应该带有旧有村落的基本特征，这种村落自身的特征基因必须得以复制。新旧村应该是一个整体，在布局方式、空间尺度、建筑风貌等方面也应有所呼应。新村建设应是合理分期地有序扩展，公共空间的营造则使村落的凝聚力得以加强。协调发展应成为新旧村的共同目标，只有这样，历史性村落的发展才能更具可持续性。[150]

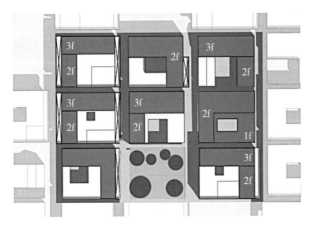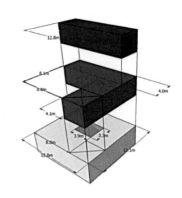

图4-5-24 新村改造示意图

五、东林村的发展模式

东林村的发展模式基本可以总结为自组织规划的有序发展，新村建设的同时传统聚落布局及建筑空间序列得到一定程度的延续，村落社区的融洽程度较高，人居环境建设水平在雷州半岛区域属于较好，但其建设过程中缺乏科学指导，还存在诸多问题，如基础建设粗放、建筑营建不合理、公共空间管理不善等。不过这并不影响东林村作为一个有较好可持续发展的村落而存在。

东林村能够以有序的发展模式持续健康地发展，离不开其理想的地理区位。首先是人这个核心要素的去留问题。河滩地的水田肥美，务农可以为农民带来满足生存的需求，生产的安定必然能够是生活安心，青年人可以在务农具有满意的收入同时照顾家庭，因此在东林村留守务农的中青年比例较高，成为村落发展的核心动力和竞争力。其次是距离镇区与城区的距离适宜可以独立发展而又充分享受城镇资源。若距离城镇太近，村民便会被市镇相对完善的基础设施、教育和便利的商业娱乐等功能吸引，从而向城镇聚拢，使村落丧失发展完善社区的动力和必要性；若距离过于遥远，交通的不便使村民难以受到城镇的发展辐射，发展落后、信息闭塞一方面会使留守者更加保守不前，也导致外出者不愿回归，人口素质及数量也成为这类村落发展的掣肘。最后是构架完善的村组织。东林村的村委会有老中青三代人构成，村中公共事务需要共同商议解决，年龄结构的完整使其解决问题时可以充分考虑不同年龄段使用者的真切感受；另外，村务的真实公开和及时解决村落的切实问题，也得到了村民们的广泛支持与信赖。因此可以得出，人、区位资源以及自我管理这三方面是农村人居环境未来可持续发展的核心要素。

第六节

无序徘徊的案例——潮溪村

一、区位与沿革

（一）地理位置

　　潮溪村是广东省历史文化名村、湛江及雷州市特色文化名村，位于雷州市龙门镇的北部，村落距雷州市21公里，距G207国道和龙门镇所在地约4公里，村落坐西北朝东南，背靠毛云岭，粤海铁路从村落东面经过（图4-6-1）。聚落整体坐落于一个地势平缓的盆地内，东、西、北地势偏高，南面偏低，有三条溪流环绕，周边曾经是低洼水泽之乡，经过陈氏先祖的辛勤改造，成为良田沃土，农业资源丰富，目前村落以农业为主要的生计来源。

图4-6-1　潮溪村区位图
（来源：Google Earth）

村落四周，自然资源丰富，古榕果树环绕，历史悠久，文化底蕴深厚，民俗资源丰富，建筑独特，艺术精湛，雷州半岛俗话有"住在潮溪村，葬在潮落港"[1]的说法。

（二）历史沿革

　　潮溪村始建于明代崇祯年间，原名栽陶溪村，村子因地处河溪之畔，有潮有溪，因此乾隆年间更名为潮溪村，迄今已有370多年的历史，为陈姓世居的血缘村落。据村落记载和村民口述，堪舆理论对于潮溪村的规划和建设有很大的影响，村里流传着尚富长子五世祖元易公在途中巧遇并善待地理学家梁冠贤的故事，根据梁冠贤的建议，陈元易迁居此地，此后不久尚富尚志及其儿孙迁往潮溪村定居。长房尤其以元易公后代以科举见长，逐渐成为村中的望族，从清代至民国期间，频频出现几代世宦的书香世家，从地方志和陈氏族谱的记载可以了解到，在辛亥革命前，全村统计，科名者共71人，仕宦者59人，其中四品3人，五品8人、六品7人、七品5人、八品和九品36人；四品恭人2人，五品宜人4人，六品安人2人，其中绝大部分属于陈元易公的后代。

―――――――――――
① 潮落港在调风镇九龙山东边。

在传统封建社会，族人仕途的发达带来了村落经济的繁荣。据村民陈述，当时全村有75%人口靠地租过活，有95%的家庭有地租收入。其田产绝大部分置办于村外，分布在南兴、龙门、英利、覃斗、北和等乡镇。清乾隆至光绪年间，是潮溪村最为繁荣兴盛的时期，官员在退隐后，回村置地建房。村内一派繁华富贵，达到钟鸣鼎食的胜景，因此在雷州，潮溪村有"富贵双全村"之称。村民为保人财平安，在村落四周建有一道3米多高的坚固土围墙，围墙外种有刺竹篱维护。

民国时期，潮溪村的土围和刺竹篱抵挡住了土匪盗贼的抢劫，却没有抵挡住日寇的侵袭。1943年日伪军破坏村北外围刺竹篱及土围后占领村庄，村落遭到第一次破坏，大量财物遭到抢劫，民房损毁23间，几百年的文化积淀遭到严重摧残[151]。

中华人民共和国成立后的"土改"运动使潮溪村世代靠地租生活的模式受到了严重的打击。"文革"时期潮溪村古建筑群遭到严重破坏，潮溪村从此衰退。

二、聚落空间结构

潮溪村周边的环境空间要素主要有环村绿化、农田、水系、过境交通和路网（图4-6-2），这些要素维护了聚落体系的完整性和延续性。潮溪村与周围环境的拓扑关系图（图4-6-3）可以看出，这些环境要素与聚落之间形成了一种同心圆关系，环境空间要素为聚落提供了自然生态和生存物质基础，是潮溪村与外界进行物质交换的缓冲区；环境空间要素可以调节聚落微气候，进一步改善潮溪村聚落宜人的环境。除了过境交通（包括铁路与高速公路）对聚落形态有一定影响外，潮溪村聚落整体环境基本上延续良好。

图4-6-2 潮溪村区位图

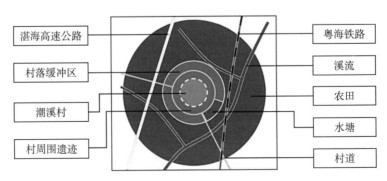

图4-6-3 潮溪村环境空间要素拓扑关系图

三、聚落空间演变

（一）村落起始阶段

潮溪村始建于明代末期，先祖尚富公和其三子从龙门镇甘坡村迁往潮溪村定居。因村东侧古时是通往雷州的要道，因此早期的村落便选择距离干道较近，交通方便且地势较高的范围建设。目前村落东门的位置便是村子的起始之处，在整个聚落的范围内，此处离雷州城最近，交通最便利。村口现存建筑年代最久的建于明崇祯末年的天后宫已经被古榕树层层包裹，融为一体。可以作为村落起始的佐证。后来族人在天后宫复建，即在始祖的居住地建起了六成宗祠以敬宗睦族，但土地改革后作为小学校使用延续至今，原有建筑已被毁。（图4-6-4）

图4-6-4　潮溪村起始发展用地示意图

（二）发展与鼎盛

潮溪村陈氏家族大约发展到第六七八代，此时村落格局得到了定型和进一步发展。元易公一支此时已出现了士绅阶层，作为上层人物，他们在制定村落规划中起到了举足轻重的作用。虽然此时元易公一支在人数上尚未占据绝对优势，但由于其社会地位高便在村落规划中占据了主导地位，为自己这一支预留了一定的发展用地。

根据族谱记载以及建筑分布情况可以看到，元易公一支在村落格局定型的时候已经占据了村落住宅用地的将近一半土地，且是靠近东侧六成宗祠、天后宫及康王庙的位置，彰显了其在村中的地位及便于族人祭祀崇拜。长子伟才及后人在靠近元易公祖屋的第一列用地，次子伟达及后人在靠近祖屋的第三列用地，三子伟桢及后人在靠近祖屋的第二列用地，这三列布局较为规整，宅基面积也较大，建筑质量较高，为目前保存历史建筑较多且集中的区域。而长房的其他两支及次房的五支均在村落西侧，布局较为松散，宅基普遍偏小，建筑质量较低，有少量高质量历史建筑保存下来（图4-6-5）。

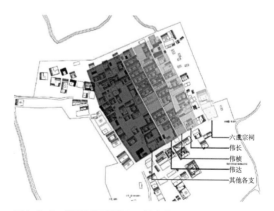

图4-6-5　潮溪村起始发展用地示意图

（三）停滞衰退

中华人民共和国成立后，潮溪村的发展一如中国大地其他乡村传统聚落一样，经历了对于村落形态具有彻底性破坏的历史过程。改革开放后，潮溪村并没有如东林村那样迎来了再发展的村落扩张过程，究其原因，大抵有三个方面：

1. 体制的变更

潮溪村起于贫农，发迹于封建仕宦系统，鼎盛于士绅集团的苦心经营。士绅集团是乡村中的特权阶层，因此享有一定的权力。他们虽受国家统治阶级的影响，但却游离于某些乡里制度之外，享有一定的政治与经济特权。[152]在传统封建社会，士绅集团是封建礼制的维护者，也实现了统治者对于乡村社会控制的策略；同时也起到了教化乡里、保护家园的作用。因此，在传统封建社会潮溪村实现了社会阶层的转变并长盛不衰，然而社会革命导致的统治者更迭与制度变迁，使得潮溪村的士绅集团失去了生存基础。

2. 生产资料的丧失

传统封建社会潮溪村的士绅集团靠拥有村落以外大量土地的地租过着养尊处优的生活。中华人民共和国成立后，土地改革以及人民公社等制度的建立，使得潮溪村的地主士绅阶层失去了对土地的控制权，从而失去了生活中丰厚的经济来源。潮溪村本村自有土地有限，且附加值高的水田偏少，所以经济实力大不如前。随着经济实力的下降及社会地位的变化，失势的士绅阶层再也无法为村落的发展提供支撑了。

3. 龙门镇的快速发展

建于民国时代的龙门镇由于其地缘优势、交通优势、资源条件、公共设施、工业发展等因素已经成为影响潮溪村再发展的主导因素[153]，同时也是影响聚落人口在空间流转的核心要素，因此，对潮溪村乡村聚落的空间形态的发展产生了巨大的影响。

综上，各种因素共同作用，潮溪村的聚落形态基本就定格在了民国与中华人民共和国成立初期的规模，自此以后除了严重破坏之外，虽偶有更迭但并未突破聚落原有边界，加之村落管理的混乱与不和谐，潮溪村一步一步走向衰败。

四、聚落人居环境空间构成

（一）村落整体布局

潮溪村村围内土地面积约有11公顷，坐落在宽敞平坦的红土地上，整个村落坐西北朝东南，面向南面的水塘和溪流。村落整体形态集中而方正，至今总体格局保存基本完好,结构骨架明晰，为类梳式布局。村落共有六条直巷、两条横巷，均为青石砌阶白沙巷，其中，连接东门、南门的横巷为村落中心巷，村落大部分建筑在中心巷以北，少量建筑在其南侧。与珠三角地区广府聚落的布局紧凑整齐不同，潮溪村的巷道大多略有曲折并不追求绝对的笔直。中心巷以北的建筑又被一条最宽的直巷分为明显的东西两个部分，东侧建筑整体布局紧凑，建筑质量较好；西侧整体布局稀疏，建筑质量不佳（图4-6-6、图4-6-7）。

目前所见的村落格局大致形成于康熙乾隆年间，此时元易公后代多人考取功名，已经成为望族，村落道路系统得以完善、根据各房各支分配宅基地、修建村围和村门，完善村口及周边绿化和环境美化，唯一的六成宗祠在此时兴建完成，位于村东门处，现在以毁，其基址目前作为潮溪村小学使用。

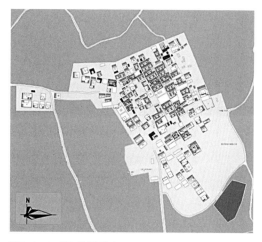

图4-6-6 潮溪村村落布局

潮溪村最引人瞩目的是装饰华丽的清代民居建筑群，由85座砖木结构的房屋组成。大多数民居建筑没有采用纵向发展的大进深三间两廊形式，而是以面宽较大、有明显的主侧院之分、空间复杂的合院为主。其宅院布局平直，依次排列，现存较好的古民居有"朝议第""儒林第""分州第""明经第""富德""德辉"等多座，均为院落式布局，山墙装饰优美，木雕、灰塑精致，一些富裕人家为安全需求，在宅第内建有防卫碉楼。

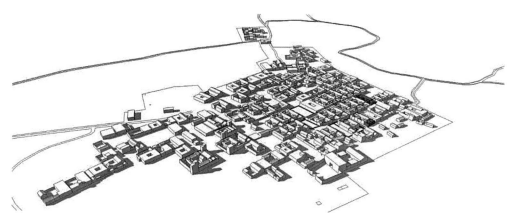

图4-6-7 潮溪村聚落整体形态鸟瞰图

（二）水系

村落东、西、北偏高，南面偏低，三面溪流环绕，东西各一条支流汇入南面的溪流，向东北流入东吴水库。另外，村南有一面积不大的水塘，水塘主要作用是雨水收集，水中有一棵大榕树，周边环境良好。

村民的生活饮用水靠村南门外的两口水井，担水要经过一条有十几级台阶的石板路，然后才能进入村内，略有不便，但水源的集中管理，有利于保持周边的水土不受人为因素干扰，因而可以保证水源的清洁。两口井的井口均由青石条砌筑，外围由砖块围合。目前，在古井旁边，村民已经自行建设水塔，实现了区域自来水供给。

（三）道路系统

潮溪村的道路系统基本保持了清代康熙年间形成的风貌和形态，村落东、西、南三面各设有出入口，并设置了村门。按照周易八卦，东门曰"震兴"，南门曰"离明"，西门曰"兑悦"。三处门楼扼守了通向村落的通道，增强了人们的安全感和归属感，并起到了防守的目的。这几处门楼也是村落重要的礼制空间，具体来讲，昔日潮溪村接官迎亲由东门进入，附会紫气东来之说，此门昔日是村落主入口，连接一条通往村外的榕荫大道，村落大型的对外活动集中于此；嫁女由南门出；出殡由西门出，附会西方"极乐世界"，这些附会显示了封建社会的民俗礼仪。

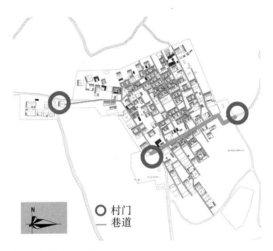

村落内部路网结构采取鱼骨式布置，巷道网络较为方正整齐，以一条贯穿全村东西的横巷为村落的中心巷，连接南北纵向巷道。村中6条青石白砂的纵巷，垂直于中心巷，南北走向。巷道两边通常是高耸的山墙面，形成良好的遮阴效果，在炎热的夏季，这些巷道起到了通风遮阳效果（图4-6-8）。

图4-6-8　潮溪村交通结构图

巷道多用白沙铺地，在起坡处砌青石，以防止白砂流失，并方便人畜车辆通行。原村石板路有十段共500米长，但东门石板路已改为水泥路，南门石板路已挖起重新铺过，唯西门石板路及朝议第等八段石板路依旧。中心巷约有10米宽，其余直巷宽度约2.5～5米，适宜牛车及小型农用车通行。中心巷的宽高比大约为2∶1，较为宽阔，根据村落的发展历程推测，中心巷南侧的界面是较晚形成的。在村落建设的早期，中心巷南侧是一块平坦的空地，随着时间的推移，村落的规模已经不能适应人口的增长，逐渐在村落南侧也形成了一些住宅。然而，为了满足村落公共集会活动的需求，中心巷保持了足够的宽度，适宜村民日常生活的各种需要，各种公共建筑及元素多聚集在中心巷的附近，以便于人们停留交往或者发生较大型的活动。潮溪村其余巷道宽高比为1∶1～1∶2.5，较为狭窄，主要起到交通联系的作用。巷道的形态均略为曲折，增强了空间的识别性。（图4-6-9）

（四）安全体系

历史上雷州半岛受海盗倭寇的侵扰较严重，尤其是民国时期海盗十分猖獗，加之半岛地形平缓，无险可据，因此村落均暴露在贼匪眼目之下。潮溪村属于有名的"富贵村"，因此，抵御匪患侵袭显得格外重要。防御意识影响着潮溪村的聚落形态和空间布局，这种村落布局方式具有典型的血缘聚落特征。村落的防御空间主要有两种，村落整体防御和建筑单体防御。

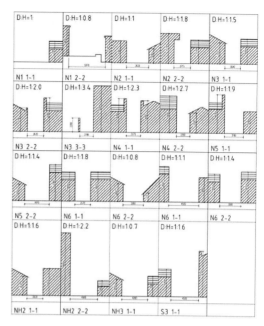

图4-6-9 潮溪村纵向巷道宽高比

1. 村落整体防御

村围属于村落整体的防御设施，潮溪村四周原有一道土围墙，墙外种植一道刺篱竹加固，而最终这道土围墙和刺竹篱融为一体，形成闭合的村落界限，构成村落第一级防御体系，这道防御体系在以冷兵器为主的时代确实发挥了重要的保家护院作用。潮溪村原有严禁破坏围村刺篱竹的规定，村民不准拾刺篱竹枯枝，不准耙干叶，违者罚款。日久年深，土围墙及刺篱竹现已不存在，这种村落防卫构筑依然能在东门处看到一些遗迹。

2. 建筑单体防御

村围作为第一道防线之外，潮溪村民居建筑中的防御设施比比皆是，碉楼林立（图4-6-10）。建有碉楼的宅邸有"富德""朝议第""观察第""奉政第""德成""道义""儒林第""藩佐第"和"司马第"九座，集中建于清乾隆至光绪年间。碉楼往往设于宅邸的对角，高两层半至五层，墙体厚实，以砖石、杉木、糖石灰结构砌筑，外涂以深蓝色海泥以防雨水侵蚀，非常坚固，墙上开有外窄内宽的梯形射击孔。碉楼往往是富贵人家自行建设的防御设施，但是同样也对村落的整体空间形态产生了重要影响，形成村落的重要节点，加强了村落整体的防御性。

图4-6-10 潮溪村碉楼林立
（来源：蔡建 摄）

五、龙门镇对潮溪村发展的影响

（一）龙门镇概况

龙门镇始建于民国七年（1918年），因东有仕礼岭，西有房参岭，南有鹰峰岭，是三龙会首之地，故称龙门。龙门镇早期的兴起是作为乡村地区农业产品交换的市场而出现，镇区所在地——龙门圩，便是佐证。"圩"同"墟"，农村集市之意，至今龙门镇的旧镇区依然保持着兴旺的商业活动。G207国道、省道、粤海铁道、湛海高速公路在这里交汇或穿越，龙门镇成为重要的交通枢纽，便利的交通进一步促进了商业的繁荣。

镇域内有龙门、马定桥和东吴水库，其中龙门水库是雷州市最大的水库，总库容量达8953万立方米，主坝长1300米，坝高21米，建于1958年6月，灌溉龙门、北和、房参、覃斗4个镇，灌溉面积12万亩。龙门水库的建成，对缓解雷州半岛西部沿海几个乡镇长期干旱的状态，改变这些乡镇的贫困面貌起着举足轻重的作用。此外，该镇内有幸福、火炬、金星3个国营农场和一个林场。水源充足，土地肥沃，主要经济作物有甘蔗、西瓜、菠萝、北运菜、水稻、红橙、芒果、藿香、木薯等[154]。

龙门镇中上规模的工业企业有3间，分别是广东樟树湾食品饮料有限公司、雷州市妇联木材加工厂与龙门糖厂。产值最高的龙门糖厂属于广东恒福糖业集团发展有限公司，负责收购包括雷州市龙门、英利、北和、乌石、覃斗、南兴、松竹7个镇在内的所有甘蔗。蔗区内有96%的农户均和糖厂签订过合同，糖厂每年对蔗农机耕、种子、花费等均有一定补贴。

农业基础的雄厚、商业的繁荣和区位的优势促进了龙门镇的快速发展，龙门镇发展了以农产品加工业为主的工业产业，促进了人口的流动和聚集，并发展了大量公共设施建设。龙门镇拥有广东省湛江农垦第二医院、龙门卫生院、小学两所、初级中学两所和完全中学一所，以及幼儿园若干。

随着广东省东西两翼发展战略的确定，龙门镇也被确定为广东省重点发展的中心镇，结合龙门镇目前的经济发展状况和资源优势，同时综合龙门镇在区域经济发展中的地位和作用以及未来职能，龙门镇的城市性质被确定为：雷州半岛中南部地区副中心城镇，以发展农产品加工业为主导，积极发展商贸业的综合型中心镇（图4-6-11）。

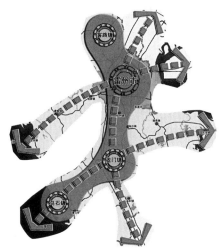

图4-6-11 雷州市市域城镇结构规划图
（来源：雷州市城市总体规划2008-2030）

（二）潮溪村发展的现实与问题

潮溪村近现代少量的发展主要向村落南侧和西北扩张，形态逐渐松散稀疏，整个村落缺少有效管理，因此，出现了无序化发展的倾向。潮溪村内部目前人去屋空的空心化现象比较严重。据统计，历史建筑的使用率不足20%，建筑背后生动的社会组织和生活圈形态，文化与人际关系正在消散；而当地居民因无力承担修缮费用，或是碍于严酷的管理措施无法对聚落做出适应新的生产生活要求的更新改造，只好迁出受保护区域另寻住址。因人口的不断外流，致使村落进一步缺少发展的内在动力，村落的不断破败，市政基础设施的严重滞后，进一步刺激了村中新生代离开村落出外谋生的愿望。加之龙门镇快速发展带来的就业与高水平城镇化服务，进一步加剧了村落人口的流失，使村落的再发展雪上加霜。

（三）村镇关系及相互的影响

潮溪村村民目前依然主要从事农业，但农业产业效益低下，难以支撑农村家庭适应现代发展的需要，如子女上学，住宅建设，子女婚嫁，医疗开销，养老费用等方面。因此，农民的家庭收入来源仍然需要其他途径进行补充，村中其他经济来源主要依靠年轻人外出打工。[155]因潮溪村的发展停滞甚至继而呈现出衰败的迹象，加之生产资料的有限和经济能力的疲软，导致年轻和有能力的村民纷纷外

图4-6-12　龙门镇与潮溪村区位关系图

出谋生，龙门镇距离潮溪村约4.5公里（图4-6-12），按照英国对于社区基础设施适宜性距离的统计（图4-6-13），这个距离无论是人行还是机动车，都是比较适宜的可活动范围，因此，发展迅速的龙门镇就成了村民寻求新出路的首选之地。这是因为首先安土重迁的思想还普遍在农民心中根深蒂固，其次城乡二元制存在，导致社会保障制度长期未能涵盖农民群体，致使土地对农民不但具有生产功能，而且具有社会保障功能，并且随着非农业的发展，其保障功能越加明显。因此，迁居龙门镇是潮溪村农民的理性选择，迁居人口多属于村中相对富裕的阶层，这样他们一方面可以享受镇区相对便利的生活，接受更好的医疗、教育和商业服务；另一方面又不必远离自己的土地田产。因此，潮溪村有将近一半的人迁居龙门镇，然而这种迁居并不彻底，属于不离土不离乡，并未脱离自己的土地。

龙门镇给农民提供了农业与非农业的就业机会，如糖厂收购周边农村的甘蔗，并为

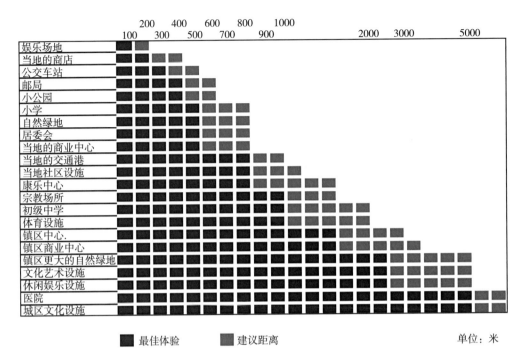

	100	200	300	400	500	600	700	800	900	1000		2000	3000		5000

图4-6-13　聚落基础设施适宜性距离统计

最佳体验　　建议距离　　　　　　　　　　　　　　　单位：米

村民提供就业岗位，乡村居民社会交往范围扩大。镇区的交通、基础公用设施的发展，缩短了农村与镇区之间的时空距离，提高了村镇的通达性，改善了生存环境，解决了人地关系紧张带来的富余劳动力安置问题，同时又保证了农民可以提高生活质量，加快了农民及农村的现代化进程。[155]

与此同时，在潮溪村内部劳动力大量进城务工及有能力者不断迁居镇区的背景下，村落渐渐沦为老年人和儿童的留守地，大量历史建筑和景观随着聚落的衰败而损毁；少量新的建设呈现出低质量、无序的倾向，加之村落管理的无组织则进一步导致聚落再发展陷入困局。

龙门镇的发展速度越快，其能够提供的容纳程度就越高，其中心地效应则越发明显，各种资源纷纷向镇区汇聚，人口与资源的红利进一步刺激了镇的快速发展，这种循环的结果便导致龙门镇与周边的村落（如潮溪村）出现两极分化式的发展，镇区的日渐繁荣与乡村的逐渐凋零并存。

据调查，当前在潮溪村一座100平方米的住宅，其造价在10万左右，而当地的人均年收入才2000多元，因此，新建住房是一般农户难以承受的，更不用说出钱出力支持祖屋的修葺了。[155]放弃居住在村落的首先是村里条件较好的家庭及能人志士，他们作为村落的精英阶层不断迁出，导致潮溪村长期缺乏外部资源支持和活力的注入，优势人口不断流失，因此在与龙门镇的空间发展关系中，始终处于劣势地位。

六、潮溪村的发展模式

潮溪村从民国时期开始衰退，中华人民共和国成立后其加速了衰败的进程，在改革开放以后其基本处于缓慢衰败的停滞期；与此同时，龙门镇始建于民国，发展于中华人民共和国成立初期，改革开放后，镇区出现了高速发展，并且以更强劲的动力持续向前迈进。龙门镇与潮溪村两者的发展是同时的，甚至是同步的，但方向却完全相反，其目前的结果是两者相互作用的直接结果。这种城荣乡损的城乡发展模式并不仅仅是潮溪村的个案，它只是目前城乡关系中的一个缩影。

龙门镇的崛起促进了区域经济的发展作用不置可否，镇区以农产品加为主的工业产业通过向农业提供建设资金，促进农业生产力的进步及生产率的提高，并且推动了农村剩余劳动力向城镇的转移。镇区的工业及第三产业给农村家庭提供了多元化的就业机会，其完善的医疗、教育和商业设施提高了乡村生活的质量，但这种优势仅仅是龙门镇吸取周围乡村资源单向发展的结果，其代价是区域发展的不平衡，城乡结构的二元对立。城镇和乡村在规划建设上割裂，"重城轻乡"的发展模式，导致城乡在空间形态及未来可持续发展等方面存在巨大的差异。乡村资源向城镇的单向输入严重影响和制约了城乡之间一体化的健康生长和整体式发展，潮溪村聚落形态的快速衰落，龙门镇也因巨大的资源消耗和土地浪费面临着环境资源与发展的矛盾，因此，区域城乡需要整体协调发展，强调城乡之间的互动发展，以城乡间闭合的生存圈为持续发展的模式目标，而不仅是单向的能源与资源输入。

第七节

乡村聚落建筑的源考及发展

吴良镛先生在人居环境的五大系统中将居住系统作为一个独立的系统进行论述，认为居住问题是当代乃至国家的重大问题之一。同样，在人居环境的五大层次中，建筑作为最小单位的层次而专门论述。"建筑的发展是建立在人类生产力和技术发展的基础上的。"[13]因此，在讨论雷州半岛人居环境时，有必要将与人们朝夕相处的民居建筑单独拿出来进行分析研究。通过对雷州半岛传统民居特征及空间的分析研究可以了解传统民居结合地域环境的设计原则及调节人居环境微气候的舒适生存哲学；通过对当前新民居的分析可以探寻其对于传统的延续与更新，同时可以发现目前农村民居所面临的问题与困境，从而对雷州半岛乡村民居的持续健康发展提供科学建议。

雷州本土的屋宇大都简陋，早期的茅草屋是一种普遍的民居，是以"舂墙"的方式构建墙体，其上覆以相当厚度的茅草作屋顶，这类房屋保留时间不长。能够存世的还是富贾官宦，这些人家的房屋对建筑质量及细节处理的要求较高，建筑装饰较多。在雷州，以现属麻章区的庐山村、湖光镇旧县村；遂溪县的苏二村、调丰村；白沙镇的邦塘村、东岭村、黎郭村；龙门镇的潮溪村、富行村；南兴镇的新村、东林村；调风镇的禄切村、东铭村；英利镇的青桐洋村、昌竹园村；北和镇的鹅感村；杨家镇的南劳村、探来村；纪家镇的周家村等村落的民居建筑最为突出。[136]

这些村落的建筑形式相仿，多为三合院、四合院式或回形式布局，以砖、石、木结构为主。每个院落正房三间，中间为厅堂，两侧护厝；院落两侧为厝屋，与护厝对应，在院中仅看到正厅与两厢（图4-7-1）。大门在厝屋一侧，与正厅相对的或是影壁，或是包帘，中间为天井，有些大宅还有偏院天井（图4-7-2），两列或一列护厝，是雷州半岛明清时期建筑的典型，这些房屋的建造形式上带有明显的等级观念，传承了民居技艺的主体建制，有些官式府邸更是威武严肃。但从另一方面讲，这些建筑在装饰细节上又透着浓厚的本土风格与情怀。[156]

图4-7-1　苏二村拦河大屋一处主庭院　　　图4-7-2　禄切村一处偏院天井及护厝
　　　　　　　　　　　　　　　　　　　　　　　　　（来源：蔡建　摄）

一、建筑特征源流考

目前的雷州人并非本地原住居民，其先民多来自闽南，且以莆田居多，雷州城南天后宫大门联云："闽海恩波流粤土，雷阳德泽接莆田"便是佐证，民间许多民居对联也写"源从闽海，泽及莆田"以示其族人渊源。因此，雷州人与福佬文化有着先天的联系，雷州人的民居必然也会反映出诸多的福佬文化特质。同时，雷州半岛又处于珠江三角洲广府文化强势的辐射范围，因此，在民居建筑功能与格局方面也显示出了广府文化的种种特质。虽然雷州民居缘于福佬，受影响与广府，但雷州先人结合本地文化及顺应半岛地域自然环境，创造出了独具特色的雷州民居，成为广东继广府、客家、潮汕三大类民居之外的第四大类民居类型。

雷州民居可以作为广东一大类型存在，其必然具备典型而别他性的特征，经过研究团队的实地调研、总结分析，归纳出雷州民居的红砖彩瓦、高企门头、三间两厢、偏院护厝、广阔面宽、紧凑布局、绚烂山墙和精雕细饰八大特征。

（一）红砖彩瓦

雷州民居给人的最直观印象是红土白沙、碧海蓝天的映衬下，郁郁葱葱的古榕树簇拥着红砖彩瓦的连绵民居，一幅雷州半岛乡村传统聚落的典型优美画面。

纵观中国大江南北的传统民居建筑，青砖灰瓦是各地绝大部分传统民居的一贯面貌，唯独雷州半岛与福建沿海泉州、厦门等地的传统民居红砖赤瓦，与众不同。闽南民居使用红砖红瓦，他们称为"红料"[156]（图4-7-3）。在中国传统封建社会，关于建筑的色彩是有严格规定的，一般认为，只有宫殿庙宇可用红墙彩瓦，民间禁止使用红色作为建筑色彩，且从建筑构造上来讲，青砖青瓦的质量较红砖红瓦更好。闽南红砖的使用历史，可以追溯到宋代，"1924年，李功藏重修孔庙，拆下的砖瓦都烧有'宋徽宗政和三年'等字（即公元1113年），那些砖瓦历时八百余年，还是质好色红。"[157]由此可知，宋代已经出现烧制的纯正红砖瓦用于建筑上，而民间大量使用，大抵是在明代。

雷州半岛的海康（今雷州市）、遂溪与徐闻三县及湛江部分地区均保存有大量红砖民居。这种独有特征不仅在现实形象方面证实了雷州半岛民居与闽南民居的渊源关系，也描绘出了"红砖文化区"的文化别他性。雷州民居在保存闽南民居渊源特征的前提下，经过不断地自身发展变化，又逐渐发展出明显区别于闽南民居且具有自身特色的红砖民居（图4-7-4），绽放出雷州与众不同的传统文化色彩。

关于为何使用红砖砌筑民居，学界尚无统一定论。目前主要有三种观点：第一种材料技术说，认为是烧制砖的土壤含铁元素比例不同所致，而砖的颜色控制主要是焙烧工序的不同，因此，这种观点似乎站不住脚；第二种民间传说，传说唐朝时期因闽王传旨不清导致民间盖出了大量既成事实的红砖民居，不过毕竟是传说无事实根据；第三种海外舶来说，认为16世纪时西班牙人占领菲律宾，西班牙人将红砖建筑带到了东南亚，而闽地的泉州为千年埠口，闽人多下南洋经商并回乡置业，是在经商的过程中汲取了外来因素的影响而形成了红砖民居。[156]并且在福建民居中多见外来文化的为主体的装饰元

图4-7-3 闽南红砖民居

图4-7-4 雷州红砖民居

素，在雷州半岛更是有欧式的建筑及装饰出现，因此笔者比较认同最后一种说法，雷州半岛居民与闽南人的渊源深厚，其红砖民居的产生想必有直接的联系。闽南人移民迁徙到雷州半岛营建自己的房屋一定会首选自己熟悉的方法、形式及色彩，在历史的推进中，雷州民居受各种文化不同的影响，其建筑及群落形式发生了诸多变化，而唯一不变的就是那独特而又绚丽的红砖彩瓦。

（二）高企门头

雷州民居的宅院入口与福佬系民居不同，福佬系民居的宅院入口在院落中轴南侧，门前有宽阔的前埕，沿聚落巷道不设门；而雷州民居的入口位置类似于广府民居，均朝向聚落巷道开设门楼，且雷州民居的入口往往门头高企，两侧砌以高耸华丽的山墙，重视装饰，色彩绚丽，灰塑手法夸张。（图4-7-5）

（a）雷州市灵山里巷门　　　　　（b）潮溪村朝议第大门　　　　　（c）周家村奉政第大门

图4-7-5　各种门头集锦

（三）三间两厝

雷州民居的基本构成单元介于广府与福建民居之间。广府民居三间两廊所围合的天井十分狭小，福建民居的庭院四合宽敞，而雷州民居的天井空间介于这两类民居之间，有广府之形制，福建之神韵。

关于两厢所不同的是广府三间两廊（图4-7-6）的两廊一般为开敞或半开敞空间，雷州民居则是以可以封闭的实体空间形式出现，这种做法类似闽南民居中的榉头间（图4-7-7），但较闽南民居则更为实用，雷州民居因此称之为三间两厝的院落基本单元（图4-7-8）。

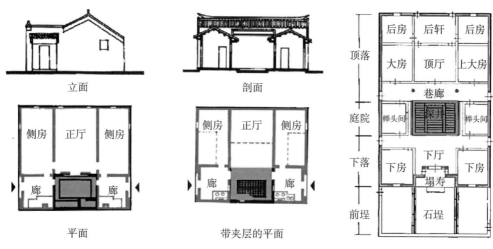

图4-7-6　广府民居典型平面图、立面图、剖面图
（来源：《广东民居》）

图4-7-7　闽南大厝"三间张"平面图
（来源：《福建民居》）

　　雷州民居之所以形成独具一格的三间两厝形式，想必一方面想保留福佬系先民对宅院的传统布局方式，另一方面也受到了广府民居集约节地利用方式的启发，经过改良便形成了独特的雷州民居样式。

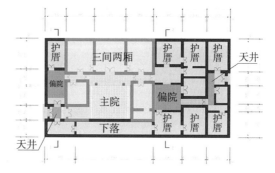

图4-7-8　潮溪村"明经第"平面图

（四）偏院护厝

　　在实地调研当中会发现，雷州民居院落没有如同广府三间两廊那样单独存在的，往往是加了下落形成四合院，或者在两侧加以偏院护厝而形成丰富的空间格局。偏院护厝的增加构成了雷州民居在三间两厝的基本单元形式基础上向横向发展，建筑整体布局呈现大面宽、小进深的形态。

　　这种偏院护厝的形式有福佬系民居的明显遗风，但又不如福佬系民居的护厝布局那样规整严谨，其形式十分自由，大小天井尺寸参差不齐，空间虚实变化丰富。往往两侧偏院护厝将三间两厝的主院包裹在中间，使外人进入宅院后有种错综复杂的感觉。这也应该是增加对外人的迷惑，增强自我保护意识的一种体现。

（五）宽广面阔

　　雷州民居住宅建筑的面阔比岭南其他地区的住宅建筑要大很多。主要体现在两方面：一是住宅每一个开间的尺度都相对较大；另一方面，主偏院之间以横向联系为主，很少有纵向联系，这样便造成住宅总体面宽比较大。宽广面阔的民居院落空间与岭南其他地区的景象完全异趣，显得开敞、明朗、光亮。

（六）紧凑布局

雷州民居在保持福佬系民居遗风的基础上，充分吸收了广府民居布局紧凑的布置方式，营建出了雷州特有的布局紧凑型民居。从图4-7-8可以看出，在满足三间两厝传统礼制性空间布局后，偏院与护厝的布局十分紧凑，大幅度减小偏院尺寸，建筑几乎满铺，为了保证采光通风，不得已设置仅够一人通行的狭窄天井，充分体现了以功能实用为主的原则。

（七）绚烂山墙

雷州传统红砖民居中最引人注目的特征是那一片片色彩艳丽、样式丰富、风格迥异的封火山墙。这些封火山墙除了满足防火的需求外，结合当地的自然环境，还承担了防风、防御、遮阳、装饰等一系列功能，同时，受地域文化的影响，封火山墙也蕴含了价值丰厚的人文精神。

中国古民居建筑一般都有山墙，除了主要的防火作用之外，其形式根据建筑所在区域的习俗不同而迥异。在闽南及潮汕地区民居建筑山墙通常分为金、木、水、火、土五行，及其派生形式。民居山墙形式的选定多依据该建筑所在环境方位、朝向的阴阳五行属性，也有用以配合房主人或者常驻神明的生辰八字或者属性。雷州民居与潮汕民居虽同源与福佬系民居，但却向着不同支系发展。其山墙样式在继承福佬系民居山墙样式的基础上，结合广府与潮汕的山墙特征，衍生出独特多样的山墙样式。因此，雷州传统红砖民居的封火山墙兼具了潮汕五行山墙的特征及广府镬耳山墙的神韵（图4-7-9），同时又有显著的特征差别。

图4-7-9 鹅感村碉楼的广府镬耳山墙

雷州红砖民居每幢屋宇相连接处的封火山墙一般都高出房屋数米，造型多样，塑造手法复杂精致。有的造型如火，有的曲折方正；在龙门镇潮溪村等地，多见如意形复合曲线式山墙，如行云流水蜿蜒曲折，又如泉涌呼之欲出。其高度有的高出厅堂屋顶数米，墙檐线脚复合层叠，多者可达四五层。墙檐一般有浅浮雕或者几何形浮雕，如云纹、雷纹、万字纹等线脚作为装饰，浮雕有些配黑底壁画彩绘，有时山墙檐边的装饰也用黑色（图4-7-10）。从五行上讲，黑色代表水，起着防火作用的山墙以黑色为饰，是该地人民对安居乐业的祈愿，是种群体意愿的诉求；另一种理解，此地滨临江海，水网众多，雷州人居水为伴，靠水而生，对水自然而然会产生敬畏与崇拜，这也足五行之中

（a）邦塘村变体土式山墙

（b）潮溪村变体水式山墙

（c）庐山村变体木式山墙

（d）周家村"奉政第"变体土式山墙

（e）苏二村变体土式与木式结合的山墙组群

（f）苏二村变体金式山墙

图4-7-10　各种绚烂的山墙样式

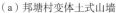

南方尚水的一种建筑语言。[136]

（八）精雕细饰

雷州民居建筑内外部装饰大致分为砖雕、石雕、木雕及灰塑四大类，其装饰丰富且工艺精细，雕刻手法细腻，层次丰富，构图集中，主体感强，浮雕、透雕、圆雕等各种手法结合。山墙墙表装饰的浅浮雕，有些为石雕镶嵌，内部则采用石木组合雕刻，而木雕通常用作内檐装饰，更加精工细作。灰塑装饰，比较典型的是运用在建筑的屋脊上，灰塑博古脊、龙船脊等（图4-7-11a、b）。在多暴风骤雨的雷州半岛，建筑的落水口也成了重点的装饰对象（图4-7-11f）。

在题材上，这些装饰大都是花鸟植物，有传统图案，如狮子企坎、岁寒三友、松龄鹤舞、瑞鸟祥云等（图4-7-11c）；也有从典故中选取的内容，如八仙贺寿、木兰从军、桃园结义等。与同时期北方民居中的砖石木雕相比较，雷州半岛的雕刻更加秀雅细腻，工于小巧，比如潮溪村一影壁的屋顶下檐不到20厘米的跨度，就分作五层雕刻，五层分别为浮雕花草、浮雕寿字、透雕草叶、浮雕菊花与浮雕卷草叶纹，在一、二与四、五两层间，还分别嵌有细小花瓣形挂落，不仅体现了工艺之精，更体现出雷地官贾人家对建筑的及尽巧思（图4-7-11d）。这种风格与广府、潮汕等地区的风格相得益彰，可以看出地域间装饰工艺的传递。[136]

另外，清晚期雷州半岛因列强入侵及海洋文化的特性吸取了大量外来文化的因素作

（a）周家村"奉政第"屋脊装饰

（b）东林村豪宅门楼射击孔

（c）东林村豪宅的木雕窗棂

（d）潮溪村"朝议第"门楼檐下木雕

（e）苏二村西式风格的灰塑

（f）潮溪村"富德"堡鲤鱼落水口灰塑

图4-7-11 雷州半岛民居装饰

为建筑的装饰题材，出现了拱券、柱廊，甚至于拉丁字母的装饰。这不仅是雷州传统民居的一种时代变异，更是一种中西合璧风格的突破与尝试。（图4-7-11e）

综上各种雷州民居的典型特征，可以发现雷州民居在风格独特，自成一家的同时，又处处映射出福佬与广府两大民系民居的痕迹与遗风，因此，可以说雷州民居是"源于闽南、立于粤西、浸于广府、扬于雷州"。

二、建筑空间的变异发展

从雷州民居的八大显著特征人们可以清楚了解到其与福佬民居的深厚渊源和受广府民居的深刻影响。而仅仅是这两系民居的延续雷州民居便失去其独立存在的意义，雷州民居建筑空间的变异与自我衍生是其作为广东一个独立类型民居的价值所在。因此，我们需要对雷州民居的建筑空间变异进行一定的详细解析，但研究雷州民居的空间演变，首先就要对福佬及广府两系的民居空间演化有一定的了解。

（一）三种民居空间基本原型对比

1. 福建官式大厝的"四合九井"

官式大厝民居基本的布局方式是中轴对称，中路进入庭院，以庭院为核心组织建筑群。根据开间数一般分为"三间张"和"五间张"两种，即三开间和五开间之意；纵深方向依院落进深层次的增加成为"两落大厝""三落大厝"甚至"五落大厝"；另外，主体建筑两侧常布置有纵向排列的辅助用房，称之为"护厝"。[158]然而，无论建筑平面怎么发生扩展与变化，其均是以"三间张"为基本原型不断衍生的。台湾李乾朗先生在研究金门民居时，针对闽南民居的庭院布局形式提出了"九室式"的概念（图4-7-12）。

而笔者认为这种"四合九井"的空间布局方式是中国传统规划设计方法的一种贯彻体现。联系到前面关于乡村聚落规划思想的讨论，人类聚落由圆变方，就是通过"九夫井田"之法来进行土地规划及城市与村落空间设计的。这种空间的利用思想不仅表现在宏观层面，在与人们朝夕相处的微观建筑层面同样深刻地反映出来，而且放之大江南北皆准之。李乾朗先生关于北方"五室式"（图4-7-13）空间布局同样是"四合九井"概念的。

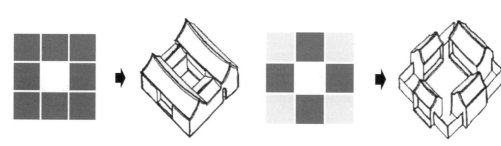

图4-7-12 福佬系民居的"九室式"
（来源：朱怿 绘）

图4-7-13 北方民居的"五室式"
（来源：朱怿 绘）

2. 广府民居的"三合六方"

广府民居的院落式原型为人们所熟知的"三间两廊"，其特征是正房三间，堂屋居中，东西两侧为耳房，两厢各一间辅助用房或是厢廊，有些还在正房对面设门楼或门罩。在平面构成方面形成了"三合六方"的形制（图4-7-14）。广府民居"三间两廊"的形式似乎没有构成一个完整的九宫格形式，笔者认为这是广府集中地人口稠密导致人们因提高土地利用率而采取的一种妥协形式。

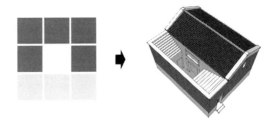

图4-7-14　广府民居"三合六方"形制

3. 雷州民居的"兼容并蓄"

雷州民居主体建筑的基本单元为类似广府民居"三间两廊"的"三间两厢"三合院空间，三合院空间由正房、厢屋与庭院构成。正房面阔三间，位于中间的明间为厅堂，主要供奉祖先牌位、神灵塑像及接待重要客人。以潮溪村为例，其开间尺寸4.8米左右，进深5.3米左右；两侧次间为卧室，开间尺寸略小，4.2米左右。厅堂通过檐廊与庭院空间相接，院落较广府民居宽敞，院落两侧为厢屋，一般厢屋有两开间，小型的只有一间，正房和厢屋相连处为侧廊，侧廊可通偏院或作为储藏间。形制大些的三合院为两层楼居，建筑层高较高，二层为隔层且布局与基层相似，一、二层通过卧室内的木梯相连。

总体来看，雷州民居的布局十分灵活，其空间基本类型可以归类为以下两种（图4-7-15）。

（1）三合院型基本空间（图4-7-15a）

这种对称性强的三面围合空间类型，在雷州民居中比较广泛地存在。在宅基地面宽相近的情况下，三合院式民居的内庭院空间显得十分宽敞，居民可以在庭院中进行比较多的生产活动。该类型空间序列比较简单，以坐南向北的宅院为例，入口空间设在东侧厢屋的南开间，从巷道进入正房的序列空间为：巷道—入口—庭院—正房。沿巷东侧主要形态界面由北侧正房的山墙面、南侧厢屋及门楼的正立面组成。沿巷立面除入口开门及檐下通风孔洞外，不开底窗，界面比较封闭。三合院可分为封闭式三合院及开敞式三合院：封闭式三合院空间为三面房（正房与厢屋）、南侧围墙（照壁）完全封闭围合的庭院空间；开敞式三合院空间为三面房

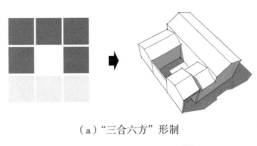

（a）"三合六方"形制

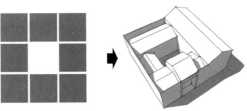

（b）"四合九井"形制

图4-7-15　雷州民居的空间基本原型

围合，南侧没有另砌围墙，而由邻里正房后墙面界定空间，庭院空间与邻里留有间隙的空间模式。

（2）四合院型基本空间（图4-7-15b）

此种类型合院与福佬系民居的四合院类型相似。该空间类型南北轴线性强，正屋、庭院、倒座（下落）沿南北轴线布置。但与福佬系民居不同在于入口空间在东侧厝屋南侧，这种方式类似于广府民居，应该是受广府民居节地布局的启发。从巷道进入正房的序列空间为：巷道—入口—庭院—正房。沿巷道的形态界面由南北正房山墙面和中间厝屋立面组成。沿巷立面除入口开门及檐下通风孔洞外，不开底窗，外部界面比较封闭，四合院型的内院空间封闭性强。

由以上三种民居空间的基本原型对比可以发现，雷州民居的空间基本原型将福佬系和广府系的民居优点兼容并蓄，而仅仅是继承这两系民居的遗风并显示不出来雷州民居作为一个独立类型存在的必要性，雷州民居在兼容并蓄的基础上结合自身地域条件和使用环境进行的空间变异发展才是其真正的价值所在。

（二）三种民居空间的拓展演变

这三种类型的不同民居在空间的扩展方面也呈现出了完全不同的发展方式，而雷州民居从沿袭福佬与广府两系民居空间特征的基础上则更是出现了特色化的变异发展。

1. 福建官式大厝的扩展

福佬系官式大厝以三间张两落大厝为基本原型，这种类型的民居分布广泛，具有较强的代表性。并且以此为原型，住宅可以纵横两个方向扩展：纵向可增加房屋的进深、层次；横向可将三开间扩为五开间，并可在两侧配置护厝[158]（图4-7-16）。在扩展演变

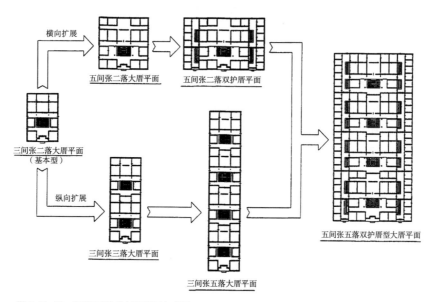

图4-7-16 福佬系官式大厝扩展方式图
（来源：朱怿 绘）

的过程中，福建官式大厝通过护厝天井及小天井的设置，使得位于顶落边房和下落角间的榉头间获得较好的采光与通风，同时也创造了丰富的院落空间。

2. 广府民居的布局变化

广府民居的空间布局变化与福佬系民居大不相同，福佬系官式大厝的纵横扩展最终形成的还是一个完整的院落式建筑，院落与坐落在建筑整体内部相互嵌套形成大面宽与大进深两种建筑格局形式，属于衍生性质的扩展。而广府民居是以"三间两廊"的基本空间以复制的形式发展，每户的面宽与进深均较小，从而形成梳式与棋盘式两种典型布局（图4-7-17）。梳式布局的聚落宅院入口均由巷道两侧进入，建筑前后紧连布置，甚至公用前后墙，这种布局方式极大地节约了居住建设用地的使用，因为侧进庭院，便减弱了庭院的使用

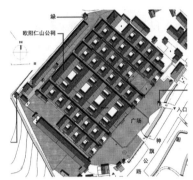

图4-7-17 广府民居梳式与棋盘式布局

a梳式布局 b棋盘式布局

效率，因此梳式布局的三间两廊院落十分狭小，仅能用小天井来描述。棋盘式布局的民居前后左右均有巷道，宅院由南侧中路进入，入口进入便是庭院，庭院利用率很高，因此庭院面积较大，两廊层高一般较低，这样便让出更多的空间以便光线进入庭院和正房。但因其路网密布，纵横巷道为了节省空间尽可能做得狭窄，因此巷道的标识性较差，为了提示入口空间，在入口一侧会做小门廊来提示，另外也可以借此方式建设高大的门头，以彰显宅主人的地位。相对于梳式布局，这种布局的缺点便是土地利用的效率相对较低，因此珠三角地区多以梳式布局为主，其余广府地区棋盘式布局较多。

3. 雷州民居空间的变异

雷州民居的空间扩展同样是综合了福佬与广府两系民居发展变化的特征。空间的拓展变异主要遵循横向发展的原则，以增加两侧偏院护厝的形式来扩展宅院空间，因此，就形成了三合院加偏院与四合院加偏院两种典型形式。

（1）"三合院"与偏院的组合体（图4-7-18a）

该类型是雷州传统居住建筑单体最典型的空间模式，其空间布局功能流行区分明确，空间层次丰富，偏院空间绝大多数位于三合院主体空间的东侧，少数位于西侧。三合院空间为建筑的核心主体空间。入口位于建筑东南侧，该类型空间序列丰富，如偏院在东侧的建筑空间序列为：巷道—入口—天井—院门—庭院—正房；东侧沿巷形态界面由偏院界面和正房界面叠加组合，且除入口开门及檐下通风孔洞外，不开底窗，外部界面比较封闭。

（2）"四合院"与偏院的组合体（图4-7-18b）

该类型空间比三合院加侧院的组合体空间更为丰富，具有较多空间转折与变化，四

合院空间仍为建筑主体核心空间。侧院空间更为丰富，层次多。偏院在东侧的建筑空间序列为：巷道—入口—庭院—院门—庭院—正房；东侧沿巷形态界面由偏院界面和正院界面叠加组合，且除入口门洞及檐下通风孔洞外，不开低窗，外部界面比较封闭。

在实地调研中，三合院的数量所占的比例远远大于四合院，因此三合院的空间变异较四合院更为丰富与复杂。豪门大户为了增加宅院的使用空间，几乎费尽心思和手段来营造既符合仪礼又顺应体制的院落空间布局。因此，在三合院的基础之上整个建筑群

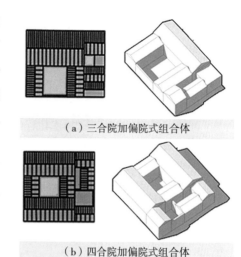

（a）三合院加偏院式组合体

（b）四合院加偏院式组合体

图4-7-18 雷州民居空间拓展模式

体横向向两侧扩展，增加一列或者数列纵向的护厝（当地人称为"包廉"），形成旁侧院，其空间形式丰富，形成主要特征为：大面宽、主侧院、空间复杂的宅院建筑（图4-7-19）。

图4-7-19a清晰地表达了三合院横向扩展的庭院组合方式，单体宅院以横向扩展为主，这点十分类似于福佬系的官式大厝横向扩展，而在聚落整体层面则又模仿广府民居的梳式布局朝纵向发展。图4-7-19b展示了雷州民居三间两厝在居住空间中的横向空间变异，其偏院天井及护厝的设置并不是如同福佬系民居简单而规则地排布，而在满足护厝等房间采光通风的同时营造了大小参差，形式自由的布局偏院天井，成为雷州民居一大显著特征，同时，不断地横向扩展，也造就了大面宽的宅院建筑，虽然大面宽的建筑不利用节地的布置，但其偏院天井的充分利用和护厝的自由布置，在某种程度上也提高了空间的使用效率。

图4-7-19c展示了祠堂及碉楼等一类建筑中三间两廊空间的变异演化。可以发现这

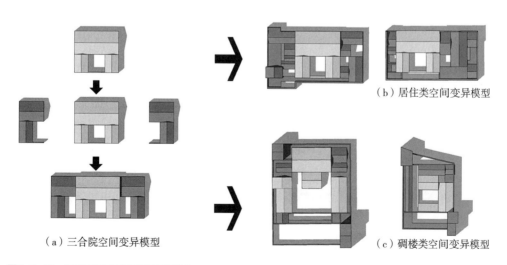

（b）居住类空间变异模型

（a）三合院空间变异模型

（c）碉楼类空间变异模型

图4-7-19 雷州民居三合院空间变异模式

种村落中家族或家庭的祠堂或客厅一类公共建筑中（图4-7-19c左），三间两厢的布局方式就退到了次要的位置，虽然在整体布局上还遵循着三间两厢的总体格局，但更多的是会强调宅院的宽敞与建筑礼制方面的形制，同时会砌筑防御措施，以保护这种高规格、高质量的建筑。在碉楼类的建筑中（图4-7-19右）可以发现主要强调其保卫功能，因此在庭院布置方面同样遵循三间两厢的总体格局，其实也就是遵循了日常生活的空间模式，追求舒适、安全，有很强的归属感和聚合力，而朝向便退居到了次要的位置；但因其主要负责保卫功能，所以在尽量保证三间两厢格局完整的基础上，周围的护厢紧密围绕核心院落，对角设置碉楼，对主宅院进行全方位的保护。

第八节

乡村聚落建筑类型及特征

　　雷州民居聚落中的建筑类型主要分为公共建筑、居住建筑两大类，其中公共建筑包括祠堂和庙宇。当地人会将家祠称之为"客厅"，其形制是家祠的形式，兼具了对外接待的功能；庙宇主要是天后宫、雷祖庙、康王庙等。居住建筑按空间形式可以分为三合院与四合院，按材质分，可以分为红砖大厝与茅草土屋。还有一种较为特殊的建筑形式——碉楼，这类建筑形式的产生主因是雷州半岛曾经匪患严重。碉楼并不是一种独立的建筑，它融合于公共建筑及居住建筑之中，因此，根据建筑的体量不同，碉楼也大小参差地耸立在村落之间。

一、支撑系统的精神核心——公共建筑

（一）祠堂

　　《朱子家礼》规定："君子将营宫室，先立祠堂于正寝之东（正寝指住宅的正屋）。"[1]其意是指古人在营建房屋之前，要首先应该考虑的是祠堂或宗庙的建设，其位置应该建造在主人房屋的东边[2]。古代重要建筑文献《周礼·考工记》中也有"左祖右社"之说，祖即为宗庙，社即为社稷坛。这一建筑形制在雷州半岛古村落中均受此影响。如潮溪村、东林村、禄切村等村落中都可以得到印证，祠堂均建在村口之东。

　　理学最讲究祭祖，"立祠堂以祭祖敬宗，续族谱为效法子孙"。并继朱熹"礼教"

----

① （宋）朱熹. 朱子家礼［M］. 卷一. 通礼. 祠堂.
② 古制以东，即左为尊。

之道脉，派生出"三纲五常、忠孝节义"的伦理道德观。因古人崇拜自己家族的祖先，并以广续族谱的方式让后世子孙记住祖宗的功德，所以古人营建村落时亦首先考虑祀祖的场所，在没有形成建家祠的古代，每逢祭日合家只能在"家坛"（祭台场地）上举行祭祀仪式（图4-8-1）。如潮溪村于清代乾隆五十五年（1790年）建造的一座较大的"六成宗祠"（现已毁），选址在村子的东入口，建筑面积约800平方米，砖木结构，占地面积约

图4-8-1 雷州民居中的家坛

2000平方米，建筑形制为三进三厅五殿11间，有画阁和梓童公殿，祠堂前面有开阔的场地，方便举行大型活动。[156]

祠堂，是村落宗族组织的公共活动与交往的中心，具有诸多功能，如祭祀、行政、教育、议事与文化娱乐等。祠堂空间是村落一般都设有比较开敞的广场和相对完整的公共设施。与此同时，祠堂也是村民的精神中心。祠堂不仅起着崇敬祖先、联系宗族、增强族人团结的作用，更是维系村落血缘、亲缘关系的纽带。血缘是人类聚族而居中最早、最自然的纽带，也是村落得以凝聚持续发展的关键。村落的地缘性使得村民天然地拥有族民和村民的双重身份。村内的祠堂与庙宇成为村民共同的精神中心，是把整个村落维系起来的规范和纽带。[149]

1. 平面形制

祠堂空间多为四合院空间，与住宅不同的是，祠堂主入口一般设置在南面中路，主院落空间形态沿中轴对称，一般祖坛前会设置拜亭，仪式性较强。在祠堂入口南侧一般为入口广场空间，广场前有风水塘。祠堂、广场、风水塘共同组成了祠堂的序列空间，是村落活动的重要公共场所（图4-8-2）。

2. 典型祠堂案例分析

东林村"双桂里"，平面形制为四合院加偏院（测绘图为现状，非原貌），始建于清代，坐北向南，面阔24.25米，进深29.3米，面积710平方米，硬山顶，为砖木结构，有正房、厝屋等。大门两侧有清代石鼓一对，门前一对石柱，长约4米，两侧墙壁各有彩釉灰窗，配以砖木石雕、灰塑、彩绘等装饰。屋檐下的木雕尤其精美华丽；室内有形象逼真且多彩的人物景观壁画；屋脊上有花草动植物灰塑。该宅原有的正房、厝屋，现基本保存，附带碉楼完好，该宅个别地方的木梁较严重腐烂，屋顶瓦片有小面积损坏。该宅整体建筑布局合理，室内风貌多样，雕刻工艺精湛，清代建筑风格十分突出，艺术价值丰富，具有较高的科学研究价值（图4-8-3）。

禄切村"诚斋公祠"，建于咸丰年间，是清代漕河总督王梦龄捐资所建，属于文物保护单位（图4-8-4）。公祠厅堂檐廊、壁墙台阶，门道楼阁中的山水画屏、泥塑木雕、

（a）潮溪村"朝议第"拜亭　　　　　　（b）青桐洋村"刚栗公祠"拜亭

（c）青桐洋村"端方公祠"拜亭　　　　　（d）东岭村明代祠堂玉皇阁

（e）鹅感村"裕芳公祠"外观　　　　　　（f）禄切村"诚斋公祠"拜亭

图4-8-2　雷州民居祠堂集锦

石凿涂艺，犹如神来之笔，简直是鬼斧神工，无不给人一种巧夺天工的感觉。祠堂、公祠灰塑着山水人物，栩栩如生，墙绘工艺精巧绝代，建筑雄伟，富丽堂皇。

（二）庙宇

　　庙宇作为村落民间信仰的世俗化场所是乡村传统聚落不可或缺的精神空间。雷州半岛传统民俗中信仰颇多，而作为沿海半岛对海洋的依赖和自然的敬畏使得天后及雷祖成为神祇空间的主角。庙宇建筑一般有两个特点："第一是以保佑现实生活和平安为主要目的；第二是与这些观念相关的禁忌礼仪的世俗化，即宗教与乡俗生活的结合"[159]，这些都充分体现了传统村落生活中的趋吉求安思想以及朴素务实的特征。

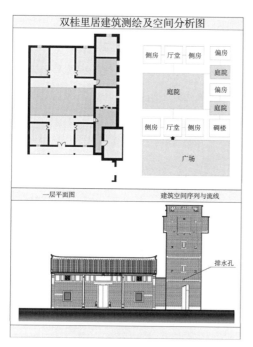

双桂里居建筑测绘及空间分析图

一层平面图　　　建筑空间序列与流线

图4-8-3　"双桂里"测绘图及空间序列

图4-8-4　禄切村"诚斋公祠"

图4-8-5　东林村天后宫

1. 天后宫

东林村天后宫位于东林村南侧，始建年代不详，清光绪二十二年（1896年）重修，坐北向南，面阔10.25米，进深24.84米，面积254平方米，硬山顶，为三进一拜亭砖木庭院式结构。有山门、拜亭、主殿等，整个建筑保留着清代建筑风格。拜亭、主殿有各式各样的灰塑，山门、拜亭、主殿室内均有人物景观各种壁画等，主殿上供奉有天后（妈祖）等。天后宫内文物较为丰富，有清代铜锣一个，光绪二十二年、道光二十二年碑刻2通等。该宫原为三进一拜亭砖木庭院式结构基本保留，只是墙壁上的壁画已有小面积损坏，屋翅上的灰塑基本损坏，屋脊上灰塑破坏严重（图4-8-5）。该天后宫历史文化价值丰富，对研究妈祖文化在该地区的影响提供了事实依据。

潮溪村的天后庙在村东门内，建于明朝崇祯年间，见证了村落建立的历史。起初天后庙只是红砖简单砌筑的神龛一般的小庙，只能容纳一人跪拜祭奉。后来庙旁生榕树一株，日久天长，榕树须根盘绕生长，竟然将整个天后庙全部包裹起来，只留拱门一处缝隙（图4-8-6）。并且榕树越长越旺盛，大量的须根向外生长繁衍，绕着天后庙外的空地形成一个树荫小广场，真正的独木成林，覆盖面积约5亩。

图4-8-6　潮溪村天后庙

2. 雷祖庙

东林村雷祖庙位于村落西侧，始建年代不祥，历经修葺，民国十二年（1923年）重修，坐北向南，面阔14.5米，进深17.3米，面积251平方米，硬山顶，三进一拜亭砖木庭院式结构，以中轴线设山门、拜亭、主殿，建筑朴素大方。山门、拜亭、主殿均为民国时重修后的原状，有灰塑、木雕、壁画等。山门大门两侧上方均有各种人物景观的壁画，拜亭有各种花木的灰塑，主殿正中有神阁，神阁正殿奉祀雷祖陈文玉、左殿祀石神、右殿祀李广。主要文物有林荣藻题"雷祖庙"木匾一块，清光绪十四年（1888年）铁钟一个。该庙原貌现状较好，只是部分灰塑、木雕、壁画均有不同程度的损坏（图4-8-7）。

图4-8-7 东林村雷祖庙

3. 其他庙宇

雷州乡村传统聚落除了天后与雷祖两位重要神祇之外，对于民间传说的众神鬼或半神化的历史名人均有祭祀，如康关班庙、土地庙、龙母庙等。

二、生活系统的基本载体——居住建筑

民居建筑的平面总体布局能反映出不同时期、不同地域、不同族群的居住习惯与方式。其平面布局的基本特点，既有严谨的中轴对称布局序列，也有根据周围环境随机构成的合院布局。而就其主要特点包括以下四个方面：

1. 主轴对称，次轴灵活

中国传统建筑的平面组合很有规则，主轴明显，左右对称，前院后堂，左尊右卑。[160]传统民居空间，一般有主轴与次轴控制内部空间布局。主轴一般呈南北纵向展开，次轴呈东西横向发展。在纵向的主轴线上布置正房、主院落、倒座等重要空间，两侧对称布置厢屋；次轴沿横向布置门楼、前院、次门、厢屋、中心院落。次轴有可能是直线或者折线，其空间具有不对称性（图4-8-8）。

2. 外封闭，内开敞

以庭院为基本单元，布置正房、两厢和照壁，外墙面只开出入门洞，采光窗一律朝内院开，外封闭，内开敞，是传统建筑布局的一个共同特征。建筑单体的通风采光主要靠内部庭院空间解决，除出入口外，建筑单体一般不向外部开口（图4-8-9）。

3. 合院多辅以夹层

雷州半岛人口密度较大，村民人均居住面积紧张，因此以夹层楼房来解决提升空间的利用效率。在巷道中看不出建筑层数，一进门厅便可发现多为二层，上层多以夹层形

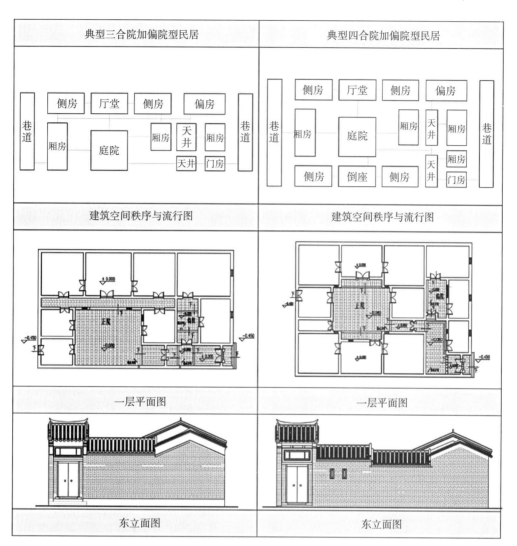

典型三合院加偏院型民居	典型四合院加偏院型民居
建筑空间秩序与流行图	建筑空间秩序与流行图
一层平面图	一层平面图
东立面图	东立面图

图4-8-8　古村典型砖瓦式民居建筑单元分析

式出现，然后为天井，典型民居正房一般三开间夹层，前配以前廊；厝屋与正房尺度相配，也设置夹层、两开间。夹层多为储物或临时住房用，并具有隔热的功能。

4. 邻里组团共生

民居内院一般为开敞式庭院空间，南侧多数不另外砌墙围合庭院，而借助南侧邻里建筑正房的背面形成自然的空间界定。开敞式庭院空间能充分利用与南侧邻里建筑形成的间隙空间，增强了

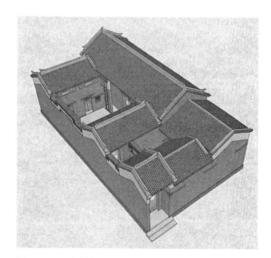

图4-8-9　古村典型三合院加偏院造型

内院空间通风排水功能，并可将服务性的沐浴间、洗手间设置于隐蔽性较高的间隙空间两侧。

同时，另一种特殊的邻里共生现象便是砖厝与茅屋的和谐共处。茅屋的贴临建设，肯定会对相邻房屋带来诸多潜在的隐患，如火灾、坍塌等，但现实中砖厝与茅屋的相交错布置，表现了雷州乡村传统聚落邻里组团共生的思想。

（一）红砖大厝

民居建筑的构成要素主要有：院落、正房、廊、厝屋、偏院、门楼及邻里间隙空间等。因此，可以通过对合院式民居的构成要素分析，进而分析其时代赋予民居的地域特点。

1. 院落

庭院或天井是宅院建筑内部的室外空间，也是建筑族群中一幢房屋与另一幢房屋之间的过渡空间。传统民居建筑是一种虚实相合的空间布局，其中建筑中虚的部分就是天井庭院，实的部分就是建筑本身。庭院空间的尺度大小，除了受厅堂开间尺寸的制约，还受到了气候条件、文化风俗等因素的重要影响。院落是建筑内外空间的中介，相对于区别于无限制的院外空间它是封闭的，而相对于院内封闭的建筑空间，它又是开敞的，成为四合院独特的组成部分。庭院是传统民居建筑交通联系、通风、拔气、采光与排水的必须空间。院落也是住宅建筑中最富有生活气息的场所，如家庭成员的多数时光均在院落里度过，日常生活、生产劳作、婚丧红白事，也都是在院落中进行。

雷州民居的庭院，根据其在院落整体布局所处的部位不同，分为前院、侧院、中心主院、护厝院等。其中主庭院近似正方形，主轴方向的长度略小于次轴方向的长度，长宽比接近1：1，院落空间比较宽敞，雷州半岛地区冬无严寒、夏无酷暑的气候条件，是宽敞院落存在的决定性条件。院落还有一些其他特点：庭院和正房及厝屋的地面高差不大，一般只有一级踏步；庭院南侧空间一般没有堵死，庭院和巷道通过前后建筑间的间隙空间得到联系，增强了通风效果；庭院东南侧凿有水口，将庭院内水排至巷道内的水沟；庭院空间营造了一种安静祥和，同时又平稳庄重的静态空间氛围，成为建筑组群的构成核心，也是家庭成员聚集和活动的中心空间。

2. 正房

正房是整个住宅建筑中最重要的部分，院落内所有建筑都从属于正房，这体现了中国传统文化的核心思想——天地之道在人之道的表现，即宗法礼制的思想。[159]正房的位置在整个院落中是最核心的，控制了整个院落的主朝向。正房朝向一般坐北朝南，位于风水中的坎位。正房的功能是多重复合的，它是家庭的公共活动场所。如宴请宾客聚会、婚丧大事以及农村中副业生产都在其中进行，有时一些农具也置于正房。建筑平面布局中为了突出正房的重要性，其位于整个院落中轴线最顶端，三开间"一明两暗"。正房内靠后墙处有一小阁楼，名为神楼，上供祖先牌位，阁楼下有八仙桌，后辈在此烧香拜神，作祭祖之用。两个次间为卧室，光线较暗，一般设有木隔夹层，夹层一般作储藏物品之处，若人口较多的家庭，也可用作住人。

3. 廊

正房和庭院中间是前廊空间，上面有屋盖或者较深的屋檐。正房和廊道相接，廊道和庭院相接，厅堂便和庭院相通，交通方便，便有通风采光。并且，一般侧房、厝屋都朝其开门，是正房、厝屋和偏院之间相互联系的重要空间，能保证雨天房内正常通行。

4. 厝屋

厝屋位于院落的中轴线两侧，其布置都按照左昭右穆的等级秩序[159]，对称布置，一般为两开间。厝屋是成年的子女居住的地方（在三合院式住宅里，厨房设置在西侧厝屋），所以其开间和高度均不可超过正房。厝屋一般为两开间，部分厝屋有两层高。一层住人，二层亦可住人或存放物品。厝屋和正房通过正房前的廊道连接，或者直接朝院落开门，厝屋都朝院落开木格方窗，木材与砖墙的材质对比使立面变化比较丰富。东林村东侧厝屋的南开间一般为门厅空间，是院落和巷道或者偏院联系的交通空间。

5. 偏院

偏院接于主体合院空间的一侧，或者两侧。民居建筑一般只有一侧接偏院（司马第两侧都有），并且绝大部分位于东边。偏院空间一般为服务性用房，功能上为厨房、佣人用房等。偏院内一般设有天井，为厝屋及偏院屋顶排水及通风采光的空间。天井空间分隔并连接着门楼与厝屋，增加了空间层次。

6. 门楼

门是建筑内外空间转换和使用者心理转求的媒介，也是建筑群体各个层次空间的连接点。[160]门的主要功能是人与物的进出，光线与空气的进出，同时，门也起到空间界定的作用，将建筑分为内部空间和外部空间。

民居的门楼是其建筑最为精彩的部分。门楼会高于与其相接的厝屋，门楼造型独特大方，并且装饰丰富，表现出建筑的气势和内容，增强了整座建筑沿巷道主立面的表现力。门楼上的装饰一般具有象征意义，它们与建筑的自身形象及其所组成的空间环境一起，共同体现出建筑所具有的精神功能。在传统社会生活中，门楼能体现当地的生活方式、风俗习惯、宗教信仰及自然气候和地理的特点。在封建社会，它还象征着房屋主人的地位和财富。

7. 邻里间隙空间

古民居邻里建筑间会留1~1.5米宽的间隙空间，由于主体院落空间南侧一般没有另外砌墙围合，间隙空间和院落空间直接贯通。功能上，首先间隙空间起到联系院落空间并通外部巷道空间的作用，改善了内庭院通风与排水功能，提升住宅人居环境的舒适度；其次，居民充分利用间隙空间靠近巷道两端的空间设置成生活服务性用房，如沐浴室或卫生间。间隙空间的存在与利用，充分体现了村民具有节约使用土地、充分利用空间的意识，并从一个侧面体现了族人团结互助的美德。

（1）三合院民居

"分州第"：始建于清代同治年间，该宅是陈卜甲住宅，陈卜甲官职任清代候选"同知"，六品官衔，是上下六代仕宦、富贵双全、书香门第世家。该宅占地面积约为650平方米，建筑面积为570平方米，砖木结构。"分州第"服务功能与主体功能分区明确，其主体功能区是一个三间两厢围合而成的主院，东西两侧各加以附属功能的院落，西侧院南北狭长，避免烈日暴晒尤其是西晒，南面加一条狭窄的过道，进行空间的围合，各个院落由廊和过道互相连接（图4-8-10）。从这种关系中，可以看出整个住宅的主从关系及布局逻辑。以主院为核心，所有的空间流线都汇集于此，最后，在经历一次或者数次明暗变化的空间铺垫后，进入豁然开朗的主

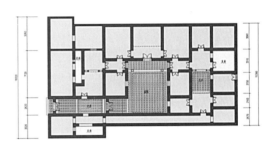

图4-8-10　古村典型三合院加偏院平面图

院。几个侧院和天井起到了过渡空间的作用，以西侧主入口至主庭院为例，进入大门，再经过一个小天井院落，通过二进门才进入主院，"明—暗—明—暗—明"的光线交替变化丰富了空间感受，强调了空间的变化和层次。加之天际线的变化，打破了两侧高墙限制所造成的单调感，具有很明显的空间流畅性和进深感（图4-8-11）。

"分州第"另外一个显著的特点是复杂的屋顶及排水。"分州第"平屋顶和坡屋顶混

（a）巷道入口门楼

（b）第一进院落

（c）主院落

（d）院落空间序列剖面图

图4-8-11　潮溪村"分州第"院落空间序列

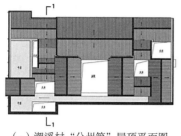
（a）潮溪村"分州第"屋顶平面图

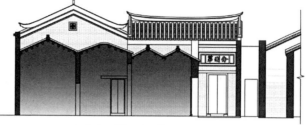
（b）潮溪村"分州第"1-1剖面图

图4-8-12 潮溪村"分州第"屋顶及剖面图

合，屋面交错（图4-8-12a）。为了取得较大的空间、避免阳光的暴晒以及避免喧宾夺主，"分州第"西侧院靠主院的建筑采用了连续四个双坡顶（图4-8-12b）。在如此复杂的屋顶，排水必然复杂，而设计者采用内天沟有组织地收集雨水，再通过吐水口将雨水排至女儿墙外。

"明经第"：该宅建于清同治年间，是陈桂芬住宅，清代增贡生，曾任清代候选儒学"训导"职，诰赠"朝议大夫"，四品职衔，妻诰封四品恭人。陈桂芬是五代仕宦、富贵双全、书香门第世家。"明经第"古民居占地约600平方米，建筑面积约510平方米。外立面精巧华丽，蝙蝠形吐水口、如意形山墙富有地方特色。

"明经第"是三间两厢围合而成的主院，东西两侧各加以附属功能的偏院，西侧单跨院，而东侧是空间上具有迷惑性的双跨院。此种布局可能是出于防御的考虑，两跨院之间的过道狭窄且安装了防盗设施，并且设有岔路。此外，该住宅还采取了其他的防御措施，如在山墙防御薄弱处增加跑马廊和射击口，北侧房间靠外墙的屋顶加密了檩条以及在各个关键出入口处加设防盗设施，以方便在必要时进行空间的隔离（图4-8-13）。

"桂庐"居位于东林村中部，始建于清代，坐北向南，面阔23.25米，进深14.4米，面积335平方米，为砖木结构（图4-8-14）。该宅院的独特之处在于其门楼为欧式风格，平顶建筑，当地人都称为"西班牙式的房子"。的确，"桂庐"门楼为两层且对巷道开窗，大门二层悬挑突出构成飘楼，门框、窗框及女儿墙线脚均采用欧式风格，进入大门便可见到一个欧式拱券的过门，壁柱拱券上涂彩绘，过门的设置，减弱了狭长门廊的压抑感。进入内院，正屋及两厢均为二层，大门及厝屋为硬山顶式桁梁结构。该宅原有的

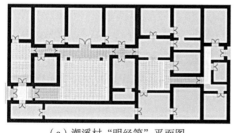
（a）潮溪村"明经第"平面图

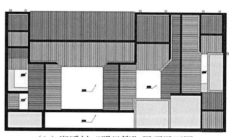
（b）潮溪村"明经第"屋顶平面图

图4-8-13 潮溪村"明经第"建筑平面图及屋顶平面图

（a）"桂庐"外观　　　　　（b）门楼　　　　（c）过廊拱券门

"桂庐"居建筑测绘与空间分析图

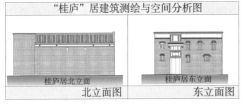

北立面图　　　　　东立面图　　　　　一层平面图　　　　　屋顶平面图

（d）"桂庐"立面测绘图　　　　（e）"桂庐"平面及屋顶测绘图

图4-8-14　东林村"桂庐"居外观及测绘图

正房、厝屋，现基本保存，只是个别地方的木梁轻度腐烂，屋顶瓦片有小面积损坏。总体来看是雷州传统的三间两厝在偏院的位置附加了一块欧式的二层门楼，但这种结合并不生硬，反而与周围环境十分和谐，不得不佩服古人对传统人居和谐之美的深刻感悟。

（2）四合院典型民居

苏二村"睢麟"居是一处典型的四合院宅居，坐南朝北，东侧入口，平面形式较为简单，是三间两厝加南侧下落，为了增加空间的利用率，正屋、两厢及下落都增加了层高，内部设夹层以充分利用空间。因苏二村近海岸，海盗倭寇侵扰较多，为防御贼患，宅院四周加高女儿墙，对外形成四周高耸之势，使患匪不能轻易入院。坡顶建筑加盖女儿墙就带来了排水的问题，因此设计者在坡顶与女儿墙的交接处设置排水沟，然后集中通过女儿墙底部的排水口排出，同时在高耸的女儿墙上设计造型，加以装饰，将功能与审美巧妙地结合在一起（图4-8-15、图4-8-16）。

（3）三合院与四合院组合大宅

司马第（图4-8-17、图4-8-18）位于东林村中部，始建于清代，坐北向南，面阔33.75米，进深22.1米，面积746平方米，共有房屋6栋，为砖木三合院及四合院空间单元组合，经过空间拼接组合而成。该宅原有的正房、厝屋、包廉现基本保存，只是个别地方的木梁轻度腐烂，屋顶瓦片有小面积损坏。屋檐下的木雕小程度的损坏，屋翅上的灰塑基本损坏。

该宅整体布局合理，朴素大方，雕刻工艺精湛，清代建筑风格突出，建筑艺术十分丰富。

（a）"睢麟"入口门楼 （b）"睢麟"屋顶及山墙全景

图4-8-15 苏二村"睢麟"居四合院

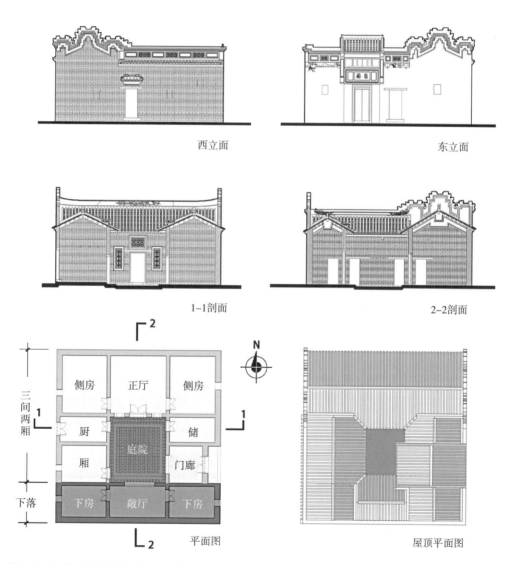

西立面

东立面

1-1剖面

2-2剖面

平面图

屋顶平面图

图4-8-16 苏二村"睢麟"居四合院测绘图

（a）东林村"司马第"中路全景

（b）东林村"司马第"入口及女儿墙射击孔

（c）东林村"司马第"第一进院落

（d）东林村"司马第"后院

（e）东林村"司马第"山墙

（f）东林村"司马第"瓦当滴水

图4-8-17　东林村"司马第"

（二）茅草屋

1. 茅草屋的历史渊源

　　茅草屋在传统民居历史中长期扮演了重要角色，一是材料便于获取，二是施工技术要求相对较低，三是便于维护修整。因此，木骨泥墙的茅草屋成为一种重要的民居建筑形式。无论是中国的内陆与沿海，还是东洋的日本，西欧的英、法、德等国家，茅草屋都是当地地域与传统的最有力代表。目前，在山东还保留有建造海草房的工艺（图4-8-19），在日本、英国等地茅草屋甚至成为其国宝并加以挂牌保护（图4-8-20）。

　　在我国古代，砖在普通民宅中大量使用，是从明代才开始的，这和建筑技术提升与革新的时间是相匹配的。因此，在雷州半岛能够看到的红砖民居，最早也只能追溯到明

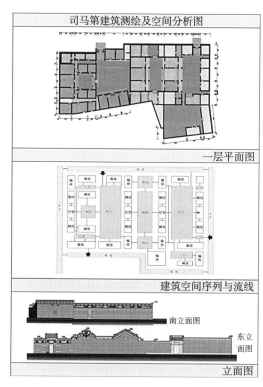

司马第建筑测绘及空间分析图

一层平面图

建筑空间序列与流线

南立面图

东立面图

立面图

图4-8-18 东林村"司马第"测绘图及空间分析

图4-8-19 山东海草房

图4-8-20 英国怀特岛的茅草屋

代，而红土茅草屋却有更久远者。

茅草屋也被称为茅屋，是雷州半岛原始民居形式的一种流传，据传源于半岛"俚僚文化"时期。古老的架空船形屋是茅屋民居的最原始形式。据《北史》记载："依树积木，以居其上，名曰干栏，干栏大小，随其家口之数"[1]。《雷州府志》上也记载："瓦盖者少，农家竹篱茅舍，有太古风。"[2]因此，可以得知"干栏"茅屋是雷州本土居民的原始住宅。早期的干栏茅屋以竹木为屋架、茅草为屋盖、底部为防潮与虫兽侵扰而架空、上部为住人的房屋。[3]还有的干栏茅屋高度低矮，茅顶边缘甚至可以垂到地面，犹如倒扣在地上的船篷，因此这种房屋又被称为"船形屋"。船形屋的形成及称谓可以推测出雷州早期先民主要以渔业为生，将船作为主要栖息之所。农耕文明的传播，使得雷州渔民开始逐渐上岸耕田，但渔船式住屋成为一种人们住所的依恋而延续下来了。

船形屋的演变是随着生产力的提高与中原文化不断进入雷州半岛而发生的。房屋由高架变为低架，再变为由地面筑墙再覆屋盖。古书《崖县现况》所记载："俚人住民，

① （唐）李延寿. 北史［M］卷九十五. 列传第八十三. 武英殿二十四史本. 石印版.
② （明）欧阳保，等，纂修. 万历雷州府志［M］. 日本藏中国罕见地方志丛刊. 卷五. 民俗志. 居处. 刻版. 北京：书目文献出版社，1990.
③ 俚人干栏建筑的外形是墙壁与屋顶不分，统一构成半圆形的桶状茅草盖，状如船篷，仅在前后设门，四周无窗，门外并设有船头（晒台），上下用小梯。

一栋两檐。邻汉人处，则于檐下开门，且编木为墙，涂以泥土。余则两檐垂地，开门两端。岐人屋式，湾拱到地，一如船篷"。[①]遂后，船形屋的屋盖变化为人字顶，随着筑墙技术的提升，茅屋屋身升高，屋檐高度不断增加，甚至有些大型茅屋前后或檐旁使用柱廊等。

2. 茅草屋的空间形式

雷州半岛地区的村落中均有茅草屋的分布，茅草屋建筑单体的平面一般为三开间，形式为"一明两暗"，即中间开门做堂屋，两侧居住开窗甚小，室内即使在白天也昏暗无光。据考古学和人类学的资料显示，在人类社会出现构筑物开始，其居住模式普遍采用"一明两暗"及其衍化的形式。[②]"一明两暗"作为一种基本原型，其扩展演化的形式被称为"一条龙"，即通常由三开间扩展至五开间，甚至更多开间。"一条龙"的平面依然是线形排列，多为长条形，中间一间为堂屋，两侧排列居室（图4-8-21）。这种单排列的茅屋形式也成为后来闽粤地区厝屋来源的原型。

图4-8-21　东林村的"一条龙"式茅草屋
（来源：陆琦 摄）

单列排屋式茅草屋的空间组织特点主要为以下四个方面：（1）近人尺度的设计，一般为三开间房舍，每间面阔3米左右，进深4～6米，这种尺度的设计比较贴近人的日常使用，所以作为居住空间，大小是较为适宜的。（2）具有良好的空间组织。三开间"一明两暗"的组合，堂屋于轴线居中设置，两侧布置卧室，这样内外分明，堂屋对外公共活动，内室则具有良好的私密性。空间分隔合理，主从关系明确。（3）便于获取良好的日照和组织通风。单列式的排屋，其内部格局简单，前后檐的开窗方式也较为自由，可以获得良好的日照，也便于组织室内通风。（4）灵活使用的梁架结构。这种茅草屋一般采用规整统一的梁架结构，由于整体构件的统一，横向上便于延伸拓展，纵向上，即进深方向，灵活方便地选择不同架数而达到不同深度的目的，具有较灵活、易操控的弹性。

雷州半岛的茅草屋形式主要为"单列排屋式"。茅草屋的平面一般呈矩形，内部有厅、房、厨房和粮仓等功能空间。厅是整个建筑的核心空间，是家庭公共活动及副业生产的地方，一般居中布置。侧房一般用作居室，也是矩形，一般只有农忙完就寝时才会使用它。面积一般都较小，不开窗，阴暗潮湿，卫生条件较差。

"单列型排屋式"的茅草屋是原始建筑类型的一种传承，其延续至今，遗风尚存于

① 王冰. 雷州半岛闽海系传统居民研究［D］. 沈阳：沈阳建筑大学，2012.
② 如淅川下王岗的长形房屋、印第安人的长形房屋、中国西南地区少数民族以及东南亚的诸多民族的长形房屋在布局模式上均采用"一明两暗"格局。

雷州半岛及其有渊源关系的闽海系沿海地区。而在雷州半岛地区，茅草屋的平面布局类型除了原始传承的"一明两暗"形式外，还存在"合院式"布局类型。其是以合院形式组合成群，朝向坐北向南，其布置更为灵活，有"L"形围合的，有三面围合，亦有规矩的四合院（图4-8-22）。与红砖民居所不同的是，大多数茅草屋正房与两厢横屋或者倒座都是独立的建筑，彼此之间不像红砖民居的结构都联系在一起。究其原因，应该是茅草屋的材料及结构所限，较困难搭接出如红砖民居般复杂的屋顶形式，且茅草屋顶的防水处理较红砖赤瓦要复杂很多；另外，火灾是茅草屋的天敌，独立分开是建筑对于防火有利。

（a）周家村三合院茅草屋　　　　　　　　（b）东林村四合院茅草屋

图4-8-22　合院式茅草屋

"合院式"类型的茅草屋，其平面布局形式的产生是深刻受到闽海系移民建筑文化影响的结果，而其建筑外部形象却是原始茅草屋形式遗风。到目前还有这种形式建筑产生的主要原因是经济问题。因为建筑茅草屋的主要材料——茅草与泥土，容易获得，且其构造简单，建造成本低廉，所以很多贫困的农户会选择用这些材料建筑茅草屋，但受合院建筑文化的深刻影响，无论是三面围屋的"L"形围合，还是四面规矩布局，其平面形式均向"合院式"靠拢。

3. 茅草屋的造型及构造

雷州地区的茅草屋外部造型简单、原始遗风浓厚。简单主要是屋面采用的是"人"字形的坡屋面，两面做悬山。稍复杂一些的屋面采用四坡顶，也称之为"金字屋"。茅草屋的墙壁多以竹木为骨架，外抹以稻草泥或砌土坯砖，顶部搭盖茅草顶。平面造型一般多以"一条龙"形式出现，偶尔有些技术纯熟的农民会设计出"L"形平面，当然也必须配以"L"形屋顶（图4-8-23）。

茅草屋的搭建形式十分有趣，但方式却非常原始。其屋顶均为茅草，唯有根据墙体的不同，制作工艺有所差别。以最原始的为例，先以竹木捆扎的方式，搭成屋的框架。然后，把选好的稻草根放在水里泡三天，等到腐烂以后与有黏度的红土掺和在一起，再把它一块块捞出来，糊在搭好的竹架上[161]；有些是将掺有稻草的红泥土放在模具里压实晒干，成为一块块的土坯砖，然后再混合泥浆将土坯砖砌筑起来；生土墙毕竟防水性

第四章　雷州半岛乡村传统聚落形态系统及典型村落

151

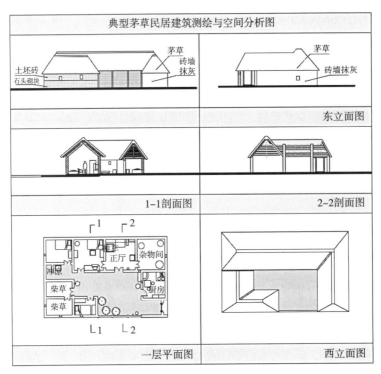

図4-8-23　古村典型茅草式民居建築単元分析

差，在石材充裕的地区，有些茅草屋则选择全部用石材砌墙，然后在其上直接做屋顶，用石墙来承重；有些地方为节约石材，则会选择将墙底部用石材砌筑，上部用红砖或者土坯砖砌筑，当墙修好后，就开始搭建屋顶（图4-8-24）。

屋顶的主要用料是原木、茅草和竹条。先用原木架好受力檩条及椽子，再用竹子捆扎辅助的檩条，然后用竹条把晒干的茅草一捆一捆夹好，运上屋顶后铺开，再把一捆一捆的茅草捆扎联结。为了防风防雨，茅草的堆积厚度较大，厚重的屋顶非常结实，不管是大雨倾盆，还是台风劲吹，这种茅草屋顶几乎没有被风掀翻和漏雨的现象[161]（图4-8-25）。

雷州半岛的茅草屋建造是很有讲究的。当地人普遍信风水，因此，挖墙基前，必须先用牛深犁耙平宅基地，按时辰、按规定方位挖墙基[113]。定好方位后，就要选择砌筑的

图4-8-24　东林村茅草屋顶内部绑扎

图4-8-25　昌竹园村三种材料分层砌筑的茅屋

材料，茅草屋的墙体主要有三种形式：石墙、土角墙和泥巴糊墙，在徐闻西海岸沿海还有用珊瑚石砌筑墙体的茅草屋。茅草屋顶的原料为雷州半岛所产的野茅草，分别是角牛茅、鸡茅、剑茅。用牛茅、鸡茅主要做"齐头屋"，用剑茅做"风鸡屋"，还有竹子（称压力）做压条，称作"天筛"，相当于今天建筑构造的分布筋。搞子藤、竹篾在编压茅草屋面时使用。茅草屋多使用的工具是铁蔑穿、木赶板、镰刀。

中华人民共和国成立后，政府组织大规模开垦雷州半岛，因此导致原始森林被过度开垦，造成野茅草原料的短缺。在20世纪70年代，有些人采用席草盖茅草屋，后来也有人用甘蔗杆叶片作原料来建造茅草屋[①]。

三、安全系统的独特表现——碉楼

清末，沿海地区匪患严重，雷州半岛地形平坦，无险可据，因此成为海盗倭寇的必扰之地。为防御贼匪侵扰，保卫生命财产，雷州半岛村落便举全家或全族之力，大力营造寨堡碉楼，这些因求安全而产生的建筑不经意间已然成为雷州乡村传统聚落独特的建筑类型，同时，其对村落景观特色的构成也起到了别样的作用。

（一）小型宅居式型碉楼

在实地调研中发现，现存碉楼数量较多的潮溪村仍保留的碉楼有九座，建于清乾隆至光绪年间。一般碉楼高两层半至五层，墙体厚1.5米，以砖石、杉木、糖石灰结构砌筑，外敷抹兰黛色海泥，非常坚固。每座碉楼都有防卫走廊、防火、防水、防盗、炮孔、枪眼等一套完整的防御体系，而"富德"为最，位于全村的中心。其中三座已毁，尚存六座。保存较为完整的有"富德""朝议第""德成""道义"及"奉政第"五座。碉楼往往是富贵人家自行建设的防御设施，但是同样也对村落的整体空间产生重要影响，形成村落的重要节点，加强村落整体的防御性（图4-8-26）。

"富德"碉楼是潮溪村陈笃延的住宅，宅主人为清代增贡生，曾任清代例授道员衔，四品官。建筑始建于清代道光年间，建筑面积615平方米，砖木结构，为了防御贼寇侵犯，在西北角和东南角各设有一座碉楼。其高度大致相当于5层楼高，墙体厚实，非常坚固。有跑马廊、防火、防水、枪眼、水井等一套完整的防御体系。其三雕两塑（木雕、石雕、砖陶雕与陶塑、灰塑）及彩绘等优美华丽。

"富德"碉楼建筑面积虽小，却有着复杂的空间。进入大门首先是一个小天井，然后经过暗廊转90°才能进入主院。不同于一般的主院，"富德"碉楼采取了非对称的空间形式，然而立面上用对称的手法强调了北侧正屋的核心地位。主院周围采用了有屋盖的半室外的灰空间，适应雷州半岛地区湿热的气候。西侧则是过道连接着的包廉。

---

① 参见：雷州半岛即将消亡的建筑——茅草屋，图读湛江，2006-12-28.

（a）潮溪村"德成"碉楼　（b）潮溪村"道义"碉楼　　　　　（c）东林村"双桂里"碉楼

（d）邦塘村巷门碉楼　　（e）庐山村碉楼　　　　（f）鹅感村广府镬耳山墙碉楼

图4-8-26　雷州半岛乡村传统聚落碉楼集锦

主院南侧连着一个类似于瓮城的院落，结合着环绕外墙跑马廊和西北东南两碉楼的设计形成完整的防御体系。虽然空间复杂，却仍然是"三间两厝"的主侧院结合模式（图4-8-27）。

　　潮溪村"朝议第"是雷州第二富豪家族陈钟祺的会客厅，曾任"直隶州州判"，诰授"朝议大夫"，官四品。妻诰封四品恭人，是五代连续仕官的世家。"朝议第"建于清代光绪年间，建筑面积约700平方米。建筑耗时三年半，当时造价约三万五千两白银。建筑对外封闭，对内开敞，显示出强烈的防御性，其规模雄伟，有炮楼两座、屋顶四面环绕跑马道，有防火、防水、防盗和枪眼等防御功能。入口有高大门楼，内有堂屋、敞厅、包廉、密室、照壁、天井、下井间、水井和屏风门。建筑艺术独具风格，工艺精湛，雕檐画壁，屋脊角翘，巧妙地运用木雕、石雕、砖雕、陶雕，灰塑、陶雕、绘画等装饰艺术，色彩丰富，装饰华丽。雕刻手法包含了浮雕、圆雕、透雕等多种样式，是潮溪村保存较完好的传统建筑（图4-8-28）。该宅落成时，轰动雷、琼、高三州府，由于先后经历了三次大破坏，加上年久失修，破坏严重，但基本格局保存完好。

　　"朝议第"建成年代较晚，是建筑功能细化而形成的建筑，主要延续了一般住宅中堂屋的功能——对外交往的空间，因此格外强调了正房的主要地位，正房高大宽敞，居

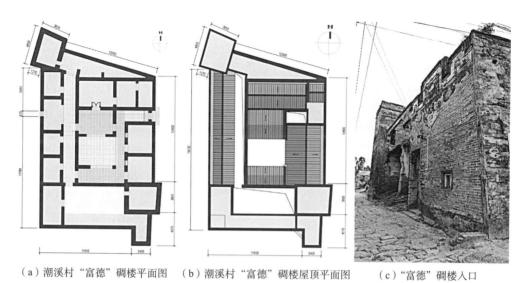

（a）潮溪村"富德"碉楼平面图　　（b）潮溪村"富德"碉楼屋顶平面图　　（c）"富德"碉楼入口

（d）潮溪村"富德"碉楼北立面全景　　　　　　（e）潮溪村"富德"碉楼屋顶全景

图4-8-27　潮溪村"富德"碉楼

（a）"朝议第"大门　　　　　　（b）"朝议第"大门夹层　　　　　　（c）主庭院照壁及东南角碉楼

图4-8-28　潮溪村"朝议第"碉楼

（d）瓮院与东南角碉楼　　　　　（e）西北角碉楼　　　　　（f）西南角碉楼及西侧女儿墙

图4-8-28　潮溪村"朝议第"碉楼（续）

中的堂屋前面延伸至庭院加一座敞厅，为半开敞空间，无墙体及门窗围合，与堂屋联成一体，扩大了堂屋的进深空间，并具有良好的遮阴效果。正房、两侧的厢屋与南侧的照壁围合成封闭的庭院空间，在平面空间上呈现出"凹"字形，庭院尺度较大，宽敞明朗。西侧包廉靠近门楼的一侧夹有密室一间，照壁后连着类似瓮城的两个瓮院，结合着环绕外墙跑马廊系统和西北、东南两碉楼的设计，以及水井、厨房、厕所等配套形成完整的防御体系（图4-8-29）。

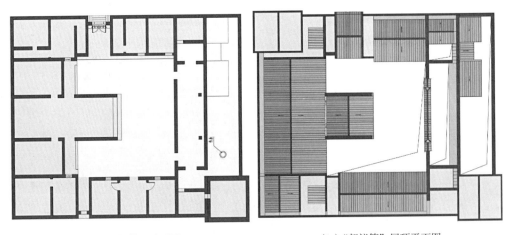

（a）"朝议第"平面图　　　　　　　（b）"朝议第"屋顶平面图

图4-8-29　潮溪村"朝议第"测绘图

　　民居中的碉楼"相德"居位于东林村中部，始建于清代，坐北向南，面阔24.25米，进深14.4米，面积约349平方米，为硬山顶、平脊砖木三合庭院式结构。正屋门前有用红砖和彩釉灰窗砌就的灰塑窗柱一对，两边落廊及厢屋。西侧为偏院，在西侧厢屋的西北角有一处三层的碉楼，碉楼规模不大，但却给人以不同的偏院空间感受，营造出多样的外立面巷道景观。"相德"居整体布局合理，朴素大方，雕刻工艺精湛，清代建筑风格突出（图4-8-30）。

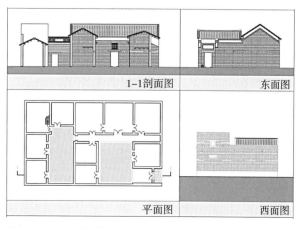

1-1剖面图   东面图

平面图   西面图

图4-8-30 东林村"相德"居测绘图

（二）大型的寨堡式碉楼

昌竹园村碉楼是保存较为完整的清代古寨堡式碉楼建筑。古碉楼建筑规模非常雄伟，是一座东西长、南北短的矩形建筑。整座碉楼长约67米，宽约47米，高约8米，二层结构，有72间房间，建筑总面积约6298平方米。该碉楼是为防匪贼盗寇骚扰而建，其防御布局合理，建筑工艺精巧，虽饱经沧桑，如今仍巍然屹立在村前（图4-8-31）。

图4-8-31 昌竹园村碉楼全景

碉楼由石和砖合建，多组合院形式（图4-8-32），外部底层为石材，上层为红砖，外墙厚达1.2米，十分坚固。整个碉楼唯有一个出入口，且以厚重石材与铁门防护，内部上下两层，通道畅行，上下方便快捷。以入口为中轴对称，碉楼分为东西两大部分，进门便正对祠堂，东西两侧对称各有一处客厅，四周上下环廊，主院一层环廊均以拱券为主题，柱头、柱脚均做欧式脚线，屋顶、屋脊等均用雷州当地的灰塑工艺装饰，将西洋构造手法与中国传统建筑艺术结合得如此完美和谐（图4-8-33），令当今的建筑师们也要啧啧称奇。东西两侧各有偏院。为全方位防御外敌侵犯，堡的四角各有一个碉楼，其中南北两个从底部砌筑起来，高度达十几米，其余碉楼为二层以上部分的悬挑砌筑，一方面节约碉楼造价，另一方面增加瞭望与射击范围，提供防御性。古堡的墙上布满了

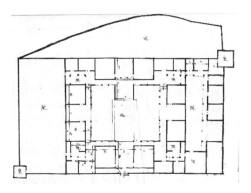

图4-8-32 昌竹园村碉楼平面图

图4-8-33 昌竹园碉楼内院欧式环廊

枪眼和观察眼，做好了全方位的防范设施，无论来犯者从什么方向攻打，都可以进行较好的防御，而侵犯者很难抵挡从堡中各方进行的还击。

碉楼内生活设施一应俱全，厅房众多，水井、库房等可以满足居者长时间的守卫，甚至还有宽阔的戏场和园林，以丰富堡内的生活。

古堡外观虽以防御为主，简洁利落，但却仍然少不了细节装饰。外墙的每个排水口都做了不同的灰塑装饰，有青蛙、蟾蜍、鲤鱼、荷叶等（图4-8-34），造型惟妙惟肖，是功能与艺术相结合的优秀范例。

周家村"奉政第"是大型寨堡式碉楼的宏伟之作，规模庞大，建筑精美，装饰华丽，堪称古宅精华（图4-8-35）。

"奉政第"整个寨堡高大挺拔，尤其是大门高耸华丽，门顶檐瓦飞翘、雕梁画栋，堡内甬道回转曲折、清静通幽，墙上及室内的显眼之处镶嵌着精美绝伦的灰雕、木浮雕、镂空雕，其工艺之精湛，艺术之曼妙，令人叹为观止，无处不显示着当年周氏古宅主人的威严与声望。

"奉政第"古堡是周启猷、周启丰两兄弟合资所建。宅第自1891年动工至1894年止，历时三年多，平面呈方形，墙高约7米，建筑面积约1800平方米，有房36间，合院

图4-8-34 青蛙落水口

图4-8-35 周家村"奉政第"外观
（来源：蔡建 提供）

式布局，院内有天井9个，水井一口（图4-8-36）。建筑的四角建有二层楼高的碉楼，围墙内周边约5米高处设走马道，走马道与四个碉楼相通，方便观察楼外情况。院内门洞为圆形，水行、木行山墙装饰，造型优美。大门为凹斗门，高二层，上层与"走马道"相连，并设两个小窗，即可通风，又可窥望楼外（图4-8-37）。

"奉政第"精美绝伦的山墙更是它彰显屋主人地位与审美意识的最佳实证（图4-8-38）。在整个建筑的外围，以及靠近建筑主入口一侧的天井院里，柔美曲线的水行山墙富于动感跳跃，刚劲有力的土行山墙展示出威严与理性，这些丰富而富有变化的山墙占据了人们所能观望的任何一个角落，成为整个建筑群中的点睛之笔。

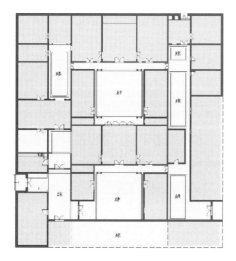

图4-8-36 周家村"奉政第"平面图

图4-8-37 周家村"奉政第"山墙

图4-8-38 周家村"奉政第"山墙全貌
（来源：蔡建 提供）

建筑构件功能与艺术的统一——山墙

雷州半岛的红砖民居属于闽海系的影响范畴，其屋顶形式均为硬山顶，这种屋顶抗风、防火性能好。考虑到当地防台风及防御匪贼的要求，建筑山墙往往会高出屋顶约1米，甚至更高的距离，这样就为山墙的造型变化提供了充分的操作空间。出于防风的需要，山墙通常做得较厚，形式也并没完全按照闽潮五行山墙形制，而是加以变化，增加了泄风的孔洞和空隙，同时，匠人们也会根据屋主人的要求对山墙进行造型与装饰的丰富变化。

一、山墙的艺术多样性

雷州民居与潮汕民居虽同源于福佬系民居，但却向着不同支系发展。其山墙样式在继承福佬系民居山墙样式的基础上，结合广府民居与潮汕民居的山墙特征，衍生出独特多样的山墙样式。因此，雷州传统红砖民居的封火山墙兼具了潮汕五行山墙的特征及广府镬耳山墙的神韵，同时又有显著的特征差别。这些差别产生的缘由与雷州的地域自然环境及本土文化有着必然的联系。

潮汕民居以堪舆学山形之说为依据而建立的五行山墙之说目前被广泛认可。堪舆学的山形之说为"金形圆而足阔""木形圆而身直""水形平而生浪""火形尖而足阔""土形平而体秀"，通过五行对不同山脉形状进行命名与定性。因封火山墙基本都是在建筑的山面，因此成为潮汕五行山墙的主要理论依据。[162]在雷州民居山墙样式中也可以找出类似潮汕民居与堪舆学山形之说相对应的部分。

雷州当地人将传统红砖民居封火山墙称为"式墙"，可见这样的称谓无疑是将山墙样式特征作为其区分的主要标志。工匠们以"山"字为基本原型，加之业主的要求及自身的创意使然，便创作出样式丰富、形态各异的封火山墙。山墙轮廓为多层线脚勾勒，曲线优美，层次丰富，光影明晰，其中以水纹波浪及方正曲折的样式居多，这应该与水、土（方形）可灭火，保宅院平安的趋吉思想以及水神、海神崇拜有关。目前，学界对雷州民居山墙名称尚无定论，此处为分类方便，暂以五行山墙之说为依据来描绘雷州民居封火山墙的主要样式，称其为雷州变体五行山墙。

（一）变体水式山墙

顶部起三段甚至多段正弦弧线，中间为主，两边为次，对称分布，高低跌落向两边延展，象形水纹波浪。某些大宅因建筑进深大则会用大跨度或者多段弧线来塑造水行山墙，如苏二村拦河大屋变体水式山墙（图4-9-1）。然而，变体水式山墙形式不仅于此，更为典型的是用螺旋弧线向上延展将顶部波浪线抛起，其势如清泉喷涌，动感十足，线条柔美，如周家村奉政第第一进院落的变体水式山墙（图4-9-2）。

图4-9-1 苏二村拦河大屋变体水式山墙

图4-9-2 周家村奉政第落变体水式山墙

（二）变形土式山墙

以方形与直线、折线作为山墙轮廓的构成元素以凸显"平"，方形两侧做对称构图，为了减弱方形的呆滞感，在方形转角处，均做切角折线处理，有些底部两侧内收，形成凹凸有致的轮廓，突出了"秀"，如潮溪村奉政第变体土式山墙（图4-9-3）。

（三）变体木式山墙

顶部平直，两端折角处做八字倒角处理，然后两侧垂直而落，对称布局，线条简洁浑厚。为减轻简单线条的单调感，其两侧往往会有折线或者波浪线，形成风格迥异的山墙样式，如苏二村的变体木式山墙（图4-9-4）。

图4-9-3 潮溪村奉政第变体土式山墙

图4-9-4 苏二村变体木式山墙与照壁

（四）变体金式山墙

顶部抛起一长正弦弧线，至两侧对称反弦内弓，而后以波浪线或折线顺垂脊方向延续至结束。线条极富张力与动感，有些豪宅因建筑进深大、山墙面宽大，因此在山墙轮廓线下做板带与楚花，线条优美、图案丰富，可见当时之繁华，如东林村"司马第"山墙（图4-9-5）。

（五）变体火式山墙

顶部为一长余弦弧线，两侧继续以短余弦弧线相接，交接处形成尖角，对称布局，弧线追求动感、飘逸，山墙分叉较多，以求形似火焰，如邦塘村变体火式山墙（图4-9-6）。

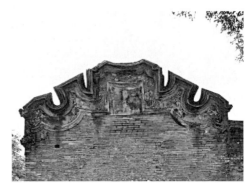

图4-9-5　东林村司马第变体金式山墙　　　图4-9-6　邦塘村变体火式山墙

雷州民居山墙样式丰富多变，以上五种分类方法是不能将其全部囊括的。雷州半岛不同区域的民居或因区位、功能、审美及技术手段等差别而导致了封火山墙形式的千变万化，竞相争鸣斗艳。

二、山墙多重复合的功能性

在雷州半岛自然条件的影响下，封火山墙不仅具有预防火灾的功能，其在建筑物理微环境营造、建筑装饰与审美及人居精神环境构成中亦担当了重要角色。同时，受历史移民、地域文化、社会背景、经济等多方面因素的影响，雷州半岛传统建筑的封火山墙表现出多样化发展历程。封火山墙的多样性形式与其多种功能的统一是技术与艺术的完美结合，再加之营造者的创意使然，便更凸显了地域文化的艺术价值。雷州半岛传统民居的封火山墙功能可以分为：防火、防风、遮阳、防御、装饰与教化六个主要方面。

（一）防火

防火是封火山墙的最基本功能。为隔绝火势，砖砌封火山墙一般要有较高的耐火极限，并高出屋面3～5尺，厚20～30厘米。对于高出屋面的防火方法的来源及尺度设置，战国时期《墨子·号令》曰："诸灶必为屏，火突高出屋四尺。"①意为室内柴灶要有屏障，烟囱要高出屋面四尺，以防火星飞溅引燃茅草屋面。封火山墙与巷道结合以划分防火单元，将火灾危害大的处所与主屋分开，既方便生活又能巧妙控制火势。

（二）防风

我国南方沿海的台风，风向一般初为北风后转南风，风力一般以南、北向最大。[163]故该地区民居以南北多进院落为主，以提高房屋的整体防风性。据测定，台风侵袭4～5进民居时，到最后一进其威力可减弱80%以上[163]；春秋两季岭南地区风向不稳定，当风向为南、北以外的其他风向时，山墙为主要迎风面，它对建筑防风起着重要的作用。山墙一般为较坚固的砖石或夯土，它或包于山面构架之外或填充于其间或完全取代山面构架。除承受作用于墙面的风力外，山墙还是构架抵抗横向侧移的可靠支承面，所以山墙是大型建筑的主要防风措施。[164]有些高屋大宅针对凸出屋面较多，面积大，受风荷载强的封火山墙，还会设计泄风孔，以减少风荷载对山墙的压力（图4-9-7）。同时，高大的封火山墙还可以有效地阻挡冬季冷风向屋内灌入，起到一定的防寒作用。另外，岭南民居中的屋瓦为重量较轻的小青瓦，封火山墙可以有效地防止大风吹翻屋面瓦。

图4-9-7　潮溪村观察第山墙及泄风孔

（三）遮阳

岭南属夏热冬暖区，夏季长且高温，日照时间也很长，以广东省为例，全省各地的平均日照时数在2000小时左右。[165]特别是受到西晒的房屋，围护结构和门窗若没有采取适当的围护措施，则会导致夏季酷暑难耐。因此，岭南传统建筑除了砌筑中空砖墙来营造一定的室内热舒适环境外，建筑遮阳成为人们改善人居微环境的另一项重要手段。

高出屋顶两侧的封火山墙，不仅可以遮挡一部分来自太阳的直射，又因太阳的斜射可以在屋顶产生阴影，因此，对屋面有一定的遮荫作用。特别是傍晚，温差导致气流运动形成阵阵清风，山墙遮挡形成的微环境温差又可导入巷道，再通过门窗与室内空气进行气流交换，对调节室内外微环境气候有显著的作用。[164]广州大学汤国华教授还为山墙遮阳给出了计算公式及图示来证明山墙面积大小与遮阳的关系，如图4-9-8②所示。

这种简化模型的数学公式表达方法有一定的合理性，但不够直观与精准。因此，文

① 岑仲勉. 墨子守城各篇简注［M］. 北京：中华书局，1958：102. 岑仲勉注："火突，烟囱也，今人亦或称烟突。灶有屏及烟突高，则失火较难。"

② 汤国华. 岭南湿热气候与传统建筑［M］. 北京：中国建筑工业出版社，2005：29.

章选取岭南广府民居一进祠堂建立精确三维模型，通过模拟广州当地夏季最热月7月31日太阳轨迹形成的光影来直观准确地表达8:00-17:00整点时刻镬耳山墙对屋顶的遮阳关系（图4-9-9）。

岭南地区传统建筑屋顶构造简单，仅为檩椽之上干铺瓦片，无保温隔热层，屋顶轻质且热惰性小。相对于墙体来讲，屋顶是建筑围护结构热交换的重要部位，因此，室内环境的舒适度好坏与屋顶的热交换关系密切。

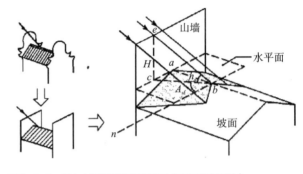

图4-9-8　封火山墙数学模型计算图（来源罗意云绘）

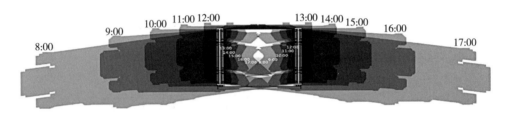

图4-9-9　7月31日8:00-17:00整点屋顶太阳光影图

由图4-9-9与图4-9-10可以看出封火山墙屋顶遮阳的全天候投影对室内可能产生的影响：封火山墙遮阳只在早10:00之前与晚16:00之后效果显著，其余时段效果微弱，正午基本无效，这种现象似乎与遮阳隔热相矛盾，但仔细研究后发现，这个规律与当时人们的作息规律正好吻合。在一天的10:00-16:00之间，恰好是当时人们下地耕作的农业

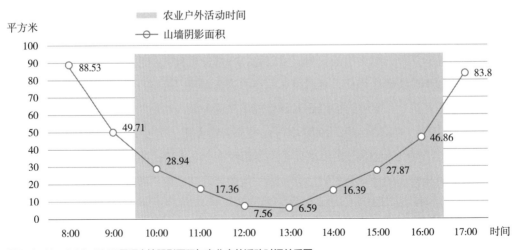

图4-9-10　8:00-17:00屋顶山墙阴影面积与农业户外活动时间关系图

户外活动时间，此时段之内，室内几乎没有人员滞留，因此室内的温度上升对人体舒适度不会产生负面影响。而早10:00以前及晚16:00以后恰恰是人们筹备早餐与做完农活回家做晚饭的时间，此时段的遮阳效果达到最佳，可以最有效地对室内温度上升起到缓解作用。

因雷州半岛传统建筑屋瓦的热惰性较小，正午的太阳暴晒可以在短时间内通过导热与辐射传热，将热量由屋面传递到室内，提升室内温度。在室内湿源稳定的情况下，温度升高的同时相对湿度便会降低，为傍晚人们回到室内创造相对干爽的环境。这种物理微环境变化在一定程度上可以缓解岭南传统建筑阴暗潮湿的不足。

屋顶经过正午的太阳长时间的暴晒，屋顶瓦片变得十分干燥，此时对于室内潮湿的空气来说，干燥的瓦片成了室内湿空气绝佳的干燥剂。瓦片可以吸收由地面及人们傍晚至清晨在室内活动时段所产生的水蒸气，这样通过自然的方式平衡了室内微环境。

封火山墙除了对自身屋顶形成遮阳外，还对其相邻的聚落巷道形成了有效的遮阳，巷道两侧建筑的山墙因遮阳效果的不同，而产生了不同的热物理环境，即众所周知的"冷巷效应"（图4-9-11）。其遮阳时段的物理原理与屋顶遮阳原理类似，但侧重点有所不同。屋顶的遮阳着重于调节室内环境热舒适度的平衡，而对巷道的遮阳主要是室外宜人微气候环境的营造。

图4-9-11　东林村山墙遮阳的冷巷
（来源：陆琦 摄）

（四）防御

雷州自古远离历代中央政府的核心管辖区，因而常作为官员罢黜发配之所。其地处大陆南陲，拥有狭长的海岸线，这种地理格局使其经常受到当时倭寇与海盗的骚扰。明代政府在半岛设置行政衙署及大量的军事部署。雷州民居单门独户的家庭为了保家护院，在宅院建筑中也设计有相应的防范措施。明代《广志绎》中提到，万历年间"南中造屋，两山墙需高起梁栋五尺余，如减垛，然其近墙处不盖瓦，惟以砖成路，亦如梯状，余问其故，云近海多盗，此夜登之以了望守御也。"[1][166]可见，人们结合高企的封火山墙，再将屋顶构造加以改造，便发挥了有效的防御功能。更有富家巨贾在山墙上结合泄风孔设置射击孔，组织自家护院通过射击孔进行主动式防卫反击。（图4-9-12）

---

① （明）王士性．广志绎［M］//元明史料笔记．广东．南中．北京：中华书局，1981：103．

图4-9-12 苏二村"拦河大屋"屋顶的跑马道及射击孔

（五）装饰

　　雷州传统民居中高高伸出屋面的封火山墙，是雷州人在生活、生产中结合地域人文与自然环境而独有的创造，是实用和装饰双重功能的构件。形式多样的封火山墙不仅使民居屋顶富于变化，更决定了整个建筑装饰的风格。工匠们用不同的造型和制作方法，对它进行美化加工。别出心裁、丰富多彩、雕刻精细的封火墙装饰，不但使硬山建筑的屋顶显得更加地活

图4-9-13 潮溪村"富德"堡山墙装饰

泼、富有变化，而且表达了很多美好的寓意（图4-9-13）。

　　封火山墙的装饰重点主要在墙头。墙头的做法分为三线、三肚、下带浮楚，也称楚花。线即模线，窄者称为线条，宽者称为板线。[167]板线沿左右两边将板线间划分为一个个被称为"肚"（也称"板肚"）的装饰空间，内缀以精致的灰塑，其下团花为"楚花"。小型民居在博风处常以色带或简单的图案以凸显建筑轮廓，图案常用黑色底的水草和草龙；中实和大户人家常用彩画、灰塑作装饰，借色彩、明暗的变化打破大片山面的沉闷感。[164]

（六）教化

　　封火山墙的各种功能被人们所熟知，关于山墙装饰也时常被学者们研究论述。而大量关于山墙造型及装饰研究的关注点主要集中于"在传统民居建筑装饰中，人们普遍采用文化的、精神的审美方式来满足他们强烈的心理需求，最终达到还原生命存在所具

备的安全、幸福、自由、和谐的精神本质。"[168]因此，封火山墙的吉祥装饰中经常出现鹤、蝙蝠、喜鹊等有象征意义的图案，以期满足民众"禳灾""纳吉"与"延寿"等的求好心理。

在古代人口教育程度普遍较低的情况下，作为整个聚落最显而易见的封火山墙在某种意义上也承担了教化族人的功能。语言和文字作为文化教育传递的重要媒介，其对接受教化者有较高的背景教育要求，因此具有一定的局限性。而图案则是普罗大众均能理解接受的形象表达，它以最直观的方式向民众宣传美德、教化思想。通过这种方式一方面表现宅主人的高洁品格，另一方面是对族人及后世子孙的一种形象化的无声教化。因此，封火山墙较多以富贵、长寿、受禄、子孙绵长为主题，或者是以古代经典故事、主人生活场景为主题教育子孙后代；也有利用饱含寓意的物品与植物图案作为装饰，如琴、棋、书、画、松、柏、桃、李、竹、梅、兰、莲等。[168]这种方式与西方宗教在教堂中通过彩色玻璃窗用图案的方式精心制作圣经故事从而教导信众是如出一辙的。

三、山墙特色成因

雷州在历史上开发较晚，但由于历史大移民的影响，中原及江南文化不断输送至岭南地区并且延伸到了雷州半岛，建筑营造作为其重要组成部分，同样也传输到了这里。由于雷州半岛的特殊地理气候条件与原有的本土文化影响，封火山墙在雷州半岛有了更进一步的发展，并成为该地区民居区别其他区域的重要标志。研究雷州半岛民居封火山墙的多样性成因，有助于探寻与理解雷州半岛人居环境的生存智慧。

（一）人文地理成因

1. 社会环境因素的影响

（1）移民与人口因素

雷州半岛地处岭南边陲，古为百越之地，是少数民族聚集区。岭南地区由于受到五岭山脉的阻隔，经济、文化水平远不及中原地区，被北方人称为"蛮夷之地"，人居的先天条件并不优厚。由于北方战乱或自然灾害的原因，汉族数次集中南迁，但多为民间零星的自发行为，直到唐朝宰相张九龄在大庾岭开凿了梅关古道以后，岭南地区才开始大规模地迎来内地移民。受此影响，雷州半岛也开始了新的人居发展进程。

移民的增加使原本人烟稀少的雷州半岛开始出现了人口增长的高峰。相对应，耕地较之前则更为紧张，因此古人在开垦荒地的同时也注重土地的节约，在居住用地方面并不强调豪宅阔宇，为耕地留出尽可能多的空间。这也可以解释为什么雷州半岛村落的布局往往是紧凑而又有序的集约化居住用地规划。紧凑而有序的集约化住宅相对于木结构为主的传统建筑屋顶而言，火灾是一大威胁，因此封火山墙的大量使用为减少火灾隐患起到了重要作用。

此外，雷州半岛传统民居聚落中还存在红砖民居与茅草生土民居毗邻杂处的现象，茅草民居火灾隐患极大，甚至这种现象到现在还可以见到。因此，封火山墙成为隔绝灾患的必备建筑构件。

（2）社会经济因素

任何技术的革新往往是伴随着社会结构与经济状况的巨大变革而产生的。宋代以后，汉人的经济中心不断南移，南方没有战乱侵扰，社会安定富庶，加之自然水土资源丰富，社会经济增长迅速。尤其到了明代至清中期，是古代岭南经济最繁荣的时期。清代时珠江商贸航运更加繁忙。清康熙二十四年（1685年），在广州建立粤海关以及在十三行建立洋行制度，从乾隆年间开始，广州长时间成为唯一的对外贸易港口，也是当时最大的商业城市之一。为方便其经商和居住，清廷准许外国人在十三行一带开设"夷馆"。[169]同时期，雷州半岛因其地利之便，大量与周边地区进行贸易往来，甚至走私禁盐，因此获利颇丰。

财富的积累导致这段时期雷州半岛发生了多方面的变化，一是人口增加很快，住宅建筑的密度亦随之骤增，屋宇鳞次栉比，而屋架部分主要由木材构成，是防火的重点。因此预防火灾，在建筑群中进行防火分区是十分必要的。二是精神层面需求的增加，希望过更体面的生活，有更优质的居所。在此需求之下，建筑的形式美被重视起来，封火山墙作为远观最醒目的部分，自然成为雕琢的重点。三是海盗更为猖獗。生活富裕的人们成为海盗烧杀抢掠的主要目标，人们为了保卫家园，不得已加强居所的安全防御。富裕的人家建起碉楼或堡，沿山墙及庭院四周屋顶铺设贯通的跑马道，形成高处制敌的全面防御。为防止盗贼翻墙入院及自卫反击的掩体，山墙高度往往建得较高，因而面积也较大，同时设置射击孔，因此，山墙的形式出现了多样的变化。大面积的山墙也为产生丰富的墙面装饰提供了可能。由此看来，经济因素导致的各种间接影响，促使了雷州传统红砖民居封火山墙的多样性发展。

（3）环境与技术因素

经济、人口不断增长的同时，人类对环境的消耗也在逐渐增加。中国千百年来建筑以土、木材料为主，随着生态环境资源的不断消耗与森林植被的减少，入清以来木材积蓄日渐稀少，加之人口数量的不断增加，迫使匠人及业主不得不另寻新的结构材料及构造形式，以满足大量民居在短时期内的建造。制砖技术的变革以及产量的提升，为解决木材短缺起到了积极的作用，促进了硬山的广泛运用。硬山建筑的推广为封火山墙的大量使用提供了建筑基础。

2. 民间信仰的影响

民间信仰以儒家伦理思想为核心，吸取道家的崇拜等仪式，融合释家的慈悲哲学等而成，纯宗教色彩淡薄，儒、释、道不分，是扩散式的，综合阴阳宇宙、祖先崇拜、泛神、泛灵符咒法而成的复合式信仰，具有很大的宽容性、包容性和混合性。这种带着鲜明地域文化特性的宗教信仰在建筑上最明显表现在庙宇、祠堂等建筑上。[170]它反映了地域民俗文化中的信仰、幻想及人们对长治久安、繁荣兴旺的企望。庙宇与祠堂作为民居聚落中不可或缺的精神空间，除了在建筑装饰方面极尽可能地表现之外，山墙作为重要的表达部分，更是通过各种与众不同的形式来展示当地居民内心的精神世界。如汪晓东博士在《山墙与五行象征质疑》中提出"最初是古越族人在支撑屋顶的树柱上安兽角，一方面古越族人为了显示他们的财富以及权力；另一方面，是雄性的代表。在甲骨文中，'角'字状如'且'字，其实质是'男根'的代表，显现出古越族人的生殖崇拜。"广府民居中的镬耳山墙形如"几"字，其也很可能是"且"字的变体与象形，从对称构图上来讲，"且"解释比"几"更为合理。

雷州民居中大量使用变体水式、土式山墙，究其原因除了水、土能灭火的求安趋吉心理之外，关于民间水神、海神的信仰崇拜也是一个重要原因。在雷州半岛随处可见各种神灵崇拜的庙宇，如水神系列的龙母、北帝等；海神的系列天后、南海神等。其中以天后宫数量为最多，这与位置近海以及人们生活与海洋息息相关是分不开的。

3. 海洋文化的影响

文化的多元性与兼容并蓄，一直以来是雷州文化的显著特色。中国历史上汉末以后大量的中原人民为避北方战乱迁移至交通困难、相对闭塞的岭南地区，甚至雷州半岛，带来了中原文化，促使当地得到巨大的发展。中原文化与当地土著文化经过不断的融合、撞击，在面向海洋的环境里形成了一种独特的民族性和地域性。海洋文化的影响使得雷州半岛的审美观表现出对柔和的线条美和奇巧的装饰美的欣赏。如建筑物的山墙轮廓丰富，呈现出独特的形式，有着光鲜亮丽的色彩和精致细腻繁复的做工。千百年来，雷州人有为生计漂洋过海出国谋生的传统，富裕后的华侨仍不忘落叶归根，竞相在家乡建造光宗耀祖的高屋大宅。封火山墙作为建筑最突出、最醒目的部分之一，占有极重要的分量。因此，富裕起来的华侨都竭尽所能地将封火山墙建造得华丽、繁复，成为体现他们财富实力的地方。[170]此外，16世纪后期，东南亚部分地区被西方人占领，如菲律宾被西班牙人占领，雷州人在海外经商过程中，很可能受此影响形成了一种海外文化内传的风气。因此，雷州传统民居在继承中国传统审美元素的同时，也吸收了一些西方的美学元素，这种元素的表达同样映射在封火山墙的造型以及装饰等方面。

（二）自然条件成因

雷州半岛属热带季风气候，气候温和，全年无霜，夏无酷暑，冬无严寒。地貌类型受制于隐伏构造和南渡河、城月江、通明河等较大地表水系的切割，地势北高南低，变化和缓，以滨海平原台地为主。难以形成地形雨，却极易使北来寒潮长驱直入。[171]因半岛"地形如舌，吐出海滨三百里"[172]，三面环海，也极易遭受台风、暴潮、暴雨等多种大气海洋气候侵袭。方志对台风有详细记载，如"海郡多风，而雷为甚。其变而大者为飓风。飓者具也，具四方之风而飚忽莫测也。发在夏秋间，……轮风震地，万籁惊号，更挟以雷雨，则势弥暴，拔木扬沙，坏垣破屋。"[173]

雷州半岛临近世界最大台风生成区，夏秋季节台风活动频繁，受多强对流天气影响,雷暴发生率远超过全国其他沿海地区。冬季冷空气可沿鉴江等河谷南下而使半岛北部出现低温阴雨、霜冻等冷害。全年降水极不均匀，各地蒸发量大于降水量，极易导致洪涝与干旱交替出现，以春旱尤重。强风暴、龙卷风等强对流天气时有发生。

基于雷州半岛自然地理气候条件的影响，建筑的防水、防火、防风、遮阳甚至防御成为了需要平行考虑的因素。雷州古人创造性地将这些平行影响因素与封火山墙的形式结合在一起，巧妙地解决了雷州半岛地区受各种不利因素影响的问题。研究发现，每一种功能的融合就会为封火山墙的形式变化提供一种可能。封火山墙将多种功能复合在一起，其样式的多样性也因此成为了一种必然。

四、功能与形式统一的智慧典范

雷州民居中的封火山墙既有显著的功能性，又不失为一种标志性的装饰语汇。它的产生是客观世界发展的必然，也是传统居住建筑顺应自然，和谐共生理念的一种表现。古人对建筑功能的表达并不是简单苍白的，而是借助于特定环境下具体的材料、结构方式和加工手段使之成为行之有效的、实实在在的可见形式。这种形式的大量使用，又使民居的地域特色充分彰显。雷州民居"因此才显得亲切而不媚俗，精美而不奢华，纯朴而不粗鄙、自然而不造作，从而显示出当地人民自然恬静的耕读文化、高尚的志趣与山水情怀。"[164]

功能与形式的统一是雷州传统人居智慧的优秀典范。在丰富的地域自然条件下，封火山墙通过各种功能的融合并根据当时人们的作息规律，有效地调节了传统建筑的人居微气候，创造了宜人的居住环境。雷州半岛与其他地区气候条件的微差会导致山墙主导功能的差异化发展，这些差异直接导致了表达形式的多样化发展，再加之民间社会、文化、经济活跃因素的影响，雷州半岛势必衍生出中国传统民居中最为丰富多样化的封火山墙。

第五章

雷州半岛乡村传统聚落人居环境现状

人居环境，"是人类聚居生活的地方，是与人类生存活动密切相关的地表空间，它是人类在大自然中赖以生存的基地，是人类利用自然、改造自然的主要场所。"[13]38 吴良镛先生在人居环境科学中对人居环境"五大原则"（即生态观、经济观、技术观、社会观、文化观）、"五大要素"（即自然、人、社会、居住、支撑网络）及"五大层次"（即全球、区域、城乡、社区、建筑）进行了分别描述。因此，对于人居环境问题就务必需要从整体、全面、综合地进行思考和研究，通过系统化的思考来清晰地认识和理解人居环境所面临的机遇和挑战。

第一节

乡村聚落人居环境目前所面临的问题

"三农"问题历来是国家关注的首要问题。2014年伊始的中央一号文件公布《关于全面深化农村改革加快推进农业现代化的若干意见》，这是中央连续11年聚焦"三农"问题。在中央的高度关注和大力支持下，我国"三农"问题整体向好的方面逐渐发展，但由于历史遗留问题太多，目前仍然导致农村面临着诸多的困难与困境。学界也有很多研究人员纷纷加入到乡村人居环境问题的研究当中，但由于缺乏对农村的正确认识及不能从农民自身的需求出发，导致"新农村建设"运动中的种种偏移过大，如长官意识严重、规划照搬城市社区、房屋建设不考虑农业实际需求、设计师多重视场景与视觉效果而缺乏对农民本意的尊重，等等。这些问题直接导致了乡村聚落人居环境的严重滞后，甚至是不可逆转的恶化。因此，要想切实解决农村人居环境所面临的困境，就需要从传统人居环境营建中汲取智慧，以"以农为本"为原则，以"务实求真"为导向，结合实际情况，对农村当前所面临的问题进行客观的分析评价。

一、历史传统聚落部分的衰败

2008年我国颁布了《历史文化名城名镇名村保护条例》，该条例自颁布以来对具有历史文化特色乡村聚落的保护和更新改造起到了很重要的指导作用。然而，其实行过程中也出现了很多实际问题。"历史文化名镇（名村）""历史文化村镇"的提法是经由2002年通过的新版《中华人民共和国文物保护法》确立并作出较为明确的定义，即"保存文物特别丰富并且具有重大历史价值或者革命纪念意义的城镇、村庄"。2003年建设部和国家文物局在联合公布第一批中国历史文化名镇（名村）时，又对历史文化名镇（名村）的概念作了进一步完善，即"保存文物特别丰富并且有重大历史价值或者革命纪念意义，能较完整地反映一些历史时期的传统风貌和地方民族特色的镇（村）"。这一定义的先进性在于凸显了许多乡村聚落所具有的历史见证性和文化代表性。然而，以下是对岭南既往被列为历史文化名村镇的一些项目现状的总结：

第一种情况，是"保不住"。这一类名村镇的商业开发和媒体宣传往往较为成功，使得其区域内的旅游业和围绕当地特色产品的小商业经营十分兴旺，但随之而来的问题，却是传统聚落空间、聚落肌理和历史建筑风貌破坏迅速而严重。与此同时，大量工业固体垃圾和"现代环境病"（如大气污染和水污染）也随游客和商贸往来传导到这些村镇，使得保持了成百上千年的人与自然和睦相处的聚落环境于短期内恶化。

第二种情况，是"挂牌死"。这一类名村镇的风貌保存往往较为完整，甚至还被当作成功案例进行宣传。但这类聚落却常常人去楼空，参观者走遍聚落却看不到半点当地人的生产与生活。即便有些当地政府专门投入大量资金制作了蜡像和多媒体讲解资料，这样的聚落仍然不得人心：参观者感受不到建筑与物件背后生动的社会组织和生活圈形态，也无法被聚落所凝聚的文化与人际关系感动；而当地居民因无力承担修缮费用，或是碍于严酷的管理措施无法对聚落做出适应新的生产生活要求的更新改造，只好迁出受保护区域另寻住址，从而产生了貌似光鲜却毫无生气的"空心村镇"。

第三种情况，是"无所适从"。这类村镇往往在当地具有一定的名声，或是被某些研究机构当作案例进行过某方面的研究，但因各种原因尚未被纳入"历史文化名村镇"的挂牌范围。在当前农村劳动力大量进城务工的时代背景下，这些聚落慢慢沦为老弱病残的留守地，大量具有历史文化价值的建筑、景观、民俗、文物随聚落的衰败而损毁或遗失。又或者，当地自主经济十分兴旺，聚落自我更新迅速，并不愿意被挂牌，因为担心挂牌后反而限制了村集体的自治和聚落的发展。

与此同时，一些村民因缺乏足够的认识，认为保护历史建筑会对村落的经济发展带来阻碍，采取了消极的态度对待历史建筑的保护。使得原本就很脆弱的历史建筑遭到无情的摧残。一些村落盲目追求城市面貌，肆意拆除历史建筑，建新的住宅，传统村落的格局、尺度和风貌都已不复存在。这样的一些行为对历史建筑造成了难以挽回的破坏。[174]

人居环境的生命力，既离不开地灵，也离不开人杰。以往保护的失败案例充分证明，若没有考虑到当地居民生产、生活与环境三者间的长远平衡，在改善物质生活条件和追逐经济指标的巨大冲动之下，以保护目的注入的资金反而可能加速对乡村生态聚落的破坏。

二、新村聚落建设的杂乱无章

随着"新农村建设"的大力发展，农村规划得到了前所未有的重视并取得了显著的成果。在社会经济总量飞速增长的背景下，农村经济受其辐射影响，亦十分快速地发展，经济条件的变化导致原有生产生活方式也随之发生了变化。首先是村民急切地希望改善居住环境。在传统农耕文明下形成的村落空间已经不能完全适应现在村民的生活生产所需。在"破四旧"错误思想的影响下，农民主观地彻底抛弃了传统聚落中的精华智慧，在没有经典可借鉴的情况下，便将现代城市建设作为模仿的样板，高楼瓷砖的别墅、宽阔单调的马路、尺度夸张的广场等一系列有着城市文化的符号快速进入了农村。同时，城市中的"速食主义"文化深刻地影响着农民，导致农民急于过上富裕的生活[174]，"快"使人们失去了思考的耐心与认真做事的能力，也就使其对生于斯长于斯的聚落中出现各种无序建设，给予了极大的容忍。这便造成了村落原有与自然和谐的人居环境遭受到严重破坏。人们为了追逐经济利益，填涌造路以通车辆，对自然资源无节制的索取，使得原有的自然生态一步步遭受侵害。河流干涸，原始森林被砍伐，耕地被侵占，自然环境的改变进一步导致了原有的村落肌理逐渐消失。村民任意扩建房屋，拓宽道路，原有的街巷肌理、景观空间、重要院落及建筑群都正在消亡。在半岛的一些村落中，一些传统聚落中已然建起了多层瓷砖"别墅"；人们缺乏精神文化活动，原有民俗活动也已经荒废。同时也存在着一些建设性的破坏，具有历史价值的建筑、重要历史遗迹等被毁坏甚至是消失。新老建筑无序地交错在一起，参差不齐，历史风貌、村落格局被破坏殆尽。与自然和谐共生的传统村落人居环境已变成对自然的强行索取，缺乏合理规划的建设也使得村民的交往空间日益减少，人居环境正在日益恶化。[174]

三、村落"空心化"现象严重

村落"空心化"分为人口"空心化"和聚落"空心化"两种。由于农村人口快速增长导致的劳动力过剩及人地关系紧张而催生的劳动力流动等因素，加之现代生活方式与传统物质空间之间产生的矛盾，导致许多传统村落面临着"空心化"现象。根据现场调研，迁出村落的人口主要来自于学生、外出务工农民工和外出经商三类群体。村中在城里读书的学生，尤其是大学生，毕业后基本都会选择在城里就业，购置房屋，定居于城市。一方面这些村中的知识分子，其读书的最大愿望就是离开农村，改变农民的身份；另一方面，他们几乎已经不会田间劳作的技能，宁可将土地承包给别的农民耕种，自己也不愿回到土地上了。外出务工的农民工由于长期进城打工，深切感受到了城乡二元制之间的生活差距，因此，他们即便是没有同等的市民待遇，也更愿意留在城镇居住，他们基本上都是青壮年，更希望在城市购房安居。村中一些有较强致富能力的村民会选择在城镇做一些小生意，他们一般都是中青年群体，考虑到孩子的教育及老人的医疗，他们中大多数人想要在城市安家。[174]除上述三种群体之外，只有老幼妇孺及病弱残等人群常驻在农村，这种人口"空心化"现象在贫困乡村尤甚。

聚落"空心化"是指即便是在村里生活的村民，有条件的也会选择迁出旧宅，另建新房，旧宅闲置甚至废弃，土地利用率低下。随着村落人口的不断减少，村中医疗、卫生、教育、文化等社会资源的需求量也在锐减，很多小学因为生源问题而被废弃。人口的迁出使得村落的老化加剧，改变了原有的社会结构，村落活力难以维系。村落受到外来文化的冲击，非物质文化遗产的生存空间也受到挤压，传统村落格局被整齐划一的肌理取代，传统的文化生活空间不再，村中本地村民的归属感也日益下滑[174]。

四、农村宅基地管理问题突出

村落的"空心化"现象问题日益突出，导致大量宅基地闲置和废弃，但又随着传统家庭结构的解体，新的家庭对住宅建设的宅基地又提出了新的需求。而目前在农村，宅基地的使用与管理是十分粗放和混乱的。在使用现状方面，目前存在着村庄建设用地盲目扩张、土地利用率普遍较低、宅基地废弃、闲置等问题；村落整体缺乏规划或规划不合理、基础设施配套不全、村庄环境状况恶劣等；农村人均宅基地面积超标、违法用地问题突出[175]。

在农村宅基地管理现状方面，现行的宅基地审批制度缺乏公示公告等措施，广大农民对宅基地审批制度的知情程度较低，起不到监督实施的作用。同时，政府相关部门宅基地面积行政审批自由裁量权过大，不能有效规范化控制土地的使用；农村宅基地管理存在着缺少村庄规划、法律法规不健全、管理手段滞后、监管力度不到位等问题；当前的农村宅基地使用权制度存在分配制度不完善、取得制度不合理、监管体系不健全等问题[175]。

宅基地问题是影响农村人居环境建设的最根本因素，若是不能集约有效地建立农村宅基地长期有效的可持续发展模式，以目前这种盲目地乡村聚落扩张和对土地的肆意占用，造成的诸多资源消耗和浪费往往是不可逆转的。待人们不得不认真面对快速疯狂扩张式发展带来的后果时，则需要数倍于这种不合理发展的人力、物力去弥补。

五、基础设施匮乏及环境卫生堪忧

"1996年，联合国'人居二'会议的《伊斯坦布尔宣言》即言，'城市和乡村的发展是相互联系的。除改善城市生活环境外，我们还应努力为乡村地区增加适当的基础设施、公共服务设施和就业机会，以增强它们的吸引力；开发统一的住区网点，从而尽量减少乡村人口向城市流动。'"[11]147因此，乡村基础设施的建设是提升农村生活品质，重新焕发生机的基础，但传统旧村落部分的衰败、新村建设的杂乱无章以及村落"空心化"现象的日益严重导致乡村聚落陷入了徘徊不前的停滞阶段，甚至是某种意义上的倒退。人是村落持续发展的核心动力，经济因素导致的"空心化"使得村落缺少充足的动力，而村落的衰败又引发了村民归属感的减弱，在此种情况下，村委组织无法有效地组织村民进行村落建设，因此，村落的各项基础设施，如商店、教育、医疗、养老康乐等严重匮乏；卫生状况也令人担忧，如给水设施无卫生监管、垃圾乱丢、污水横流，无人居住地杂草丛生、蚊蝇肆意等。这些不良因素成为村落衰败持续的催化剂。

第二节

人口与土地利用

　　人是人居环境的核心，土地是人居环境承载的基础。因此，在人口与土地利用方面，首先分析了人口的结构组成、劳动力分布情况等，厘清了未来雷州半岛乡村聚落发展的核心动力所在；在场地与土地利用分析中引入生态足迹的概念，通过数据展现了当前土地利用的不合理性。并根据农村目前村落布局粗放、土地浪费等现象提出紧凑型乡村聚落的发展方向，建议减少交通对乡村土地的影响，维护人与自然的和谐共生；还结合当前人们饮食习惯的改变导致食物来源方式变化与土地利用之间的相互关系问题。其次，对人地关系目前面临的失衡和利用效率低做了全面的阐述。

一、人口要素分析

　　人是人居环境的核心，对于人口要素的分析能够清晰地看到人口变化所引起的聚落及自然环境改变，对于人的研究是人居环境可持续发展的基础。

　　从图5-2-1可以清晰地看出，广东劳动力人口从20世纪80年代出现了迅速增长，这和中国改革开放的进程相匹配。劳动力的上涨，证明人口的增多，但实际可耕种的土地数量没有增长，反而随着经济的发展而不断减少。拥挤的乡村，人地关系失衡，大量劳动力富余，生存面临巨大压力，因此，大量的农村剩余劳动力纷纷涌向经济正在腾飞的城市务工。这在解决生存问题的同时，农民的精神世界也被城市深刻地影响着，其结果

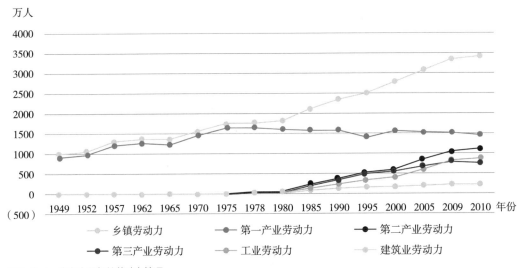

图5-2-1　广东主要年份劳动力情况

（来源：《广东农村统计年鉴2011》）

就是反映在农民的更新建设方面。

图5-2-1中关于劳动力去向的走势说明,第二产业劳动力增长迅速,尤其是在21世纪初,出现了更快速的增长,第三产业也增长迅速,但更多的劳动力进入了第二产业。在第二产业中,作为制造业大省的广东,更多的劳动力流向了工业,建筑业增幅平缓。2008年经济危机后,广东制造业受到了严重影响,因此第二、第三产业劳动力增长大幅放缓。而农业劳动力自改革开放后持续稳步下降,经济危机也没有导致农民工回流乡村,农业劳动力继续下降。结合图5-2-2可以进一步证明图5-2-1所述内容的准确性。

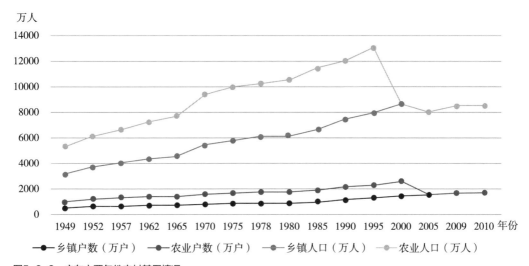

图5-2-2 广东主要年份农村基层情况
(来源:《广东农村统计年鉴2011》)

从图5-2-3的分析可以得到,雷州半岛的雷州市、遂溪县、徐闻县中,劳动力分布情况与其县镇经济发展水平相匹配。从户数与人口数的图形对比可以判断雷州市每户人口密度最大,因此乡村聚落人居环境压力也就越大。劳动力资源男女比例基本均衡,不

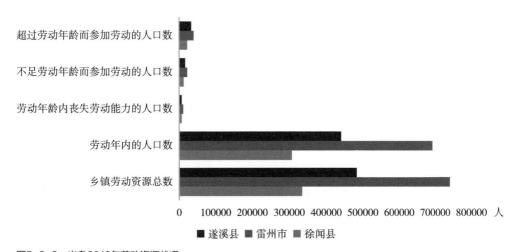

图5-2-3 半岛2010年劳动资源状况一
(来源:《广东农村统计年鉴2011》)

会带来社会发展的负面影响。

图5-2-4表达出最重要的信息是雷州半岛超过劳动年龄而参加劳动的人口及不足劳动年龄而参加劳动的人口还占有相当的比例。这一现象对应了乡村劳动力外流导致村落"空心化"，只有老人、妇女和儿童，为了生计他们不得不参加劳动，这种现象必然是人居环境提升的严峻挑战。

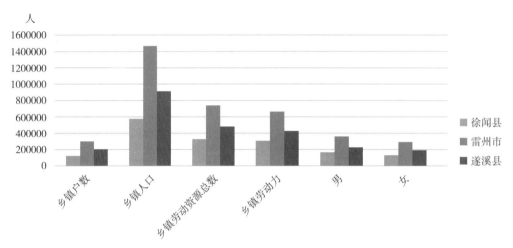

图5-2-4　半岛2010年劳动资源状况二
（来源：《广东农村统计年鉴2011》）

图5-2-5表明，在雷州半岛区域，绝大多数农民还在务农，从事农业生产工作。虽然第二、第三产业从业人员占有一定比例，但毕竟是少数。而且托达罗（1969）的预期收入模型认为存进人口流动的基本力量是包含经济因素和心理因素的相对收益和成本的理性经济思考，并指出农村剩余劳动力转移问题的根本解决单靠工业扩张是不可能实现的，大力发展农村经济才是其根本出路，也就是说要从农村自身的发展出发来促使农村剩余劳动力转移问题的解决。[175]因此，解决雷州半岛人口资源过剩的情况，单靠发展

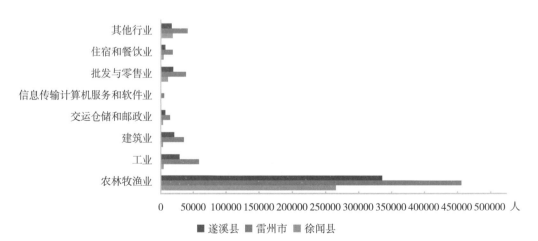

图5-2-5　半岛2010年劳动资源按国民经济分组
（来源：《广东农村统计年鉴2011》）

第二、第三产业从业人员是难以最终解决的。在半岛乡村传统聚落大部分村民仍要以农业作为生存之道的情况下，人居环境的改善必然要以农村特色为主，应该因地制宜地走乡村地域化道路，而不是一味地让农民走出去，也不是让农民盲目地模仿城市发展。

人地关系的平衡与处理，将是未来雷州半岛乡村传统聚落人居环境可持续发展的重要课题，也是能否实现农村幸福生活的基础。

二、场地与土地利用

土地是地球上最珍贵的资源之一，它不仅为人类提供了繁衍栖息的物质场所，也为人类活动提供了各种资源，同时，它也吸收了因人类活动而产生的废物。土地不仅对人类重要，对维持动植物的生存和物种的繁衍也同样重要。但随着人口数量的不断增加，人类对土地的影响也急速加剧，人类为攫取更多的资源，不断地扩大活动范围，土地将难以为其他自然物种提供适宜的栖息环境，土地吸收并降解垃圾和废弃物的能力也在下降，人类可以从自然获得的原材料将会越来越少，[176]同样，土地能为人类提供栖息的自然环境也在急剧减少。

（一）生态足迹

生态足迹是衡量人类对地球可再生自然资源需求的工具，通过计算满足人类消费所需的生物生产性土地（含水域）面积来表示。也就是说，生态足迹是指要维持一个人、地区、国家或者全球的消费所需要的或者能够容纳人类所排放的废弃物的、具有生物生产力的地域面积。[177]

地球的资源可再生能力称之为生物承载力，生态足迹与生物承载力之比，可以追踪人类对于生物圈的需求。"一个国家或地区的生态赤字或盈余规模取决于生态足迹与生物承载力的对比关系，即当生态足迹超出可用的生物承载力，当地消费水平高于当地自然资源供给水平时就会出现生态赤字，反之则为生态盈余。全球范围内的生态赤字称为生态超载。"[177]自20世纪70年代以来，全球进入生态超载状态，即人类每年对地球的需求都超过了地球的可再生能力（图5-2-6）。

2008年，全球生态足迹达182亿全球公顷，人均2.7全球公顷。同年，全球生物承载力为120亿全球公顷，人均1.8全球公顷。[177]从图5-2-7可以看出，从20世纪60年代以来，中国总体生物承载力保持稳定，人均生物承载力随着人口的增长略有下降。而随着经济的发展，进入20世纪70年代，中国消费的生态足迹无论从总量还是人均上都超过了自身的生物承载力，这意味着中国每年消费的自然资源已经超过了本国生态系统所能承载的水平。尤其是进入2000年以后，随着房地产行业的飞速发展，中国生态赤字发生了爆发性增长。2008年，中国的人均生态足迹为2.1全球公顷，为其自身生态系统供给能力（0.87全球公顷）的2.5倍[177]。

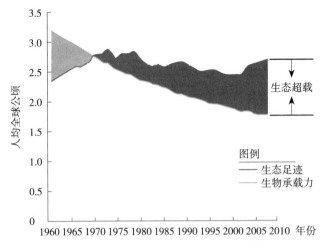

图5-2-6　1961~2008年全球人均生态足迹和生物承载力趋势
（数据来源：全球足迹网络，2011）

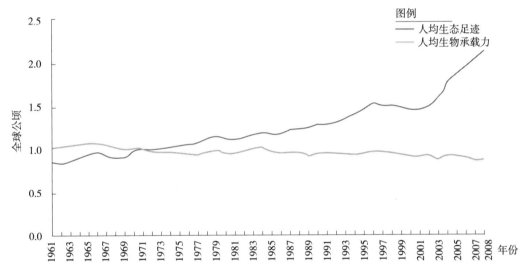

图5-2-7　1961~2008年中国人均生态足迹和生物承载力
（数据来源：全球足迹网络，2011）

　　虽然中国人均生态足迹尚未达到世界平均水平，但考虑到中国人口基数大，经济发展迅速，而且以粗放式的经济增长方式为主，资源环境的效率低下，因此，中国生态环境面临的压力将更加巨大。同时，中国的生态足迹分布极不均衡，广东省的消费生态足迹高达全国的10%[177]，其生态足迹是自身生态承载力的三倍多，属于严重赤字地区，其境内只有部分的北部山区的森林生物多样性功能区，因此，可以看出当地消费的生态足迹和生态功能区分布不匹配，在空间上是分离的。由于区域经济结构发展模式的问题，广东作为生态足迹消费大省并没有使用太多的本地生物承载力，而是更多地占用国家其他生态资源丰富地区的承载力指标。

　　通过全国生态足迹与生态承载力空间上的分离与相互补充，我们可以推断出，在广东省珠江三角洲的发达地区与相对落后的粤西雷州地区同样存在这样的空间分离差异与承载力补充问题。这种不均衡和单向补充将会给尚未启动全面发展的雷州半岛人居环境带来严重的制约性影响，甚至会恶化当地的土地与环境。因此，在调整发达地区生态足迹的同时，也要避免相对落后地区照搬发达地区走过的"老路"，应该在追求良好人居环境的基础之上，降低生态足迹，实现可持续发展。世界观察研究小组（Worldwatch）在《世界的状态2004》（*State of the World 2004*）一书中提到：迈向低消耗的社会是实现可持续发展的基础[176]。

（二）紧凑的乡村聚落

虽然理论上尽可能维持自然环境的原状对于土地容纳废物、净化水源、自然降解垃圾和吸收二氧化碳等功能有诸多益处，但总体的发展趋势依然是人类活动的范围在不断地扩张，不断地蚕食着自然环境。这种现实情况不仅破坏土地的综合能力，还危及生物多样性。因此，要尽力扭转这种趋势，就必须提高土地的利用效率，将新开发用地集中在已开发区域，尽可能减少新占用地及对绿地的进一步破坏。国外对于先前使用过的土地有一个定义名称，叫作"灰地（Brown Field）"[176]，它也包括带有污染的工业用地，我们这里主要关注先前被使用过的土地。

在乡村传统聚落中，存在大量的灰地未被有效利用，一般处于荒废状态，杂草丛生，不仅形成土地的浪费，同时也对村落的环境卫生带来严重的负面影响。新的建设使用灰地会带来诸多的好处，如减少对包括绿地在内的未开发土地的压力，提高人口密度，更好地利用公共基础设施和提高公共交通的可用性，帮助社区和经济再生[176]，改善乡村聚落的面貌等。灰地上的建设可以集约使用土地，提高开发密度，有益于整个聚落的发展。

虽然集约式的发展会有潜在的缺点，如缺乏隐私、噪声污染，但它不仅提高了建设用地的使用强度，还减少了连接用地兴建道路所占用的土地。据美国的研究表明，建筑大小形同的情况下，低密度松散式发展的道路用地面积是紧凑式发展的两倍，而土地总用量，前者是后者的四倍[178]。高密度的社区为可持续发展的社区带来了多种可能，建筑间距的降低不仅能减少能源的消耗，同时也消减了基础设施建设的开支，人均总能源消耗也相应地减少。

紧凑型的乡村聚落不仅为村民提供集约的居住和劳作区域，还要提供高标准的生活质量，就业、居住、教育、文化和休闲设施应该是所有人共享的。在西方研究理论中，社区和文化、休闲设施以及就业之间的联系紧密，因此，提高乡村聚落的生活质量，同时也可以创造出更多的就业岗位，这样可以吸引部分外流劳动力实现回归，从而为逐渐萧条的乡村聚落注入新的活力。

（三）减少交通的影响

交通设备的不断发展，不仅影响着人类出行方式的改变，更多的是对自然环境的影响，确切地说是对土地的负面影响。目前，不仅在城市，乡村聚落中机动车的使用量也在迅速攀升，机动车绝大多数是依靠化石燃料，而化石燃料的燃烧排放出引发气候变暖的温室气体。除此之外，机动车的排放不仅污染当地环境，还会增加患呼吸系统疾病的概率。目前，全国性的雾霾天气已经是空气污染的最有力证实，而农村正在模仿城市，积极努力地在争取机动车出行的活动方式。

机动车的泛滥使用深刻改变了当今人们的生活方式，它大大地减少了人们行走和邻居相遇的机会，阻止了人们相互交流以形成亲密的社区关系。[176]机动车的大量使用也妨碍了人们步行的机会，同时也减少了因步行而带来的身体锻炼。而缺乏锻炼及不健康的饮食成为当前引发一系列心血管疾病的主要诱因。

机动车出行依靠的是现代的道路。为了更频繁的出行，速度更快，去的更远等需求，人类不断地从自然中获取修筑道路所需要的材料，如制作水泥用的矿石及骨料、冶炼钢筋所需要的铁矿石等。这无不对自然环境产生不可逆的破坏，同时，这些建材的加工也耗费了大量能源。道路的铺设占用了大量的土地，为了更加便捷，人们总是希望机动车能有更多更大的可达范围，这也就意味着道路需要铺设至更大更多的范围，土地就在这些不合理的规划中浪费掉了。

英国著名地理学家R·J.约翰斯顿说过："一切区位的选择、土地利用的选择，都要以运动费用最小为目的"。[112]因此，在宏观层面的市镇之间，中观层面的村镇之间以及微观尺度的乡村之间规划合理的公共交通，以及在乡村聚落内部设置便捷可行的人行或自行车交通规划，将是节约土地、改善环境、重新获得因机动车而失去的环境空间，以及减少噪声、空气污染和交通事故风险的有效方法。节约出来的土地可以还以农田，可以供给人们享受户外的空间，成为增强社区内部互动的必要空间。

（四）维护人与自然的和谐

目前，全球都面临着土地利用的压力。雷州半岛现今已经没有土地不被人类活动所影响，这种影响包括农业开垦、植物种植、畜牧饲养等，以及这些活动对土地结构的影响。在解放初期，雷州半岛还存留有大批原始森林，生物的多样性极为丰富，甚至当时还发生华南虎伤人事件；在沿海地区也有大量的原始红树林存在。而随着20世纪50年代雷州半岛橡胶种植大生产运动轰轰烈烈地展开，原始森林在顷刻间消失殆尽。现在的雷州半岛除了橡胶园，已无法看到成规模的森林存在，人类对环境的侵占导致自然环境规模的迅速萎缩，野生物种的繁衍越来越困难，而且也越来越孤立。生物多样性的严重损毁直接表现是目前的雷州半岛已很少有野生动物的踪迹。

树木和森林对于人类生存的好处非常多：树木可以从空气中吸收二氧化碳并将他们以碳的形式储存下来，同时释放出大量的氧气；树木也可以清洁大气；树木可以防止土壤的退化；树木可以减轻水的污染；树木可以促进地下水的更新；树木可以降低交通噪声污染；树木是制造业的原材料；树木可以防风；树木可以为建筑和人类提供树荫，降低热量的获得，从而减少人工制冷的需求，改善室内环境；树木可以美化城市与乡村的环境；森林是野生物种的栖息地[176]。由此可见，森林与树木对于人类生存的作用非常突出与重要。

自然环境不仅为动植物创造了适宜的生存环境，还为人类提供了休养空间。与自然亲近对人类的健康尤为重要，因此，我们需要在人类活动区域空间和动植物的栖息空间中找到平衡，维系一个和谐的人与自然共生氛围。

（五）食物与土地

食物的生产离不开土地，但这里所要讨论的不是土地中能够生产什么样的食物，而是要研究人类饮食方式的改变对食物的生产和分配产生的影响，从而进一步影响土地的利用。食物的生产及分配过程中同样会产生污染，影响土地的使用。

目前，全球气候变化引发了一系列灾害，如干旱、洪涝以及极端气候等，这些变化直接导致了粮食的减产和短缺。除了气候因素以外，人类的饮食习惯也是影响土地供给人类粮食能力的重要因素。随着经济的不断发展，人们的生活水平也在不断提升，从饮食变化可以看出目前人们的肉类消费量在不断攀升，这种情况在农村亦然。以肉食为主的饮食习惯需要的土地使用量是以蔬菜为主的饮食习惯的2~4倍[179]。可利用的土地总量有限，以肉食为主的奢侈饮食习惯是不可持续发展的。

粮食生产除了土地的使用外，还有其他问题的存在。食品的运输距离在不断地增加，食品的生产和运输要消耗掉大量的能源。德国的一项调查显示，每年德国要消耗掉30亿壶酸奶，而酸奶的一种原料是经过3500公里的路程才到达加工厂的[180]。美国的一项调查则显示，早餐的一杯橙汁需要两杯汽油来运输[181]。农村的饮食水平的确需要提高，但不能照搬城里人的模式，更不能不可持续，但目前，政府在关注农村菜篮子工程的同时，并未深入研究食品本地化所带来的有利优势。除了在倡导及宣传适量饮食和减少肉类的消耗以外，还应将重点放在发展当地农业食品的生产与消费上面，因为这不仅减少了食物运输中所释放的二氧化碳，还强化了当地农业经济。

此外，应该对有机食品进行鼓励和扶持，减少化肥和杀虫剂的使用，保护土地环境，减少杀虫剂和化肥对土壤形成的负面效应，甚至是减少对地下水的渗透性污染，这不仅使人类的饮食安全得到保障，也间接地对野生动物有益。据世界观察组织研究发现，净化被杀虫剂污染的地下水的造价远高于农民投身有机作物生产的投入，不仅如此，同时还证明了有机作物的产量与使用杀虫剂和化肥的作物产量相当[176]。因此，应当是农村改变观念，使农民重新认识传统有机耕种的智慧与价值，加之科学的使用和引导，将传统的有机耕作转变为现代化科学的精耕细作，保持水土的同时也兼顾生产效益。

三、人地关系

人地关系是指人与地理环境之间的相互作用和相互联系，是一种客观关系，属于人与自然关系的范畴。一些学者还将人地关系理解为一定区域范围内人口与土地之间的数量表现，一般用人口密度和人均占地面积等指标加以反映，其中人口密度是指单位面积土地上拥有的人口数量，是衡量人口分布的重要指标；人均占地面积是指一定区域范围内每人平均占有的土地数量，是衡量人地关系的重要标志[175]。

（一）人地关系的失衡

人地关系在中国古代就已经有了明确的论述与规定，并且这种关于人地关系的管理模式一直贯穿于整个封建社会时期。如《周礼·地官司徒下·遂人》中记载："辩其野之土，上地、中地、下地，以颁田里。上地，夫一廛，田百晦，莱五十晦，余夫亦如之；中地，夫一廛，田百晦，莱百晦，余夫亦如之；下地，夫一廛，田百晦，莱二百晦，余夫亦如之。"[98]392① 从这段话可以看出，根据当时的劳动者生产力水平，以及土地的肥沃程度与产出水平，对土地进行分配，其目的便是保证人地关系和谐、社会的稳定。但随着生产力的不断提升和农业技术的发展，单位农业产出增加，这就进一步刺激了人口增长，人地关系开始了新的平衡。但古代征税在明清之前主要是按照人口数量征收，因此，人们会进行人口数量增长的自我控制，而明清以后的摊丁入亩政策，使得人口与赋税脱离了关系，人口便出现了迅速增长，因此人地关系的平衡被打破，而这种平衡的破坏随着历史的进程越来越烈。

目前，雷州半岛乡村传统聚落人地关系的矛盾主要集中在两个方面：人口与耕地之间的矛盾，人口与宅基地之间的矛盾。

我国人均耕地只有0.11公顷。从整体趋势来看，耕地仍将持续减少。预计到2025年，人均耕地面积将减少到0.08公顷[17]。雷州半岛目前已被全面开发，从严格意义上讲已经没有了自然之地，因此雷州半岛的耕地总量可以看作一个不再会增加的参量。人口发展的总趋势在不断地增长，而耕地在城镇化进程中不断被城镇的扩张所占用，这种情况就导致人均耕地面积不断下降，有些村落人均甚至不足一亩农田，这显然依靠农业生产是无法满足基本生存需求的。同时，农业生产的机械化程度不断提高，在粗放式农业生产模式下，机械替代了一定数量的人力，进而造成农业劳动力剩余，这种情况加剧了人地关系的矛盾。再加之雷州半岛地势地貌的分布问题，河滩水田与丘陵坡地的经济产值差异较大，经济相对困难的村落必须通过其他途径来解决家庭收入不足的问题。

因此，雷州半岛乡村聚落的青壮年劳动力纷纷走上进城打工的道路。首先从农村走出去的是大量农村青壮年劳动力和高文化素质的劳动力，老人、妇女和儿童就成了农村的留守群体，并且这个群体还在不断增大。这样便导致农村人口空心化问题日益突出，造成大量宅基地闲置和废弃。与此同时，村落人口老龄化现象也日渐严重，老年人宅基

---

① （汉）郑玄，注；（唐）贾公彦，疏. 周礼注疏［M］//李学勤. 十三经注疏. 北京：北京大学出版社，1999.

地占用和处理等问题也逐渐凸显出来。其次，外出务工的农民，大部分属于非永久性迁移，等到干不动的年龄时会选择回农村养老，再加之农村家庭结构的核心化发展趋势，导致了在旧村造成大量宅基地空置废弃的同时，新宅建设大量涌现，这使得聚落用地规模进一步扩大，"中空外扩"[175]的农村聚落空心化现象进一步加剧。

（二）土地利用效率低

在目前的聚落宅基地使用当中，分为使用中宅基地、废弃宅基地及空闲宅基地三种类型。而实际调研当中发现，除了新建住宅中有部分作为使用中宅基地之外，废弃宅基地及空闲宅基地成为当前雷州半岛农村聚落的多数。由于村庄建设规划的缺失和普遍存在的"建新不拆旧"行为，新建宅基地主要分布于村庄周边，使得村庄建设用地规模不断扩张的同时村落内部空心化现象也日渐严重；另外，由于城乡二元户籍制度限制和落户城镇的门槛太高，以及土地制度等原因，农村人口流动具有"离乡不离籍"普遍特征，使得该村户籍人口仍不断增加，进一步增加了对宅基地的需求。同时，部分农民进城务工后，已转向从事非农业生产，并且定居于城镇，但却因祖屋的传统意识和农民固有的土地情节导致其不愿放弃农村的住家和耕地，而造成耕地荒废、宅基地浪费的现象。

土地占有量大、利用率低成为当下农村面临的普遍性问题，其突出表现在聚落空间布局分散、空间利用率低、规模效益少、耕地荒废的严重现象等一些方面。调查表明，城镇中，尤其是小城镇、乡集镇扩容以及农村个人建房所占用的土地是大量的。据相关数据统计，"以人均占有建设用地看，村庄154平方米，集镇164平方米，建制镇129平方米，都市城市58平方米。乡镇工业的人均用地是城市工业的10倍以上。而农民个人建房宅基地0.25亩以上的高达49.92%，其中0.3～0.5亩的也为数不少，最大的竟达1亩左右。人均土地使用面积过大，与我国土地资源短缺的形势有很大矛盾。"[17]

第三节

建筑功能与格局

建筑是人类休养生息的空间，建筑功能与格局的设计及其发展变化直接影响了人居环境品质的好坏。第四章针对传统聚落的民居建筑进行了详细论述，本章从时间轴线入手，对于新村及新民居的建设的特征进行发展阶段的分类描述，并对新民居空间格局特征，从内部空间的延续、核心空间的变化、外观的简化与变异以及肆意发展与自然隔绝等方面入手，将目前新民居建设所面临的人居环境困境进行了详细阐述。而与当前聚落村民生活相关的新村规划及居住建筑的建设是反映其目前人居环境的真实写照。因此，本书的内容也必须立足面对现实，经过充分的分析才能够展望美好的未来。

一、乡村建筑规划建设的困境

　　长久以来，由于农村建设规划的缺失，农村的建设一直处于自生长状态。而在抛弃传统聚落营建智慧的同时，对城市疯狂扩张规划建设的盲目模仿，一方面，造成了在许多传统村落中，以前伴随着自然状态演变而生成的丰富的村落层次和交往空间的不断丧失，建筑形态的异化现象越来越严重；另一方面，农村由于村落自然经济、家庭个体经济带来建设随机性与无序性，增添了规划设计的问题与困惑。现有的规划则以城市住区规划为依据，多采用简单化的方法，进行"批量式""标准式"等设计手段，使得在乡村聚落居住建筑建设方面，地域性差异正在消失，现代都市化的设计方法在乡村的总体布局以及住宅的建筑设计方面为了追求利益最大化而出现的套用城市居住建筑方案，模式化、相似化、简单化设计等不良现象，致使本应具有较好形态结构的聚落规划出现了单调的景象，乡村聚落及建筑的多样性、地域性正在失去自己应有的特征，失去其地区识别性，全国各地的新村建设出现了相似的面貌，千篇一律。

二、新民居的时空特征演变

　　以东林新村为例，住宅建筑建设始于20世纪70年代。前文论述过，新村村落空间的规划在空间特征上对古村空间有一定的延续性，但缺少了聚落生长的机理特质，新村宅基地均为规格一致的方形，整体格局平直简单。通过建筑建成时间来划分其时代特征，可以将其分为三个时段进行分类研究。

（一）传统空间特征延续时期

　　早期时段（1972~1990年），这一时期为解决村落人口数量剧增而引发的人居空间紧张问题，大量新民居建筑于此时期集中建成，并有大量村民从古村迁至新村居住。新村东西主街两侧的建筑便为早期建成的住宅。这时期，新建成的民居建筑与古村"三合院"式住宅极为类似。住宅单元由正房、厢房、庭院组成，其中正房以坡屋顶为主，厢房则平屋顶和坡屋顶两种类型都有，庭院空间比较开敞，且建筑没有占满宅基地，而于东西两侧进行一定退让，巷道空间较宽敞。三合院正房保持了中间位厅堂空间、两侧为卧室的布局，庭院位于厅堂前，住宅主入口设置于建筑东南侧，建筑内部设置了上楼顶的楼梯，屋顶为晾晒谷物、衣物的空间。这类建筑可称为新"三合院"民居，延续了古村三合院空间的功能秩序组织，这充分体现了时代与地域的局限性，人们在区域范围内只能通过"法古"来解决当前所面临的问题。

（二）传统空间特征变异时期

中期时段（1991~2000年），这一时期为了充分利用屋顶空间，住宅内部宽敞的庭院逐渐被天井取代，发展为"天井式"的住宅建筑。传统庭院空间强调人与自然的和谐，且传统礼制要求其仪式性强，功能上有晒谷物、衣物等作用，是居民生产、生活的重要场所。但随着人类在建筑内部活动时间不断增多，庭院占据了宅基的大部分空间，这已无法满足村民现代农村生活对居住空间的需求。这段时期的住宅建设出现了两种趋势：一种是新建的住宅，内院明显缩小，形成天井，天井四周是开敞廊道空间，可以供人于檐下活动（图5-3-1）；另一种建设情况是大量早期建成的庭院式住

图5-3-1 新民居内的天井空间

宅，通过后加屋盖，缩小了庭院开口，而增加了室内使用空间。传统居住空间秩序在该时期继续保持，但随着人们对于室内面积需求的增加，庭院空间逐渐缩小。

（三）传统空间特征摒弃时期

近期时段（2001年至今），这个时期出现了"封闭式"新民居建筑，即住宅室内取消了庭院及天井。原先的庭院空间作为客厅、餐厅，传统室外的公共活动空间由室内的公共活动空间取代。一般客厅上面楼板会开天窗，以改善室内采光。部分住宅为了增加室内居住面积，甚至取消了传统厅堂空间。该时期形成的住宅建筑，在建筑功能方面得到较大发展，出现了客厅、餐厅、卫生间等生活空间，这些分区明确的功能反映出农民对生活品质提高的需求，甚至有部分住宅完全舍弃传统居住空间模式，按照城市商业住宅平面设计模式进行。为增加建筑面积，有部分建筑加盖两层。但在村落紧密型空间模式下，由于建筑单体过于追求室内面积的增加，没有考虑到邻里空间关系，造成建筑单体通风采光不足，邻里之间相互影响较大（图5-3-2），背离传统居住模式。

图5-3-2 新村巷道空间

三、新民居典型案例

（1）早期典型民居Ⅰ：基本信息、平面空间组合模式、空间序列及流线三方面展开分析（图5-3-3）；

（2）中期典型民居Ⅱ：基本信息、平面空间组合模式、空间序列及流线三方面展开分析（图5-3-4）；

图5-3-3　Ⅰ号典型民居分析

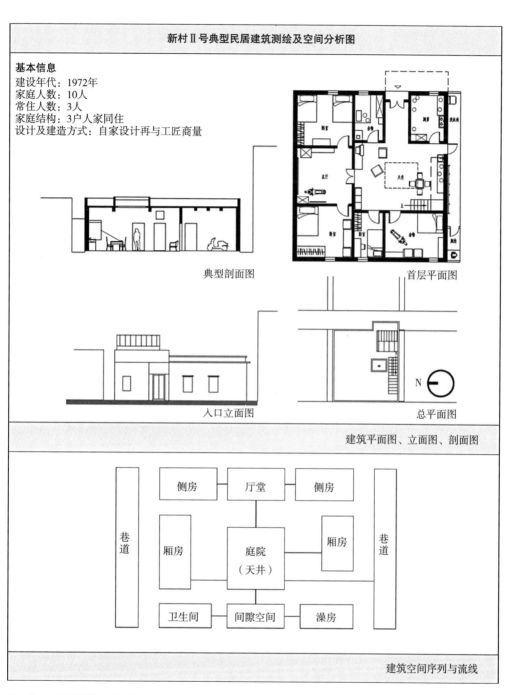

图5-3-4 Ⅱ号典型民居分析

（3）近期典型民居Ⅲ：基本信息、平面空间组合模式、空间序列及流线三方面展开
分析（图5-3-5）。

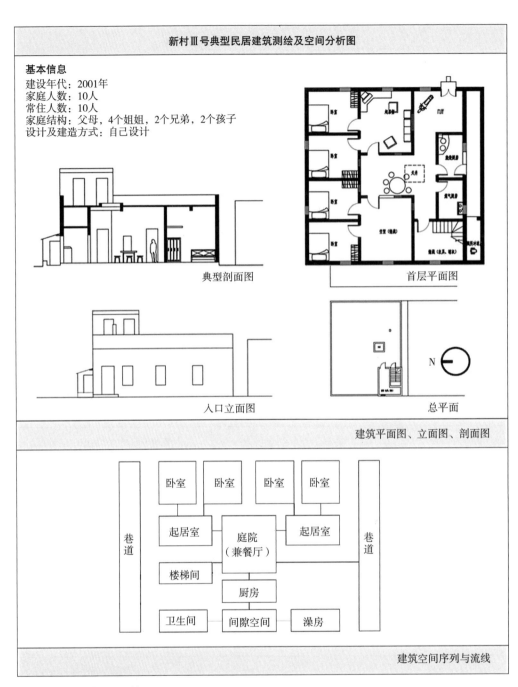

图5-3-5　Ⅲ号典型民居分析

四、新民居空间格局特征

　　新村住宅建筑的功能与格局虽然与旧村有不同程度上的区别，但在诸多方面还是延续了传统居住模式的一些特点。建筑功能随着时代的不同而产生相应的变化，同样，建筑会遵循功能的变化产生新的形式与格局来适应这些变化。雷州半岛乡村聚落新建村落的建筑具有趋同性特征，其功能与空间格局主要具有以下特点：

（一）内部延续传统，外观简单

新住宅普遍采用了现代框架或者砖混结构，建筑为平屋顶，然后通过平屋顶开洞的办法形成庭院（天井）空间，建筑外部造型简单，舍弃了传统精致及烦琐的立面装饰，采用水泥抹面防水，涂白色涂料做表面装饰。改变封闭的外立面，面向巷道的外墙面开窗采光，因此其在造型上已和传统形式之间存在巨大差距。然而，新住宅建筑的内部空间却延续了传统居住空间的格局分布模式，在满足当前生活所需功能的前提下，传统居住空间秩序在新民居建筑中得到延续。因此，新住宅具有内部空间传统、外观简单的特点。

（二）核心空间的变化

传统院落式居住单元以庭院空间为核心展开院落空间布局及使用功能的分配。早期形成的新村住宅单体，延续了以庭院（天井）空间为核心的空间布局模式；后期的发展，建筑整体空间更趋于封闭化，庭院原本作为与自然接触的室外活动空间被封闭的室内客厅空间所取代。这种变化受到了城市居住建筑的深刻影响，客厅成为新民居建筑的核心空间来组织整个建筑的空间格局和功能分布。所以，新民居建筑较传统民居最大的变革在于核心空间的变化，形式上由开敞趋于封闭，由室外空间变为半室内或室内空间；居住环境方面由自然趋于人工；在舒适度及能耗方面由通过自然调节转向依靠人工能源，能耗趋于增加。

（三）对公共空间的肆意侵占

传统民居的营建是建立在传统大家庭基础之上的，在形式与外观上可谓有章法。而新民居的建设虽然在诸多方面有传统营建意识的延续，但是其建设基础是在以现代核心家庭，尤其是在当前众人以图私利为先的大社会文化背景下，其在建筑边界及空间占有方面就产生了诸多怪异现象。虽然每家每户的宅基地是统一规划，而且建设不能超出规定的红线范围，但是为了增加自家可使用的面积，村民在经济条件限制，无法随意建设二层的基础上，便向公共的巷道空间做出尽可能多的悬挑。表面上来分析，这样的做法并没有增加其建筑面积，也没有突破关于建筑不能突破红线的限制，但实际上却增加了不少屋顶的露台面积，这对于村民在自家屋顶晒粮的好处自然不用多说。然而，这种似乎"聪明"的做法却对新村的公共空间产生了严重的影响，原来开敞的巷道空间现在被这些悬挑遮挡为近乎封闭的室内走廊。这种对于公共空间的肆意侵占，虽然从个体角度来讲，暂时满足了一些个体需求，但从整体和长久来考虑，其对人居环境的负面影响是深刻的。

（四）拒绝与自然的接触

新民居建筑内部空间的院落变为天井，天井越来越小以至于最终消失，采光以人工照明来解决。天井的变化及消失，引起了建筑内部通风环境的变化，原来以自然通风为主的降温方式取而代之以人工方式降温防暑，增加了家庭的能耗支出。建筑外部过多的悬挑，将巷道空间进行了大面积的遮挡，虽然在雷州半岛地区可以起到一定的遮阳降温作用，但是这种全日时间的遮阳在温暖潮湿的半岛地区很容易滋生细菌、霉变等有害健康的物质，没有了阳光便少了自然杀菌的机会。

新民居在功能上满足了当前半岛乡村家庭的生活所需，但建筑的种种形式与功能格局均没有充分传承古村落的人居智慧。相反，人们逐渐地将自己包裹在一个由钢筋水泥与砖块砌筑的立方体中，越来越拒绝与大自然的接触与融合。这种方式显然是不可持续的，因此，需要在农村不断新增生活功能需求与理想人居环境之间找到一个平衡点，来实现人与自然的和谐持续发展。

五、基于建筑学视角的新旧民居对比

（一）核心空间的延续与变异

古民居建筑空间是以合院内部的主庭院空间为核心，将传统农业时期的村民生产、生活等功能需求组织在一起。开敞的庭院是建筑通风采光重要的空间，是人们在家庭安全感为前提下，与自然接触的开敞空间；新民居建筑在平面布局方面同样延续了以中心空间为核心，功能房间在四周的格局布置方式来组织空间，所不同的是核心空间经历了由庭院—天井—客厅，这样一个从开敞走向封闭的变化过程（图5-3-6）。新民居的发展在延续传统民居空间格局的同时，为了满足村民不断变化的生活、生产功能需求，发生了不同程度的演变，虽然解决了当前的使用问题，但是人与自然的隔绝，室内通风采光环境的恶化……无疑会对人居环境带来长久的负面影响。

（二）功能组成的变化

古民居建筑功能组成主要为庭院、厅堂、卧室、厨房、储物等功能空间，缺乏室内公共活动空间及卫生间；新住宅建筑功能组成更为细化，主要为庭院、厅堂、客厅、餐厅、卧室、厨房、卫生间、储物间、楼梯间等，出现了类似于城市住宅起居功能的室内客厅，餐厅也独立分化出来，多数家庭设置了冲水式卫生空间，但没有统一的化粪设施。为了应对人口不断增加的需求，新民居在空间布局上摒弃了传统礼制空间的严格对称式布局，甚至取消了厅堂，从而尽可能多地布置了卧室。

新民居的功能格局基本是在实际需求下产生的，每家每户具体需求不同，因此平面的功能划分各异，但又因宅基地的面积与形状相同，以及村民之间的相互模仿。综上所

早期新民居平剖面图   典型剖面图   首层平面图

中期新民居平剖面图   典型剖面图   首层平面图

晚期新民居平剖面图   典型剖面图   首层平面图

传统民居三合院平面图

传统民居四合院平面图

传统民居剖面图

图5-3-6　新旧民居核心空间对比图

述，新民居的功能布置及外观形象又具有一定的趋同性。

（三）空间界面及轮廓的异化

古民居在传统审美意识的影响下，在满足建筑坚固、实用的前提下，又充分利用建筑的门楼与山墙发挥了美观的作用。通过坡屋顶的纵横组合，形成空间层次丰富、韵律感强的建筑空间界面。因每家每户的营建细节手法不同，界面空间在总体统一的同时又各有不同。

新村的建筑单体大都为平屋顶，砖混或框架结构砌成的方盒子，就连早期建设的延续传统较多的新民居，因晒粮食及增加使用面积等因素，也在后期加建了很多平顶元素。传统文化审美的缺失，传统建筑技艺的丢弃，新兴建材及营建技术的粗放，以及经济制约等因素，使人们放弃了对于门头及建筑外界面的装饰及审美需求，仅以经济适用为原则，导致新村建筑界面平缓、单调，甚至于丑陋。

丰富的建筑界面是聚落社区生活中潜在美的享受，所谓"仓廪实而知礼节，衣食足则知荣辱"。在建筑的"坚固、实用、美观"三大原则中，当代乡村聚落中村民仅以"坚固、实用"为准则，故其人居环境的品质还处于一种较低级的阶段。即便是一些较富裕的村民自以为建设了"美观"的瓷砖楼房，其也是乡村聚落中受城市不良建设文化影响下的畸形审美。因此，乡村聚落中的建筑界面应体现朴素的美、地域的美、和谐的美，应该在延续传统美的基础上，融合现代需求，呈现出乡村应有的大美之态。

六、基于计算机模拟的新旧民居对比分析

结合笔者在英国留学所学习的区域大尺度模拟软件Virvil for SketchUp，针对乡村聚落中传统村落与新村落的整体布局以及建筑单体进行了太阳辐射和遮阳方面的模拟分析。以往通过计算机技术对于建筑的模拟仅局限于单体或小范围的全体之间，Cardiff University研发的这款软件可以在大尺度下对建筑的整体布局进行模拟，通过模拟可以了解建筑群的能耗表现，以及建筑群之间的相互影响关系，并且可以生成能耗报告，这对于科学规划、优化设计及低碳可持续发展既有宏观把控的价值，又有微观调整细节的意义。本章中的模拟一方面通过数字技术印证了传统聚落整体布局及建筑营建中的生存智慧，另一方面通过模拟也发现了新村及新民居建设的盲目与短视。

（一）计算机模拟的应用现状

目前，业界关于计算机模拟的应用，主要针对建筑节能相关的声、光、热等物理性能等方面。这是因为在能源供应短缺的今天，建筑节能是各种节能途径中潜力最大，最为直接有效的方式。[182]不但既有建筑中采暖、空调、照明、家用电器、炊事用具等用能设备消耗着大量能源，而且在新建建筑的建造过程中消耗了大量的建筑材料，同时在这些建材的生产过程中也消耗着大量的能源，另外在建筑设备和建筑机械的制造、材料运输、能源生产及加工等为建筑服务的相关环节也消耗着大量能源。[183]为此，整个人类社会必须从提倡节约型消费模式、节约型生活方式出发，在满足基本的健康与舒适的建筑环境的条件下，通过各种技术创新进一步降低建筑运行能耗。[184]

在这种普遍共识下，随着计算机模拟技术的发展，新建筑设计中广泛采用了性能模拟的手段，对我国的建筑节能事业及人居环境品质的改善起到了积极促进作用。建筑能耗模拟主要是针对建筑冷、热负荷进行的计算；对建筑设计及建筑构造进行评价和优化；还可以进行建筑能源管理和控制系统的设计；进行成本分析；研究建筑节能措施。[185]计算机模拟的优势体现在：速度快、资料完备、成本低、具有模拟真实条件的能力。可以进行多方案模拟比较，可根据设计的进度随时进行模拟并获得相对可靠的数据，能够起到指导设计、优化方案的作用。结合可视化的手段，结果直观易懂，便于建筑师和设计人员识读。[186]但目前，在建筑界使用的计算机模拟主要是针对建筑单体在理想物理环境中的各种能耗表现。通常是通过逐时、逐区模拟能耗，分别考虑了影响建筑能耗的各个因素，如建筑结构、HVAC系统、照明系统和控制系统等。在建筑物寿命周期分析（LCC）中，建筑能耗模拟软件可对建筑物寿命周期的各环节进

行分析，包括设计、施工、运行、维护、管理。[185]虽然这些模拟可以在一定程度上反映建筑的预期物理性能，但现实中没有建筑是独立存在于理想物理环境之中的，它必然要与周围的环境发生各种相互影响，如建筑物之间、建筑与植物以及其他可能存在的环境因素。因此，大尺度概念下区域性的群体建筑模拟成为建筑计算机模拟的发展方向。

本书从聚落整体尺度入手模拟分析其建筑相互之间的能耗影响关系，在透彻理解聚落整体尺度下的人居环境前提下，进而拓展至建筑局部的性能模拟分析，通过建筑的各种功能构件设计来研究其微环境的设计智慧。

（二）聚落整体尺度下的模拟分析

前文论述过，雷州半岛乡村传统聚落有着完整的聚落形态体系，而聚落的适宜性规模效应也决定了在传统聚落当中，研究某一个单体建筑虽然会具有其特定的价值，但无法从整体上认识聚落人居环境的科学意义。而且也无法透彻探寻建筑组群之间存在的相互影响关系。因此，本书引用英国卡迪夫大学威尔士建筑学院（Welsh School of Architecture，Cardiff University）威尔士低碳研究中心（LCRI）联合自主研究开发的区域尺度下群体建筑的模拟软件Virvil for SketchUp来对乡村传统聚落进行整体性的模拟分析。

该软件的优势在于，可以在大尺度下对建筑群体进行能耗模拟，模拟结果可读性强，可以直观地判断建筑群的能耗表现，同时后台还可以直接生成建筑群能耗表现报告。不仅如此，还可以在群体中对建筑单体进行具体模型的分析，因充分考虑到周围环境的影响因素，因此，模拟结果更具科学参考价值。

这款模拟软件可以在大尺度下模拟建筑群之间的相互遮挡关系，同时可以计算建筑屋顶及四周维护面接受太阳直射辐射和漫反射辐射的叠加总辐射量，并通过这些来清晰地梳理建筑的能耗情况以及相互影响关系。

（1）通过太阳辐射在建筑各个界面的分布情况可以直观地判断出建筑每个面内外受环境影响的情况，并在此基础上可以结合人居环境建设所要达到的目标，来选择合适的材料与设计方法优化建筑构造，提高建筑的能耗表现以及改善人居环境品质。

（2）通过建筑之间的相互遮挡关系，以及太阳辐射的漫反射关系可以清晰地观察到单体建筑在群体建筑中的实际受影响情况。针对这些模拟出来的实际影响，设计者可以对新建建筑及既有建筑的改造形体、朝向、材料等进行不同程度的优化，从而达到既"坚固、实用、美观"，又低碳节能的最佳设计策略。

由图5-3-7可以清晰地看到，该村选址遵循了堪舆理论，依据山坡走势坐南向北，山水环境优美。另外，村落的整体格局比较完整，南部为传统古村落部分，其中新旧民居交错杂陈，北部为新建村落部分。为了模拟的便捷需要，计算机模型将建筑简化为立方体，从而提高运算的速度。从模拟的结果我们可以得出以下结论：

（1）由太阳辐射分布模拟可以看出，老建筑组成群的布局营造了优良的微环境效

（a）西南鸟瞰图

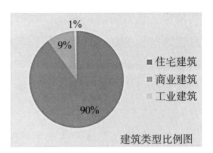

建筑类型比例图

■ 住宅建筑
■ 商业建筑
■ 工业建筑

（b）东北鸟瞰图

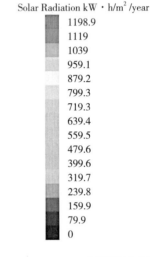

Solar Radiation kW · h/m² /year

1198.9
1119
1039
959.1
879.2
799.3
719.3
639.4
559.5
479.6
399.6
319.7
239.8
159.9
79.9
0

太阳辐射分布图

可持续发展观下的雷州半岛乡村传统聚落人居环境

196

（c）东南鸟瞰图

图5-3-7 聚落尺度下的模拟分析图

应：老建筑组团部分的"冷巷"效应十分明显（蓝色代表太阳辐射得热量少），凸显出传统建筑布局的智慧之处。

（2）现状中，新建筑部分亦是以多层平顶为主，分布在村落北侧。新建筑部分的肌理基本上沿袭了村落的整体格局，但因在高度与形式方面的无序，导致新建筑部分的微气候较老建筑部分差。由太阳辐射分布模拟可以看出，新建筑部分的冷巷效应有相当程度的削弱，并且新建筑的立面太阳辐射得热较多，会导致室内温度的进一步上升，从而催生对空调的需求，增加建筑能耗。

（3）新建筑布局在村落北侧，由于缺乏有效的规划建设，高度参差不齐且普遍高于旧村的传统民居，这样虽然在一定程度上阻挡了冬季寒冷的北风侵袭村落，但同时也阻挡了整个村落的通风及气流组织，降低了风、水因素对健康的有益效应。

通过对整体村落的模拟，我们可以对村落的发展提出科学的优化及发展方向预判断：首先，要完整保持旧村部分的聚落尺度和传统建筑形式；其次，进一步提高新村部分的尺度配合与建筑形式，使得该村整体成为具有优越微气候环境的低碳可持续生态聚落；最后，若需改善人居环境的品质，下一步工作需要重点放在新村街道尺度的改造和传统建筑功能的更新及单体的保护性改造，同时，将可再生能源与建筑的一体化、村落当地的雨水回收利用和垃圾管理等一并融入优化设计中。

（三）建筑单体及周围环境的模拟分析

经过对聚落整体尺度的模拟分析之后，则需要对建筑单体进行细节模拟分析，才能提出更为切合实际的优化方案。为了真实反映传统民居与新民居之间的不同，笔者专门建立了一个雷州传统民居单体的计算机模型，将其置于聚落之中进行模拟，并将每个受辐射面的群体遮挡情况进行分析。

图5-3-8展示了传统民居屋顶的遮阳罩模拟情况。可以直观地看出，正屋、两厢及下落的屋顶受太阳辐射因遮挡关系不同而异，正屋由于高度及功能的需求，其受遮挡情况最少，可以接受更多的阳光；其次是下落，两厢作为次要房间，亦因高度最低而使得其受遮挡最多，得到的太阳辐射最少。因为整个村落坐南向北，因此，可以发现屋顶2与4的太阳辐射强度是最高的，这同样进一步验证了模拟软件的实际可靠性。

图5-3-9显示了传统民居外墙遮阳罩的模拟情况。可以直观地看到，建筑外墙的四

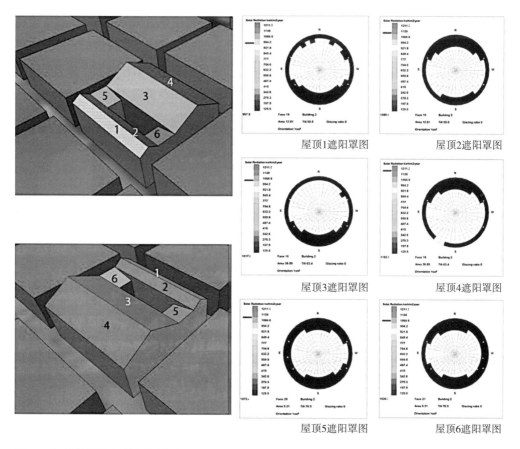

图5-3-8　传统民居屋顶遮阳罩分析图

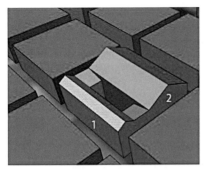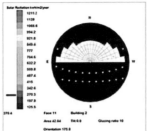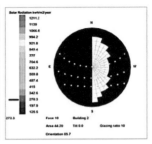

外墙1遮阳罩图   外墙2遮阳罩图

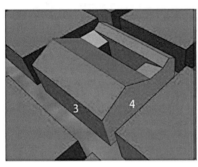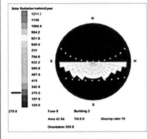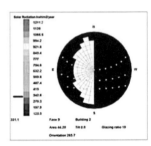

外墙3遮阳罩图   外墙4遮阳罩图

图5-3-9 传统民居外墙遮阳罩分析图

个方向的遮阳情况在周围环境模型类似的情况下也基本类似，主要是跟周围的巷道尺度，其他建筑高度等相关。这也就提示了设计者在分析与设计时要注重周围环境所带来的影响，一旦环境发生变化，即便是单体相同的建筑，其各方面物理性能的表现也是不同的。通过图中颜色可以看出外墙面的太阳辐射强度已经达到相当低的水平，这与雷州半岛传统聚落建筑间营造"冷巷"的朴素智慧亦是相吻合的。

    图5-3-10模拟了传统民居内院墙面的遮阳罩情况。通过图中颜色对比，可以直观地看到传统民居内院的太阳辐射量是前几幅图中最低的。再看遮阳情况，因为遮阳的多少与太阳辐射量的多少是成反比的，因此太阳辐射量小，也就意味着遮阳较多。从图中可以看出，传统民居内部的遮阳较其他遮阳是最多的。但这并不是传统民居内庭院智慧的全部，在雷州半岛这种炎热地区，在防止太阳辐射量过大的同时，在正屋及两厢也兼顾了自然采光。尤其是针对正屋这种重要的空间，在使其太阳辐射得热量最低的同时，又巧妙地将遮阳减至最少，增强自然的采光。

    综合以上对于传统民居在聚落中的遮阳及太阳辐射量的计算机模拟，我们既直观且定量可测地分析了传统建筑各个界面在其环境中的受影响情况，又科学合理地解释了传统聚落建筑形式及其布局组成的潜在智慧。比如，在前文分析山墙时提到过太阳对屋顶的照射可以间接地影响室内微环境的品质，将其与遮阳和太阳辐射模拟联系在一起得出结论，正屋作为屋主人起居、休憩的主要空间，其重要性不仅仅是通过礼制和宗法体现，其间更蕴含了科学的朴素智慧。并且这些智慧是经过时间检验出来的，虽然时代的变迁，导致传统民居的一些功能已无法适应当前的需求，但是通过科学的改造及再利

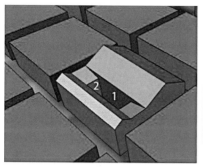
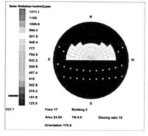
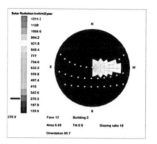

内墙1遮阳罩图　　　　　　　　　　内墙2遮阳罩图

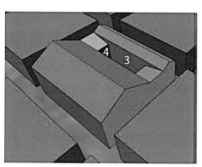
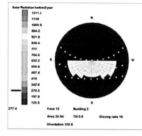
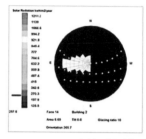

内墙3遮阳罩图　　　　　　　　　　内墙4遮阳罩图

图5-3-10　传统民居内院墙面遮阳罩分析图

用，是完全可以使其再次焕发生机的。因此，增加控制传统民居的使用率是农村可持续发展的重要内容之一。

（四）新旧民居平坡顶模拟的对比分析

当前新民居的建设主要以平顶建筑为主，据现场调研到的村民回复是平屋顶便于自家晒粮食，而且可以解决院子太小或者没有院子的不足。若是后者扩大使用面积可以理解的话，那么有关晒粮食的疑问就出来了，难道古人不用晒粮食吗？那为什么古人还都用坡屋顶？古人并不是不会建造平顶建筑。在调研雷州半岛传统聚落及民居时发现，至迟在清代，雷州先民已经掌握了非常成熟的平顶建筑技术，构造是通过木梁、瓦片、白沙、海泥及大阶砖实现，防水性能极佳，并且平屋顶构造找坡，有组织排水。这些做法与当前通用的建筑屋顶防水构造如出一辙，因此，可以断定古人选择坡顶建筑必然是另有原因的。笔者在对模拟聚落模型的过程中发现了其中的一些奥秘。

在图5-3-11中可以直观地看到，与坡顶建筑毗邻的建筑物外墙1的遮阳罩与平顶毗邻的建筑外墙2的遮阳罩形状极为类似，但自己对比会发现二者有细微差别，也就是这样差别的存在，从一个侧面解释了为什么古人选择坡顶而不是平顶建筑。

在遮阳罩图中有三列点排成的曲线，它是不同季节的太阳整点轨迹图。最上列的曲线是夏季太阳整点轨迹，中间的曲线代表春秋的太阳整点轨迹，最下列曲线是冬季太阳整点轨迹。可以看出，在夏季，墙1与墙2的遮阳状况基本相同，而春、秋、冬三季的墙1遮阳要比墙2少2~3个小时，也就是说在炎热的雷州半岛，夏季平坡顶建筑群所制造

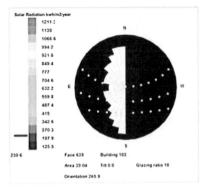

新民居外墙1遮阳罩图

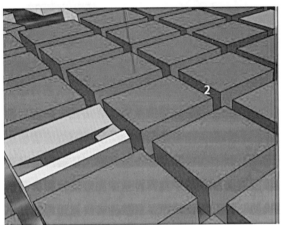

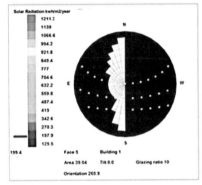

新民居外墙2遮阳罩图

图5-3-11 新旧民居外墙面遮阳罩对比分析图

的巷道热环境基本相同，但到了春、秋、冬三季，气候不再炎热，人们可以享受阳光日晒所带来的健康因素时，坡顶建筑群所营造的巷道得到的阳光比平顶建筑群得到的要多2~3个小时，多出的日照时间，会通过墙体热工性能传递至室内环境，从而改善室内微环境，减弱春、秋、冬三季室内寒潮对人体的侵害。

如此分析看来，古人对于建筑的营建及组群的布局都是将朴素的智慧蕴含其中的，如今我们通过现代计算机模拟手段将其证实，这不仅是一个发现，相对于城市社区，农村聚落有其自身的生存法则，在当前计算机技术广泛应用在城市规划设计的时代，设计师应该在营造人居环境的同时能够深刻理解自然的智慧，将环境与设计整体地融合在一起进行规划建设。

但目前，在关于乡村聚落规划建设中，往往出现城乡二元的设计思维导向，甚至有人认为给农村做设计规划差不多就行了。这种错误的思维导向导致了在新农村建设中出现了诸多不良问题，成为一种政策资源的浪费。因此，在乡村聚落的规划建设中，我们同样需要引入科学的方法来深入探讨针对乡村聚落的未来发展，同样需要用现代技术，认真挖掘传统聚落中的优秀生存智慧，将这些精华应用到乡村聚落未来可持续的发展当中。

第四节

聚落地域文化特征

　　费孝通先生认为中国文化是从本土民俗传统发展起来的，正统的"大传统"[①]文化是古代士大夫阶层在广大民间基层思想及愿望基础之上整理和提高而得出来的。因此，代表乡村社会文化的"小传统"构成了整个中国文化的基础。"大传统引导文化的方向，小传统提供真实的文化素材，两个传统互动互补，共同构成文化的整体。"[90]

　　雷州文化作为一种地域性的"大传统"，是一种复合型文化，是由本土文化、雷话文化、粤语文化、客家文化、中原文化和海外文化等六大文化类型混合而成，同时以雷州文化[②]为主体的多元混合型文化形态。[74]因此，要探寻雷州文化对地域的影响，我们需要对雷州文化的构成类型进行分类描述，从文化特征中了解雷州人居环境构成的内在因素。

　　地域文化作为雷州别于他地区的显著特征，也是人居环境中社会空间特征的基础。当前处在现代消费主义文化正在强势地逐步侵蚀地域文化的时代，地域文化特征的可持续发展，是地域适宜性人居环境得以持续健康发展的精神保障。同时，人居环境的提升与改善也是以地域居民充分认可自身文化为基础的。雷州作为一个多元文化的聚集地，兼容并蓄了本土文化、闽越文化、广府文化、中原汉文化、海外文化及军屯文化。这些文化具有独特的地域文化品质，它的融合性与独特性促使雷州半岛成为岭南区域中独树一帜的文化亚区，与此同时，建筑作为文化特征的载体，也以独特的形式存在于岭南汉民系民居序列当中。

一、地域文化类型

　　在雷州文化发展史上，雷州话、粤语（白话）和客家话（话）分别孕育了不同类型的文化。国内来自闽越、客家、广府和中原的汉民族，曾经作为本土居民生活于雷州半岛的俚僚等少数民族，以及凭借海上丝绸之路起始港和军港优势与该地发生文化关联的侨民及域外异族，包括曾经占领广州湾租借地的法兰西人、日本人等世界范围的族群，对雷州文化的建构均产生过重要的作用。[74]因以上诸多因素的共同作用使然，雷州半岛的文化中存在着本土文化、闽越文化、广府文化、中原文化、海外文化及军屯文化等六种类型。

---

① 人类学家雷德菲尔德（Robert Redfield）在《乡民社会与文化》一书中，提出"大传统"和"小传统"两个概念，用以说明在较复杂的文明之中所存在的两个层次的文化传统。简单来讲，"大传统"及正统文化，是社会上层所代表的精英文化，"小传统"则指一般乡民所代表的生活文化。

② 本土文化与雷话文化的合称。

（一）本土文化

本土文化亦称作俚僚文化，雷州半岛的本土文化系指历史上生活于雷州半岛的原始居民，主要是西瓯、骆越和南越各族创造的文化。雷州半岛，地处蛮荒，应属古代百越大族系的南越族系。越与瓯、闽等相通，"自交趾至会稽七八千里，百越杂处，各有种姓。"[135]① 考古文化证明，越人在夏、商、周时期，已在岭南创造了自己的文化。以几何印纹陶为主要特征的青铜文化，就是古代百越的物质文化。古越人已有了自己的独立语言和记事表意的文字。他们断发文身或"椎髻箕踞""错臂左衽""饭稻羹鱼"。他们发明了种稻，又善于驾舟捕鱼。[82] 西汉以前，中原人尚不知其族别，因此一概称为"越"或"蛮"，总称曰"百越"或"蛮夷"。最早提及雷州半岛原住人族名的是南朝刘宋时期范晔的《后汉书·南蛮传》，里面讲述建武十六年（公元40年），交趾征侧、征贰两姐妹造反，"于是九真、日南、合浦蛮里皆应之，凡略六十五城，自立为王。"[187]② 其中"里"为岭南各族的主体。在当时，雷州半岛属交趾部，因此，属于原住里人分布的区域。魏晋以后，"里"作为"俚"，亦称"俚僚"（即今之黎人）。俚人继承并发展了古越人的语言、习俗文化，以狗、狸为图腾，还创造了有雷州半岛特色的铜鼓文化、石狗文化。至今铜鼓，在雷州半岛的几个县（市）都有发现。石狗则处处可见。由此可见，古越人及其后裔——俚人在各方面都创造了富有特色的民族文化，为形成雷州半岛文化作出了最早的贡献。[82] 雷州半岛本土文化的繁荣期主要在先秦及唐朝设立雷州以前。隋唐时期，俚人逐渐发展为大规模部落联盟，高凉冼氏"世为南越首领，跨据山洞，部落十余万家"[188]③，冼夫人氏族势力覆盖了粤西南、海南等地。因以上的历史源流，导致俚僚文化在雷州半岛留下深深的印迹，并在各个文化层面上表现出来。俚僚文化作为本土文化是雷州半岛最早的历史地域文化，同时也是底层文化，它的许多文化因子后来都融入雷州文化，成为以后雷州文化最基本构物之一。

（二）闽越文化

雷州半岛的闽越文化亦是秦汉以来，尤其最为集中的几个时期是唐、南宋末、元末明初、明朝中叶、明末清初，从福建莆田等地多次、大批迁入的汉族。这几次人口大规模的转移，深刻改变了雷州半岛人口的格局，福建莆田人逐渐成为雷州半岛人口的主体。同时原本在雷州半岛栖息的越人受到外来迁入人口的影响不断外迁，或融入另一个

---

① （东汉）班固，编．颜师古，注．汉书［M］卷二十八下．地理志第八下．引臣瓒曰．北京：中华书局，1964.

② （南朝宋）范晔；（唐）李贤，注．后汉书［M］卷八十六．南蛮西南夷列传第七十六．南蛮．北京：中华书局，1965：2836.

③ （唐）魏征．隋书［M］卷八十．列传第四十五．谯国夫人．北京：中华书局，1973.

族体，或蜕化为另一个新的族群。闽越系汉人的不断增加，带来了以中原汉文化为主体的独特福佬闽越文化。这种文化融汇了古闽越文化、汉唐中原文化以及宋元明清时东渐的欧洲文化等异质文化而形成。在与雷州半岛古越人文化的双向交融中，逐渐融合、同化了雷州半岛古越人文化。在文化融汇过程中，雷州半岛文化不可避免地出现了福佬闽越文化的印记，具有诸如农商并重、尚武冒险、注重地域血缘宗派、诸神并奉等特征。[82]这种文化以闽语的分支雷州话为载体，与潮汕文化有亲缘关系，也可称之为闽潮文化。闽越文化主要分布于徐闻、海康（今雷州市）和遂溪等地，闽潮移民所带来闽越文化在雷州具有相当的流布与空间占用，可以说是雷州文化最重要来源之一。其中，以雷州话为代表性文化符号主要有从本土文化继承来的石狗文化、崇雷文化、铜鼓文化，以及雷话、雷歌、雷剧、雷州换鼓、雷州傩舞、雷祖与妈祖崇拜等。鉴于雷州半岛俚僚语的本土文化和闽越文化共享崇雷文化因子，因此二者可合称为雷文化。雷文化是雷州半岛文化的主体。[74]

（三）广府文化

雷州半岛隶属于广东管辖，较珠三角地区文化与经济相对落后，则其不可避免地会受到广府文化的浸染。由于雷州半岛自有文化的独立性及福佬闽越文化深深的印记，广府文化的影响在民俗及生活等方面的反映并不明显，主要体现在以粤语为代表的半岛北部的廉江、遂溪、吴川等地，属汉族粤语文化高廉片区盛行粤语、粤菜，主要文化遗产有吴川飘色和粤西白戏等。而在宗族聚落、村落格局及建筑空间组合与外观风貌等方面的反映极为深刻，具有明显的广府特征，但同时又受到雷州文化的深刻影响。

（四）中原汉文化

秦汉中原封建势力进入雷州半岛，设立郡县，中原汉文化开始在当地扎根生长。西汉以后，由于战乱，中原的汉族移民大量迁入雷州半岛。正如苏轼在徐闻《伏波庙记》中所载："自汉末至五代，中原避乱之人，多家于此。"[189]① 三国时期，东吴统治者加强了对其辖区的开发，促进了中原文化向包括雷州半岛在内的岭南地区的传播。到了唐朝，中原统治者重用本土陈文玉为雷州首任刺史，并采取安抚境内，促进各民族和睦相处；修筑州城，消除匪贼，保证地方安宁；施行德政，改变雷州半岛落后面貌等一系列措施来加强对雷州半岛的统治管理。从此，雷州半岛的少数民族，一部分与汉族同化，另一部分与广西壮族融合。后来，经历了两宋、明末、清代几次战乱，漫长的民族认同、压迫斗争、迁徙等过程，汉族居民逐步成为雷州半岛本地居民的主体，中原汉文化渐渐成为雷州主流文化。其主要形态有以寇准、苏轼、李纲等雷州宋代十贤，明代汤显

---

①（清）王辅之. 徐闻县志［M］卷之十五. 艺文志. 苏轼. 伏波庙记. 影印版. 台北：成文出版社有限公司，1974.

祖为代表的流寓文化，仅是宋朝被贬流放来雷州的臣子、文士就有100多人。[82]在官场失意的贬官罪臣被贬谪到荒僻的雷州后，开始在这里寻找寄托，而寄托的主要方式是兴教办学，改革陋习，传播汉文化，热心传播中原文化和儒家文化，出现了由官方主导的以雷阳、贵生等著名书院为代表的书院文化。以及从中原直接和间接传入半岛的佛教、道教等宗教文化与傩舞、人龙舞等民间文化。[74]这些文化元素为雷州带来了先进的中原文化，并由此带来了雷州文化、教育、习俗等诸多方面的转变。[136]由于中原汉文化受到本土化融合的原因，雷州半岛的中原汉文化往往缺乏典型形态，不过它的许多成分早已融入半岛的各方言和各民系的文化之中，并对雷州半岛的文化发挥着重要的支撑作用。

（五）海外文化

雷州半岛的海外文化有多种形态，也有多个不同的创造主体或族群。一是海上丝绸之路文化，主要是通过文化和贸易往来从海外输入的文化。从地理位置来说，雷州半岛三面临海，海岸线曲折绵长，港湾众多，又有徐闻以及附近的合浦古港；紧靠历史早期中原南下北部湾的湘桂走廊这条水陆交通线；而雷州半岛上台地广布，容易通过，海陆交通方便，海上丝绸之路对它影响甚大，必然受到海外文化的强烈影响，并吸收纳为己用。雷州半岛对外贸易的历史已经相当久远，《汉书·地理志》记载："自日南障塞、徐闻、合浦船行可五月，有都元国，又船行可四月，有邑卢没国；又船行可二十余日，有谌离国；步行可十余日，有夫甘都卢国。自夫甘都卢国船行可二月余，有黄支国，民俗略与珠厓相类。……黄支之南，有己不程国，汉之绎使自此还矣。"[135]①海上丝绸之路自先秦南越国时期开始相当长的一段时间内，起始港就设在徐闻。出口的货物主要是"杂缯"（各色丝绸织品），入口的是明珠、璧琉璃、奇石、异物等。缅甸、印度、斯里兰卡以及欧洲一些国家在不同时期也派官员使者和商人到雷州半岛经商，带来了海外文化。[82]二是侨民文化，雷州半岛侨民文化的典型成就是分布于湛江市、雷州市和徐闻县城等地的具有南洋风格的骑楼街区。三是西方传教士文化及东西洋侵略者主导的文化。明清时期，西方传教士为半岛传来了基督教，并在今湛江市霞山兴建了天主教堂，传播教义。西方文化的传入，一种完全不同于东方文化的体系，为人们提供了多种外国语言文字及各种科学知识的可能，使人们扩大了视野。雷州有识之士积极吸收了外国文化中有用的东西，如西洋绘画、西方建筑、西方医学和教育以及东洋工艺等，在不同程度上接受了西方的物质文明和精神文明。[82]

---

① （东汉）班固，编；颜师古，注. 汉书［M］卷二十八下. 地理志第八下. 引臣瓒曰. 北京：中华书局，1964.

（六）军屯文化

雷州半岛自古为历代中央政府驻兵戍守，并作为官员罢黜发配之所，自宋代大量移民迁入开垦之后，该地区得到了快速发展，而其地处大陆南陲，三面环海，这种地理格局也使其经常受到当时倭寇与海盗的骚扰。受政治与地理因素的多重影响，政府设置行政衙署加强对这一区域控制与管理的同时，为了保国卫民，也进行了大量的军事部署，以致形成了雷州半岛特有的军屯文化，同时军屯文化亦成为影响雷州文化不可忽视的重要因素，也进一步促进了雷州半岛民间崇武的风气与悍勇的民风。

历史对雷州半岛的军事设防、屯军均有史料记载，据《读史方舆纪要》载："雷州凸出海中，三面受敌，其遂溪、湛川、涠洲、乐民等四十余隘，固为门户之险，而海安、海康、黑石、清道并徐闻、锦囊诸隘，亦所以合防海澳者也。"[190]① 在半岛，目前遗留的古代军事地表文物遗址也比较丰富，如卫所营寨、炮台烟墩、驿站等大批海防设施等，这些文物估计主要是明清时期的地表军事设施遗迹。自明代，军队在雷州半岛的驻扎也为半岛带来了各地的民间传统文化，并进一步发展成为雷州半岛文化的活化石，如东海的人龙舞、旧县的傩舞（古称考兵）。

雷州半岛自秦代纳入中原统治范畴以来都是比较多事的边陲，封建王朝常派重兵驻防屯田。秦始皇统一六国后，派遣任嚣、赵佗平定南越戍守官兵及南迁汉人，其中部分到了雷州半岛，驻防南陲，并开垦屯田。西汉元鼎五年（公元前112年）四月，汉武帝派遣伏波将军路博德、楼船将军杨仆率10万水师分兵征讨南越。在雷州半岛西南端，汉徐闻县遗址附近现仍有一座"侯神岭"，是"汉置左、右候官"[134]② 的所在地。东汉建武十七年（公元41年）冬，光武帝派遣伏波将军马援、楼船将军段志讨伐交趾女子徵侧、徵贰等众叛乱，经徐闻沿海进军，以后有相当部分官兵在雷州半岛留守落籍。

南宋受元兵追逼，幼皇赵昺、赵昰由大臣陆秀夫、张世杰等文武百官及15万军队、30万民兵族拥护驾、乘两千多条戈船于公元1277年从偏安一隅的临安府（今杭州）出逃，经福建、广东沿海转辗到了硇洲岛，于祥兴元年、二年在此登基。硇洲岛因此曾经建过皇城，做过末代南宋的首都，是南宋军队屯兵雷州半岛人数最多的时期，也是历史上较大规模的军队驻屯雷州半岛。

明洪武年间，沿海一带遭倭寇贼船侵袭，大肆烧杀掳劫，百姓生活受到严重侵扰。明洪武二十七年（1394年）朱元璋根据广东指挥使花茂关于"沿海宣立卫所，以防备海盗"的奏章，命安陆侯吴杰、都督马在雷州半岛增设海康、海安、乐民、锦囊4个千户所以及石城（隶雷州卫）、宁川（隶电神卫）等千户所，练兵屯田，防御倭寇。还在该

① （清）顾祖禹. 读史方舆纪要［M］//中国古代地理总志丛刊. 卷一百. 广东一. 海. 北京：中华书局，2005.
② （唐）李吉甫；（清）缪荃孙，校辑. 元和郡县图志［M］//中国古代地理志丛刊. 附录. 元和郡县图志阙卷逸文. 卷三. 北京：中华书局，1983.

地区先后设置清道、黑石、椹川、润洲、宁海、东场、遇贤、零禄等多处巡检司。[191] 除了卫所的建设，还大力营建水寨，实现水陆联防反击。明朝隆庆年间，倭寇对东南亚沿海骚扰日甚。为抵抗防御倭寇的侵扰，在通明港调蛮村建起白鸽寨并驻扎水师，专门负起防御海上倭寇之责。白鸽寨也随之成为雷州半岛水师重镇。

清朝顺治十一年（1654年）十二月，清廷派遣靖南将军朱马喇率兵10余万南下，驻屯雷州半岛及粤西，结束了粤西"时清时明"的混乱局面，并设立粤西府镇总兵官，镇守高、雷、廉等府。清康熙二十九年（1690年）正月，清廷撤销雷州卫及海康所、屯田归附当地县治管理，屯丁考试也由县地方行政录送，是本地首次"军改地"改革制度的实施[191]。自此，军屯的垦田及兵员征试改由地方管理。

雷州半岛的历史沿革，各朝代的戍防，体现千年军屯在当地的实施、改革、演绎了南粤重镇"天南重地"的历史军屯文化[191]。

以上六种文化类型是构成雷州当前文化的主体，这些因素在雷州现存的古代建筑上都有体现，但程度不同。雷州明清时期传统聚落古民居建筑地缘性，建筑文化从属的研究价值很高。[136]自清代以后，在中国广袤的土地上就几乎看不到具有自己文化特色的建筑发展，因此，对雷州传统聚落明清时期古民居建筑的研究总结为我们探索建筑的融合与演变提供了坚实的基础。

二、地域文化特质

雷州文化由多元的文化因素融合而成并不断地兼容并蓄，它反映了人类适应地理环境采取的生存方式，体现了人类对自然资源开发利用的价值取向，是人类世代劳动成果的总体特征，更是人类深层的精神世界的结构与风貌。这些通过其与众不同的雷州话及各种风格迥异的风俗仪式表达并传播开来，形成了雷州半岛特有的文化特质，并在多个文化层面上反映出来。

（一）丰富的海洋文化内涵

雷州与海上丝绸之路关系密切，雷州文化吸收了开拓进取、勤奋务实、勇猛变通的海洋文化精神，具有海洋文化属性。首先，从雷州文化的历史形态而言，具有开放性和拓展性。雷州自古即为河海交通枢纽。秦汉时期的海上丝绸之路从雷州开启了中外文化交流的先河。唐时为东通闽浙的重要港口，同时与南海诸藩国有舟舶往来，远行可至海千里。宋时海外贸易十分发达。"偃波轩"作为官府督造船舰之重地。清时设雷州口海关部，为物质、文化传播的重要基地。其次，从雷州文化的内质结构而言，具有涉海性。三面环海的雷州人，无论是原住俚人，还是入居闽潮人，都视海洋为他们的经济生命线，耕海是他们生活的一个主要来源，也是雷州海洋文化最基本一个层次。再次，从雷州文化的价值取向而言，具有商业性的慕利性。唐宋时期，米、酒、瓷器等大宗贸易物品源源不断地从雷州港销往东南亚及西亚地区，除明清海禁期间海洋贸易受限之外，至道光年间，在海禁解除之后，雷州又出现了"商旅穰熙，舟车辐辏"[139]①"商船蚁集，懋迁者多"[140]②的局面，至今湛江市区尚有"福建村""福建街"等地名，过去内设有潮州会馆，民主路内有闽浙会馆，徐闻县民生路有广府会馆、潮州会馆等，展示闽、湖、广（州）商人在雷州半岛活动盛况。[133]整体来说，雷州半岛的海洋商业文化较为繁荣。

雷州海洋文化深厚的历史积淀，也反映在精神文化层面，其中又以海神崇拜居独特地位。因半岛海陆相接的地理环境，海陆相互作用产生的各种自然现象增加了雷州先民对茫茫大海的神秘感，一方面由此产生海神崇拜，另一方面是闽潮人带来妈祖（天妃、天后）崇拜。[192]为祈求"海静波恬，民安物阜"，多建天妃庙、天后宫等，祭拜神灵，希冀出海平安，海神崇拜成为当地航海者的精神支柱。这反映了天后是勇敢、无畏、正义的化身，她涉波履险，济世救人，热心公益事业，这也正是雷州人敢于开拓、进取海洋文化品格的表现。

（二）厚重的本土文化底蕴

雷州半岛成为我国保留本土文化最多地区之一是与其环境的相对封闭与社会经济的发展滞后这个特征分不开的。厚重的俚僚本土文化积淀层在不同的文化层面构成独特的文化景观。

俚僚人俗重铜鼓，在他们的理念中鼓是财富、权力的象征，同时也是一种打击乐器，轰鸣的鼓声与天雷类似，可以与天神沟通，所以铜鼓所包含的非常丰富内容，称为铜鼓文化。冯梦龙《警世通言·乐小舍拼生觅偶》记载："从来说道天下有四绝，却是雷州换鼓，广德埋藏，登州海市，钱塘江潮。前三绝，一年止则一遍，惟有钱塘江潮，一日两番。"这里所谓的广德埋藏、登州海市、钱塘江潮三绝均是人们较为熟悉和了解的自然景观，而位居"天下四绝"之首的雷州换鼓却是岭南地区独有的一道人文景观。

在原始的蛮荒时代，遍地荆棘，狗成为雷州先民生产和生活的保障。因此，狗成了古越人渔猎时代崇拜对象。在雷州半岛关于狗的传说有许多，如：狗报海啸的传说、狗斗水鬼的传说、狗为主人守墓的传说、狗能医病的传说，等等。但流传最广的是关于"磐瓠"和"九耳神犬"的传说。[193]南朝宋人范晔的《后汉书·南蛮列传》记载神犬盘瓠与人婚配的故事，实际上反映了古代少数民族的原始崇拜和经济生活。至今黎、畲、瑶等少数民族仍视狗为图腾，狗崇拜盛行这些少数民族地区，现存的《祖图》（狗皇史

---

① （清）喻炳荣，朱德华，杨翊，纂. 遂溪县志［M］卷之四. 埠. 刻本. 北京：中国国家图书馆. 中国国家数字图书馆. 数字方志，道光二十八年（1848）续修，光绪二十一年（1895）重刊.

② （清）喻炳荣，朱德华，杨翊，纂. 遂溪县志［M］卷六. 兵防. 赤坎埠. 刻本. 北京：中国国家图书馆. 中国国家数字图书馆. 数字方志，道光二十八年（1848）续修，光绪二十一年（1895）重刊.

图）、《狗皇歌》的故事情节与古籍记载一脉相称。[193]。雷州半岛曾为俚人居住地，狗崇拜残余至今犹存，并形成一个特殊的石狗文化圈。雷州石狗习俗流布广，文物遗存密聚，在雷州市境内已发现战国至清代的石狗文物达10万尊。2005年4月，"雷州石狗信仰"被列为广东省非物质文化遗产。2007年，"雷州石狗习俗"被列为国家非物质文化遗产申报项目。[194]

雷州半岛是我国著名雷击区。唐代李肇《国史补》曰："雷州春日无日无雷"。古时雷州先民缺乏对自然的了解，出于对雷电的恐惧，因此对雷神崇拜有加。海康、电白、遂溪等地均建有雷神庙，其中最大的一座称雷祖祠，坐落在雷城西英榜山，继而后人又由雷衍生出异人陈文玉，任雷州首任刺史，殁后有灵，被奉为雷神受祭。古时雷州民俗奇观——"雷州换鼓"，其实就是一种祭雷的方式，是对雷神崇拜的一种表现。

（三）开疆文化的遗泽

雷州半岛为我国大陆最南陲的地理区域，古时蛮荒落后，其与海南岛一样作为古代封建王朝贬谪罪臣或途经之地。这些流落边疆的政治文人多为历史上的名人志士，被贬之后并没有消沉，反而多致力于在落后的贬谪之地传播中原先进文化，推动当地文化发展。这种由流寓人物在边陲地区传播的汉文化，后被称为"开疆文化"[192]。这种文化的一个最大特点是以流寓人物为载体，以其自身的社会影响力及自己的活动改变当地落后文化，有助于边疆地区的开发和进步。同时，历史上中央政权进军或者驻军边疆所带来文化的传播，也属于"开疆文化"的范畴。

雷州半岛自秦代便已被中原政权触及，至汉代以来已为中原政治势力所及，并纳入版图，从汉两伏波将军南征到后来统一岭南的战争，都不同程度上加强了中原文化在雷州的传播。历史上更是有过许多文化名人被贬或者途径停留雷州，仅在唐宋时期便有七位宰相贬雷或途经逗留，其他官阶者更是不胜其数。当今雷州西湖十贤祠所祀奉的十位先贤，即寇准、李纲、赵鼎、李光、王岩叟、苏轼、苏辙、任伯雨、秦观、胡铨等即为他们的代表人物。他们在当地兴教化，办水利，发展生产，改善民生，培养人才，贡献匪浅。明代大戏剧家汤显祖，坐贬徐闻典史。创办贵生书院，升座讲学，座无虚席。[195]这些贬官逐客流风所及，至今仍未泯灭。保留至今雷州十贤祠、真武堂、苏公亭、寇公亭、莱公井、徐闻贵生书院等即为开疆文化在雷州的历史见证，它们深蕴的文化内涵已深深地融入到雷州文化之中。

（四）热带红土文化的特征

深色玄武岩地层加之干热气候，形成雷州红土。在这种地理环境下孕育、发展起来的乡土文化，称为红土文化。它包含了物质和精神文化各个层次，既有可视又有可悟文化景观。雷州与海南一样，过去是槟榔、椰子、甘蔗等热带作物分布区。明清时徐闻

"糖蔗得利，几与谷相半""雷人婚嫁之礼必须糖，故糖价与米价等"[196]①。雷州又是我国引进新作物基地之一，如落花生为南果中第一，以其资于民用者最广。"宋元间，与棉花、番瓜、红薯之类。粤估从海上诸国得其种，归种之。……高雷廉琼多种之，大牛车运之，以上海船而货于中国"[141]②。中华人民共和国成立后，雷州引种橡胶、剑麻、咖啡、胡椒、油棕、菠萝等热带作物显示红土地利用的一个新方向和文化景观空间布局。

雷州文化在热带海洋环境下，由最初的俚僚文化、移民而来的闽潮文化以及官方主流的中原汉文化等多源头文化要素构成，在岭南地域环境的兼容并蓄的文化特质下，具有独特的文化风格。如上述，"俚僚文化在原始崇拜、民间信仰、风俗活动、地名等颇具特色；闽潮文化则以海洋文化特质见长；中原汉文化则反映在历史政治、经济制度、儒家伦理、道德、礼仪范式等方面"[192]。雷州半岛的地理位置，使得雷州文化具有海岛型海洋文化特征，即对内的相对封闭性和对外的相对开放性。雷州地理纵深有限，但交通可达的不便利性，在历史后期，使得其文化也比较均质。从这个意义上说，雷州文化相对独立性使其可以成为一个单独的文化区，在岭南文化体系中占有一席之地。

三、乡村传统文化丧失

在文化多元化发展的当今社会，传统地域文化正面临着严峻的挑战。前文已述，社会精英的文化行为是社会大传统的主导方向，这个原则同样适用于世界范围的文化导向。发达国家的文化作为一种强势文化导向，极大地影响着发展中国家。因此，相对落后地区在开放的环境中会不自觉地追逐发达地区的文化行为，同时会逐渐丧失对自身传统文化的兴趣与信心，导致地域的传统文化逐渐衰败甚至凋零。如今的雷州半岛地区作为广东发展较为落后的地区，其地域传统文化正受到以珠三角发达地区文化导向的严重影响。其文化行为、文化元素以及文化内涵均以现代文化导向为目标而趋之若鹜。

同时，在快速城市化的情况下，现代化与本土文化的矛盾，及"强势文化"与本土文化的矛盾变得十分复杂和尖锐。[2]作为历史文化的见证和精神家园的传统乡村聚落与建筑，随着经济发展和生活方式现代化的冲击，村落和传统民居的更新出现了盲目照抄城市建设式样的趋势，传统建筑风格被严重破坏，丧失了各地的特色和优势。在乡村简单平直的行列式住区布局形式随处可见，或者是毫无计划地随意乱建，无序而混乱，丧失了传统聚落中巷道活泼自然的特色和亲切自然的生活气息，和睦互助的友好邻里关系也日趋淡漠[17]。

文化环境作为人类社会发展的见证，是人居环境的一种重要表达。在世界范围内的

---

① （清）刘邦柄. 海康县志 [M] 卷之一. 疆域. 物产. 刻本. 北京：中国家数字图书馆. 数字方志，嘉庆十七年.
② （清）檀萃. 滇海虞衡志 [M] //王云五. 丛书集成初编. 卷十. 志果. 上海：商务印书馆，1936.

各个种族，各种肤色的人类社会传统文化对于自然均是以敬畏与融合为其核心思想。这种思维导向是人类能够与自然和谐共生的基础。而近代科技的飞速发展，尤其是当前人工智能的广泛推广，人类将以消费与娱乐为核心的现代文化作为追逐的目标，俨然已经忽视了与自然和谐的必要性，过度的消费会导致人类消耗自然行为的无节制，过分的娱乐会导致人类失去远虑，侵占后代发展的平等机会等，这些不可持续的行为必须得到纠正，才能使人类健康长久走下去，文化的和谐发展是一个重要途径。

第五节

聚落健康与舒适度

世界卫生组织在1946年就对健康进行了明确的定义：健康并不是我们简单意义上所认为的没有疾病，它是一种生理方面、精神方面与社会适应方面的完全良好状态。

导致人失去健康的因素非常多，这里主要讨论长期以来被人们忽视的建筑行业中建造环境对人体健康的影响。2002年，世界卫生组织调查显示，由传染性疾病导致死亡的人数占全球死亡总人数的30%，非传染性疾病的占60%，意外伤害占10%。[197]也就是说，全球70%的死亡人数与疾病无关，反倒是由环境和社会因素造成的。因此，如何提供良好的居住环境与工作环境，如何有助于人们的健康和幸福，人居环境的改善至关重要。

一、潜在的健康威胁

当前在中国，建筑室内装修是人们普遍认为改善自家居住品质的最直接有效途径，窗明几净，新家具电器，让人们心情气爽，更是趋之若鹜。但实际上却事与愿违，调查显示，装修已成为当前人类健康的祸首，尤其是儿童健康。以儿童白血病为例，20世纪七八十年代罕见的儿童白血病，到了21世纪已发展成威胁儿童生命的一大杀手。环境污染是罪魁祸首，大量存在的肆意排污的造纸厂、化工厂，与日俱增的汽车数量，导致人类赖以生存的空气、水源受到不同程度的污染，成为白血病高发的直接诱因。大环境出现问题，儿童居住的小环境同样不容乐观。含有苯原料的快干漆等装修材料大量进入家庭，装修材料中所使用的甲醛是导致儿童白血病的重要诱因，极易对儿童造成危害。

根据世界卫生组织公告判定，装修材料内的剧毒污染物——甲醛，不但可以引起鼻咽癌、鼻窦癌，还可以引起白血病。甲醛又称蚁醛，是装修材料中散发出的一种刺激性气体。有持续挥发特性，挥发周期一般持续3~8年，新装修或已装修的3年内为高挥发期。[198]一般家庭不可能做到待甲醛挥发完毕后再搬入居住，因此，有害物质对人体，特别是儿童便造成了深痛的伤害。

因此，创造健康型建筑成为未来人居环境发展的重要内容。

二、健康型建筑与建筑生物学

健康型建筑不仅考虑居住者生理及心理上的需求，防止其在这两方面产生疾病，同时还强调以人为本的重要性。健康的生活环境能使人轻松愉悦、放松身体的同时还可以陶冶情操，甚至还可以充分地与自然亲密接触。在当前，生活节奏过快、缺乏足够的休息时间成为社会通病，舒适健康的环境能帮助人们缓解生活的压力，至少也可以增加一些个人的生活经验和幸福感。

健康型建筑将间接地促进整个社会的发展，健康、快乐的人更容易有美满的人生，他们在享受人生乐趣的同时，也会积极地用行动来回馈社会。[176]

德国于20世纪50年代首次提出建筑生态学的概念，其目的就是创造与环境和谐共处的建筑，同时满足居民在生态、生理及精神上的需求。为保证健康舒适的室内微气候环境，建筑外围护结构亦被称之为第三层表皮，其应该具有可呼吸、隔热和保护等多种功能[176]。

以创造健康型建筑为目标的建筑生物化运动将室内空气污染、温湿度、照明、色彩、比例协调、土壤能量、人类工程计量学和电磁领域的问题纳入考虑范畴[176]，该运动在提倡新的建筑思考维度的同时，积极传承传统建筑中优秀的建造方法，是传统建造方法与现代建造技术的完美结合。

三、舒适度

关于舒适的定义十分简单，只是强调一种人身体上的愉悦感觉。但若是要达到这种身体愉悦的感觉却并非易事。在人体舒适度研究中，影响舒适度的因素有很多，如温度、湿度、空气流通、空气质量、光强、噪声、文化习惯、个人爱好、环境控制能力、穿着以及行为活动情况等。人工建筑环境不仅对上述物理因素起着决定性作用，还在一定程度上影响着人的心理因素。舒适度虽然是人居环境品质的一个重要衡量标准，但其并不是一个一成不变的标准，它随着人们研究的不断深入，日臻完善。

（一）缺少阳光

舒适度虽然是一个重要指标，但对于生存环境来说，不舒适的环境一般不会直接造成严重的威胁，而且不舒适的环境与不健康的环境之间并没有明确的界限。但可以肯定的是，长期居住在不舒适的环境中会对居住者的健康产生严重的负面影响。如长期得不到阳光的照射会使人体严重缺钙，导致骨质疏松，儿童长期生活在不见阳光的环境中容易得佝偻病等，同时，经常不见阳光会严重影响人类心理健康，导致心情抑郁，严重者甚至可能造成抑郁症。老年人若是在温湿度不适宜的环境中长久居住，会增加各种老年疾病的发病概率，加速身体机能衰退等。而目前雷州乡村传统聚落中的大部分新民居将庭院大幅缩小甚至取消，虽然在近期增加了建筑面积，满足了粗放的功能布局使用要求，但缺少阳光的居住环境从长期来看，人为地将人与自然隔离的建设措施并不是明智之举。

图5-5-1展示了新民居内部的采光现状，图5-5-1（a）中可以看到，即使在白天阳光充沛的情况下，居室内部的采光是严重不足的；图5-5-1（b）是原本庭院的空间被改造成了侧天窗的封闭屋顶，虽然侧天窗解决了一定程度的采光问题，但是阳光无法照射进入庭院，原本应该明亮的餐厅，变得昏暗压抑。在这种室内环境居住长久必然会对居住者的生理、心理带来诸多的负面影响。

（a）新民居客厅白天采光严重不足　　　　　　　　（b）新民居被覆盖天井内的黑暗餐厅

图5-5-1　新民居内部白天采光现状

（二）噪声污染

现代社会中，噪声成为人居环境中影响人类身体健康因素的另一大诱因。从舒适性的角度来说，噪声就是不希望听到的声音，即使是低音量的噪声也会使人烦躁。造成这种烦躁不安情绪的因素包括噪声的音量、对噪声的可预见性及对噪声的控制能力。[176]长时间在噪声的环境中会引起很多生理和精神上的疾病，如高血压、失眠、烦躁、焦虑、记忆力和理解力下降等。随着人们对噪声污染研究的深入，在规划与建筑的规范中均对噪声的隔离做出了相应的规定。但在乡村聚落中因其建设的自发性及自组织性，使其在建设时缺乏关于噪声防范的意识，使得建筑的隔声性能不佳。

（三）热舒适环境

由上文所述可以看到，关于人的舒适性体验是多重因素共同作用的结果，其也包

括个人生理和心理的影响。图
5-5-2是雷州半岛乡村聚落关于
全年气候舒适度的一份现场调研
问卷表统计，通过对26人的主观
感受统计可以得出人们对于全年
最不舒服时段的反馈。通过表可
以明显看出，当地村民对热的耐
受程度大大小于对于冷的耐受程
度。那么，什么是一个舒适的热
舒适环境呢？关于热舒适度的研

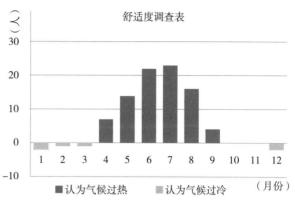

图5-5-2 雷州乡村聚落全年最不舒服时段调查表

究，目前业界已开拓了广泛的研究。然而，对于热舒适度提出一个温度标准是没有实际
意义的，甚至是得不偿失的。首先，温度只是影响热舒适度众多因素中的一个，其他多
种因素还会相互联系共同影响，如空气流通、供暖和相对湿度等都会直接影响舒适度，
但却对温度没什么影响。另外，影响个人对热舒适度感知的重要因素是人体自身适应环
境的能力。除了个体适应环境的能力以外，舒适性还会受到文化、人类长期或短期的习
惯、个体差异等因素的影响。这些因素共同使居住者在一定程度上加强了他们对居住环
境的敏感程度。[176]如果让高纬度的人类到赤道附近生活，他们最初是无法适应的，但
经过一段时间的调整与适应，他们也可以在炎热的地方很好地生活。这就证明了热舒适
度对人体自身的感受是至关重要的。

虽然关于舒适度在建筑中的受影响因素我们探讨了多种，包括视觉、听觉、热舒适
等方面，但事实上真正的舒适度仍然取决于个体的因素。"人对环境的良好适应能力是
创造舒适环境的基础性先决条件"[176]。

四、乡村居住环境质量低

（一）建筑的居住质量

虽然在新农村建设过程中，部分村民结合国家政策进行了新居建设，但一方面因建
设资金不足，另一方面新村缺乏科学合理的规划与建设指引，因此，农民自建的新居从
建筑外观到内部功能布局以及居住质量均是偏低的。图5-5-3是一处新民居的厨房，虽
然是新居，但厨房的采光严重不足，空间布局不合理，使用效率低，甚至还在烧秸秆做
饭。这种新居的厨房情况并不比旧村的传统民居情况优良，因此这种新居的建设在空间
上属于一种重复低品质建设的浪费。

另外有些新居，为了增加居室面积，便将厨房空间简化在天井空间的一隅，简单并且
简陋，同时做饭的油烟会污染整个天井空间，降低整个建筑的居住环境品质（图5-5-4）。

图5-5-3　新民居中黑暗的厨房

图5-5-4　雷州潮溪村新民居自建供水系统

（二）基础设施建设的滞后

　　由于乡村聚落居民点分散，政府建设投入严重不足，造成了基础设施建设质量低、基础设施不能配套建设。首先，雷州半岛地区现在甚至部分乡村目前尚没有自来水供应，生活、生产用水直接取自河水、井水。现实情况是，落后一些的村落村民每家每户将水管直接插入水井，通过小水泵向自家水箱泵水使用（图5-5-5），而水井只是用铁皮简单覆盖，更谈不上饮用水的卫生监管；条件稍好些的村落会筹建水塔，实现区域自来水供给。多数乡村聚落缺乏排水管网，污水一般直接排入村中巷道侧边的明沟，然后再排至溪流、河流。明沟因缺少必要的卫生管理，导致明沟的卫生状况十分不理想，成为村民健康的安全隐患（图5-5-6）。

图5-5-5　安置在天井空间一隅的厨房空间

图5-5-6　东林村中未建设的荒废用地

　　其次，乡村的公共区域，或者是有宅基所有人，但尚未建设的区域，则成了村中荒废之地（图5-5-7）。因村民缺少垃圾分类集中回收的意识，同时部分村落的公共管理缺位，导致公共区域，及这些尚未建设的宅基地成了垃圾的集中地，村中水塘无人打理，成为藻类及蚊蝇生长之地，严重影响聚落人居环境健康（图5-5-8）。从图5-5-8（a）可

图5-5-7　禄切村祠堂前的水塘

（a）家庭生活用水直接排向室外　　（b）新村巷道一侧明沟排水一　　（c）新村巷道一侧的明沟排水二

图5-5-8　新村民居排水现状

以看到，家庭生活污水直接排至与房屋墙基紧邻的明沟，明沟并未做特殊的防水处理，这样长时间浸泡墙基，会对建筑的寿命产生负面影响。图5-5-8（b）可以看到，在无人居住区域的明沟卫生条件极差，垃圾乱丢，水污恶臭。图5-5-8（c）是在人居密集之处的明沟，稍微进行了休憩，卫生条件稍好，但还是蚊虫滋生之地，同样会影响居民健康。

　　最后，乡村聚落的邮电、通信、科教、文化、娱乐等设施简陋，建筑形式单调，环境卫生较差，造成其生活环境对离开乡村的新生代乡村农民没有吸引力[17]，导致新生代农民想方设法离开乡村，进入城市享受高水平的人居环境服务系统。

　　因此，新农村建设的目标并不应该是以建新房子为目的，应该加强既有建筑及新建建筑的居住品质，提升其现代功能的适应性和加强基础市政设施的建设，为乡村聚落打造一个完整、和谐、高水准的人居生活环境。

能源与资源配置

中国9亿农村人口对能源的需求极大，而与此同时供应又呈现严重不足的现状。40%的地区供电不足，居民生活用能的80%依靠生物质能。由于过度消耗，致使森林和植被遭到大面积破坏，有的地方甚至达到"斩草除根"的程度，造成水土流失加剧，生态系统破坏。[17]同时，城市化的快速发展，出现了城市与农村争夺土地资源的现象，大量的耕地在城市化进程中被占用，土地资源进一步短缺，因此，能源与资源问题成为制约农村未来可持续发展的一个重要因素。

一、丰富的农业资源

我国热带地区气候资源十分珍贵，仅海南省、广东省西南部和云南省南部部分地区拥有。雷州半岛地处广东省西南部，各地均符合热带气候标准，一般称为"北热带"地区[27]，有着丰富的热量资源。其优势主要表现在冬季，为各类南亚热带农业品种越冬、发展冬季农业、反季节蔬菜和水果提供了优越条件。半岛具有热带气候特点，其农业意义一是热量条件可满足中迟熟类型双季稻的要求；二是可保证荔枝、龙眼、香蕉、菠萝等安全越冬；三是该地区水稻可一年三熟，橡胶、胡椒、椰子等热带作物可安全越冬。[27]

海洋资源方面，雷州半岛西海岸南北气候差异造就了半岛不同的景观：西海岸南部的海水海盐成分高，具有"天然盐田"之称；盛产珍珠，海水珍珠年产量占全国的70%，是中国著名的南珠之乡；有中国近海大陆架面积最大、保存最完好的珊瑚礁群等。西海岸北部既有海洋性气候又有大陆性气候的特征，有中国沿海面积最大的天然红树林保护区。[29]

二、林业资源

雷州半岛原来覆盖着大面积茂密的森林资源，由于中华人民共和国成立后的开发政策，长期"刀耕火种""毁林垦殖"焚烧、樵采、乱砍滥伐，这里的原始亚热带森林已全部被破坏。森林植被遭到破坏以后，半岛环境的保护屏障消失了，导致水、旱、风、沙灾害十分严重。据《雷州府志》记载，1911~1949年的38年期间，有37年遭受旱灾。其中1943年和1946年两次大旱，就有10多万人因饥荒和瘟疫而死亡。[199]随着台风而来的暴雨成灾更为严重，在38年期间共发生水灾20次，平均不到两年就有一次水灾。

因此，20世纪50年代政府便开始着手林木的恢复种植工作，经过20多年人工造林的努力，全岛森林覆盖率提高了30%。随着林木的生长，森林的综合效益也在不断提高，半岛的降雨量、湿度、温度、蒸发量都受到广阔的林木影响，发生了变化。据当地气象站记录，造林前，1913～1953年的40年间，森林覆盖率不到1%，平均年降雨量为1401毫米；造林后，1964～1979年的15年间，森林覆盖率达到31%，平均年降雨量增加到1864毫米，比造林前增加了463毫米[199]。

造林增加降雨量的同时又有效地减轻了风害。森林的防风效益是由于森林能有效降低风速和改变风向而起作用。台风从海面吹来时，经过海岸的防护林，一部分进入林内，受森林摩擦风力减弱，风速降低；另一部分虽能越过防护林，但风力及风速会大大减弱。中华人民共和国成立前，雷州半岛的风灾严重，每年都会有茅屋被台风刮走。1954年的一次11级台风刮倒全岛房屋70%，农田大部分被毁[199]。自从种植了100万亩左右的海岸林后，1972年该地遭遇同样级别的台风侵袭，房屋倒塌便很少了。

另外，森林覆盖率的增加，林地保持水土，涵养水源，也促进了农牧业生产的发展。同时，还增加了农民的经济收入，如以坡地为主的村落，不适宜种植水稻等作物，农民就充分利用这些土地种植快生桉树林等。目前，雷州半岛桉树人工林面积已占整个广东省的一半以上，并形成了当地的产业优势[200]。随着人们对于纸制品消耗的增加以及建筑行业的迅速发展，森林资源也处于快速消耗的状态，雷州半岛桉树人工林的可持续发展也成为合理利用森林资源、保护生态环境、保持土壤肥力的重要内容。

三、水资源

雷州半岛境内河流源短水浅，水量调蓄能力低，土壤蒸发大，为我国五大干旱地区之一。雷州半岛的自然植被属稀树矮草群落。由于中华人民共和国成立后大规模垦殖，天然植被发生了迅速变化，目前为人工植被所代替。[23]但人工林以桉树林为主，桉树对水资源的消耗较大，因此雷州仍属于缺水地区。

近年来，随着农村乡镇企业的发展，人民生活水平和生活质量的提高，牲畜饲养量的增加，用水量逐步有所提高。据有关科研结果预测，雷州半岛农村农业有效灌溉面积和保灌面积，随着渠道防渗工程的增多和管理水平的提高有所改善，水稻与甘蔗两种主要作物的用水量预计到2020年与1990年基本持平；1990年农村生活用水为91～169升/人·日，平均为121升/人·日。[201]预计到2020年，农村生活用水量较1990年要翻一番。

因此，水资源的合理配置成为制约雷州半岛乡村聚落人居环境建设的重要问题，更成为未来乡村可持续发展的最基本制约因素。

（一）丰水带的缺水区

《广东省水资源综合利用"十一五"规划》明确指出，雷州半岛是广东省水资源供需矛盾最为严重的地区之一，是目前省域水资源管理和规划中存在的主要问题之一。[202]

按我国年降雨、年径流等要素综合分带表划分，雷州半岛区域多年平均降水量约为1488毫米，多年平均径流深为665.6毫米，属多水带。雷州半岛水资源分为两大部分，即本地水资源和过境水资源，本地水资源又分为地表径流和地下径流，过境水资源主要来自于东北部的鉴江和西北部的九州江。本地多年平均水资源量为83.01亿立方米（其中地下水资源量为39.30亿立方米），多年平均过境径流量为85.85亿立方米，合计为168.86亿立方米。按2000年统计人口计，人均本地水资源量为1196立方米/人，加上过境水资源量，则人均水资源量为2433立方米/人。[203]

从统计数据看，雷州半岛人均水资源量远高于国际公认的500立方米/人的"极度缺水"标准，并不算少，但其可利用的水资源量很少。究其原因，第一，雷州半岛境内河流大多短浅而且独流入海；第二，过境水资源量主要集中在汛期，大部分以洪水方式出现；第三，现有水利工程调蓄水资源的能力低，每年有70%～80%的水资源白白流入南海，难以得到利用。因此，雷州半岛水资源最大的特点是：虽地处南方湿润地区，濒临南海，但"工程性缺水"十分严重，水资源供需矛盾突出。[203]

长期以来，雷州半岛一直深受水资源短缺困扰，干旱灾害极为频繁，局部地区地下水无序超采，导致了地面沉降、海水入侵等严重问题。水资源短缺严重制约了区域经济社会的和谐发展和生态环境的良性维持。据统计，半岛地区现状每年缺水10亿立方米以上，目前仍有330万人口存在不同程度的"饮水难"和饮水不安全的问题。[202]

（二）古代的水利建设

雷州半岛自古灾害频繁，台风发作，经常会导致海水倒灌，洋田尽没。农民无法生产、生活，民不聊生。因此，古代雷州先民便"理地织海"，进行水利建设，改善农耕环境，终于形成洋田"平畴数万顷，居民数千户"的古代盛景。

宋朝开始，雷州人已"始筑岸防海，以开阡陌"[204]①，这里的"筑岸"包括了河渠与海堤两部分（图5-6-1）。南宋高宗绍兴年间，海康胡薄沿海筑南北二海堤，县北之北堤绵亘一万二千一百五十二丈，水闸三十九所。县南之南堤，绵亘一万三百四十四丈，水闸六十所，"近郭东南万顷洋田及居民庐舍，始免飓风咸潮之患。"[205]②南宋绍兴二十八年（1158年），郡守何庾鉴在郡治东北引特侣塘之水筑塘建闸蓄水；又于郡治西北引西山溪涧诸泉汇流之水筑堤而成罗湖（后改名西湖），并建东西二闸。[127]而后又开凿数渠与西湖水汇合，灌溉万顷洋田，史称何公渠。之后乾道五年（1169年），戴之邵于胡薄堤外增筑新堤，高广倍于前，修缮何公渠，又凿戴公渠，故捍海堤、特侣塘、张赎塘、西湖及何公渠、戴公渠便构成了一贯纵横交错的水利网络（图5-6-2）。据宋

---

① （明）欧阳保，等，纂修. 万历雷州府志［M］//日本藏中国罕见地方志丛刊. 卷三. 地理志. 堤岸篇. 堤记. 刻版. 北京：书目文献出版社，1990.

② （明）欧阳保，等，纂修. 万历雷州府志［M］//日本藏中国罕见地方志丛刊. 卷八. 建置志，公署. 刻版. 北京：书目文献出版社，1990.

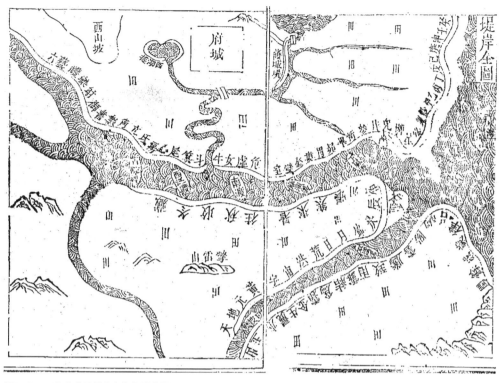

图5-6-1 嘉庆《雷州府志》堤岸全图

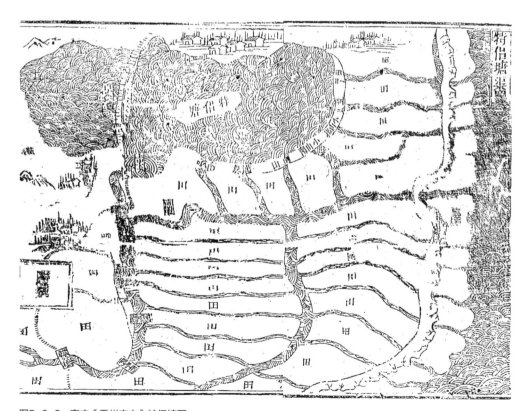

图5-6-2 嘉庆《雷州府志》特侣塘图

知军事薛直夫《渠堤记》载："东洋之田，云连万顷，东南有海潮之害，西北有湖塘之利。海潮田之螟螣也，湖塘田之膏雨也。去其螟螣，施以膏雨，何戴二公之遗爱也，至今民歌颂之不能忘。然颂何公者则专濬渠，颂戴公者则专筑堤，岂二公于斯有偏重耶？余尝原其故，然后知二公切于爱民且无所不用心也。戴公堤岸之筑，实乾道五年（1169年），先是绍兴年间，经历司尝委胡簿修筑矣。故公则专意凿渠，以通水利。自绍兴至乾道方十二年，何公两渠尚尔通流，而胡簿堤岸卑而且小，岁久侵坏，故戴公胡簿堤岸之外别筑一堤。今胡簿堤岸尚存，而戴公堤岸非惟高广数倍，而滨海斥卤之地在胡簿岸之外增高，何啻数百余顷有何公渠而无戴公堤，则螟螣之害不可得而除。有戴公堤而无何公渠，则膏雨之利不可得而至。前有何公以济其利，后有戴公以除其害，东洋万顷得成良田，厥有由也。"[206][①]由此可见，堤是对外用来抵御海潮，塘是对内用来蓄水，渠是在田间用来疏导灌溉，这些水利工程在防洪排灌方面起到非常积极的作用。

除了水利工程的建设之外，政府还设置专署管理水利设施。明代万历二十七年（1599年）在遂溪县南150里处设水利厅[207]，专门负责修堤之事，同时还制定了完善的塘长、岸长制度及严明的条例法规来进行堤坝塘渠的管理。在这一时期，捍海堤与塘渠的修筑无论是规模还是工程质量都是空前的，使雷州府在接下来的百余年里得以免受飓风卤潮之灾，保障了农业生产的发展[127]。

（三）近代水利建设及生态影响

近代雷州半岛的气候发生了一些变化，年平均气温处于上升趋势，尤其是20世纪80年代以后较为迅速；近40年来的降水量变化总趋势较平稳，80年代后其降水呈减少的趋势，降水的变幅加大，干旱灾害增多。[208]气候的变化进一步引发了水资源的短缺。

虽然中华人民共和国成立后，通过政府组织，民众参与，半岛进行了大量水利工程建设，如青年运河及各地的大小水库等。但半岛水资源供需不平衡的矛盾是长期存在的，全面节约用水是解决半岛水资源供需矛盾的一项长期重要措施。目前，半岛农业用水量位列第一，但农业灌溉技术还以粗放型为主，节水措施不足，因此，农业节水是当前的重点。

现有水利工程的联合运用、合理调配，是发挥现有水利工程最大效益的有效措施。它可以减少丰水年的弃水量，增加枯水年的供水量。特别是地表水与地下水的联合运用与调度，在半岛具有更重要的现实意义和深远的历史意义。[201]前文已述，半岛水资源主要存在工程性缺水。对于工程性缺水，通过增建或改建蓄、引、提水等工程对水资源进行合理的配置，以满足各种用水需求，提高半岛水资源开发利用程度。对于资源型缺水地区，在节水的基础上通过区域性跨流域引、提水工程，以满足需水要求。

---

① （明）欧阳保，等，纂修. 万历雷州府志［M］//日本藏中国罕见地方志丛刊. 卷三. 地理志. 陂塘. 薛直夫. 渠堤记. 刻版. 北京：书目文献出版社，1990.

虽然水库等水利设施的兴建，无疑对工农业生产有显著的经济效益，但兴建水利工程如不从生态平衡的观点全面考虑，常可破坏一个地区的生态平衡，带来不良的后果和隐患。如由于大面积灌溉，造成土壤表土流失和土壤发生次生盐渍化；由于常年蓄水，沿岸及支流水草丛生，导致某些传染病的流行，或通过灌溉系统使一些低洼地区的以水为媒介的传染病传播与蔓延；由于营养物质被拦截在水库中，下游的鱼类缺乏饵料，或因在支流建坝，使鱼类洄游受阻，致使渔业减产；由于大坝及水体所产生的巨大外部压力，可能使坝下的地层产生新的断层，诱发地震，等等。这些对生态环境潜在的负面影响若不在水利工程建设初期整体考虑、充分论证的话，工程落实以后再着手解决，甚至可能出现入不敷出的经济效应。

因此，水资源开发利用不仅要加强水资源保护，开展污水处理和回用，而且水利工程的建设必须考虑环境保护的要求。在提高雷州半岛水资源承载能力的基础上，逐步实现水资源科学合理配置。

四、材料的使用

材料是建筑物建造和运行的基本要素之一，材料的选取与使用贯穿了建筑物建造、维护以及改造等整个生命周期。材料会对建筑物的外观、性能和建造成本产生重要影响；建筑材料的采集、加工、运输、使用以及处理等过程都会对环境造成较大的危害，包括全球变暖、环境污染、资源枯竭、动植物栖息地破坏等，最终危及人类的健康和生存。[176]因此，材料的使用是能源与资源消耗的重要指标因素。

建筑材料一般分为不可再生和可再生两类，不可再生材料需要几百甚至上千年的时间才能降解循环，如石材、石油、金属矿物；可再生材料只需几十年，甚至更短的时间就能完成循环，如木材、竹子、茅草等。不可再生材料往往储量有限，而且其生产及使用过程会对环境造成各种污染；可再生材料常常储量丰富，但若过度开采，同样会导致枯竭，对自然环境造成不可逆的破坏，也从而导致动植物栖息地及生物多样性的丧失。因此，相对于不可再生材料而言，应优先选用可再生材料，但必须有适当的监管措施对可再生资源进行合理使用。

（一）传统民居材料的选择

雷州半岛乡村传统聚落民居建筑分为两种材料形式：红砖赤瓦与生土茅屋。这两种房屋的建材主要是生土、茅草、木材、红砖瓦以及石材，来源均选自半岛本地，且在建筑的生命周期结束时，这些材料可以降解回归自然。尤其是生土茅屋，其所有材料属于完全的自然材料，砌筑用的土砖是一种制造简易且可以就地取材的廉价材料。它由泥土制成，经太阳晒干，然后由人工砌筑，再覆以木架茅草而成屋。其整个过程完全自然，几乎无污染、无损耗。关于茅草屋，有些研究人员认为其是经济落后、生活品质极低的象征。但笔者并不这样认为，茅草屋是世界范围内人类居住建筑的必经阶段，虽然我们目前看到的半岛茅草屋品质低下，环境恶劣，其除了受到经济因素的制约外，更重要的是人们没有较高的人居意识，以及建设的科学指引。在世界上很多地方，如日本、英国、法国、德国等国家，茅草屋都是当地地域与传统的最有力代表，至今还有大量在

图5-6-3　英国怀特岛小镇的茅草屋街道

使用当中（图5-6-3），这些茅草房经过精心的维护及相关政策的有力支持，在保证其具有较好人居环境品质的前提下，还提供给人们一种别样的人居氛围。目前，山东建筑大学原复建了保留传统工艺的海草房，经过合理精心的营造，以往破旧不堪的茅草房同样可以营造出高品质的居住环境。

在可再生材料的管理方面，农村一直流行家中一旦增添男丁便植树的习俗。待男子长大成人需要娶妻立家之时，树木也长成材可伐而建屋。这种方式既不损坏原有森林又恰如其分地解决了使用需求。

在延长建筑材料使用寿命方面，半岛先民会选用石材来加固房屋易损部位，如建筑转角部位、门窗框、台阶踏步等处。为了增加红砖的抗压能力，会在几匹红砖中间增加条石，一是增加找平，另则是分散红砖受压力，增强其耐久性。一般石材是就地取材，选用火山形成的玄武岩，但这种石材硬度稍差，因此，富豪巨族则会选择粤西北山区的青石作为基础或者铺路。虽然这种方法违背了就地取材的原则，但长远来看，其建筑生命周期可以延续几百年，也是可持续的原则之一。

以上这些材料的选用是半岛先民根据地域自然环境长期摸索出来的生存经验，是可持续人居智慧的典范，同时也是社会生产技术有限条件下与自然的一种和谐共生态度。

（二）新民居的材料使用

当前，雷州半岛新民居的建设完全背离了乡村建设的传统优秀经验，从材料选择、建造方法、建筑外观等方面全面模仿城市建设的方式。因此，钢筋、水泥、瓷砖等材料源源不断地从生产地运至乡村建设地点。因农民自身经济条件的限制和受人居环境意识低的影响，新民居虽然建造出来，但其绝大部分品质并没有体现当代新民居应有的居住水准，关于这部分内容，前文建筑功能与格局中已有详细论述。

那些没有实质性改善居住品质的新民居建设，或者是草草建造便空置外出务工的建设行为，对能源与资源是一种严重的消耗，可以说是一种浪费。现代城市建设所需建材都是经过大量的能耗，或者说碳排放而生产的，建筑现在成为全球能源消耗的主力。因

此，农民放弃传统建造手段而追求城市不可持续的建设方法，势必会增加农村资源的消耗与碳排放总量。

即便是那些因建造新民居改善生活品质的建设行为，在农村范围内也是值得商榷的。首先，农村新民居建设的建材均由远距离的工厂生产，其生产过程中消耗了大量能源与资源。其次，建材由工厂至建设地点往往要经过长距离的运输，这个过程要消耗大量的石化燃料，排放出大量的温室气体。再次，这些建筑使用过程中的维护也需要消耗材料和能源，而且工业加工的建材甚至还会对人体健康造成不易察觉的危害。最后，建筑寿命终结时，这些经由产业化加工的建材大部分都是无法降解回归自然的，其处理安置也会对环境产生极大的负面影响。所以，现代以城市建筑为导向的建设方法从材料生产、运输、建筑维护以及后期处理都会对自然环境产生破坏，污染环境，破坏动植物的栖息地及生物多样性。农村若追逐这种建设模式，势必会导致更多的资源短缺。

人类的发展与人居环境的建设均是以消耗自然资源为前提的。在当前能源紧张，资源短缺的时代，如何合理地进行资源配置及能源利用，成为各行各业必须务实面对的课题。本章着重从农业资源、林业资源、水资源及材料使用等方面对雷州半岛的能源状况，资源利用方式进行了深入探讨，其中将传统中利用自然的智慧与当前无节制消费的方式进行了对比，提出当前应该"法古用今"，结合乡村自身的地域特征事实来进行合理的能源使用及资源配置。

因此，农村在未来发展建设过程中应当坚持传统中的优秀智慧，坚持建材本地化解决、多利用可再生材料，鼓励大众循环利用材料，从而降低建设成本的支出，以及从真正意义上实现人居环境可持续发展。

第六章

雷州半岛乡村传统聚落人居环境可持续发展策略

　　人类在地球的发展已经历相当长的历史，但在长久以来，人类一直处于荒蛮而缓慢的发展状态，没有安全的庇护所，又常常处于食不果腹的饥饿之中。随着人口的增长，在生产力及生产条件有限的情况下，人类往往通过战争来掠夺资源，寻求发展。著名的复活节岛的产生、发展与消亡正是这个过程的真实写照。随着人类不断地发现自然规律，掌握科学方法，在经历过工业革命以后，人类无论在技术及人口等方面均出现了爆炸式的空前发展，人类生活方式也发生了巨大转变。而对自然资源开发能力的限制，使得人们已无法满足发展的需求，进而连续爆发了世界范围的第一次世界大战与第二次世界大战，对人类社会的发展造成了严重打击。经历过残酷战争的折磨与战争带来的人居环境极度恶化，促使人们开始思考和平共处的共生原则。因此，20世纪的后五十年，和平与发展成为世界的主题。

　　但回顾这相对和平的发展阶段，在人类厌恶战争之后转而将关注力转向了对自然界的深度开发。因此，各种对于自然资源的开采方法不断地更新升级，开采能力越来越强。在追逐利益的驱使下，人类盲目地对自然界的索取越来越多，也越来越迅速。对自然的索取换来的是人类社会文明程度的不断提高，社会发展越来越快，生活环境得到极大改善，建筑品质越来越高，交通工具更为先进。与此同时，随之而来的是自然环境的迅速恶化、全球气候的变化、生物物种的灭绝及生物多样性的丧失。人类在满足自身需求的同时，严重侵害了自然，挤占了其他物种的生存空间，虽然暂时狭义地来看，人类正在享受不断改善的人居环境，但实际上人类的人居环境已危机四伏，绝大多数人狭义地认为良好的人居环境是经过规划设计的优质住宅小区，有着人工建造的优美景观，便捷的机动交通、便利的商店和高品质的建筑物等。但这仅仅是局限于人类局部社会而言的，真正的人居环境应该是人与自然作为一个和谐共生的整体，共同持续地发展下去。

　　1987年在日本东京召开的第八次世界环境与发展委员会明确提出了可持续发展的定义，"可持续发展是指既满足当代人的需求，又不以影响下一代人的需求为代价。"[①]这是一个非常宏观的定义，但笔者认为，这个概念过分强调以人为主体，可持续发展不仅是人类自身的问题，也不仅是不影响下一代人的需求那么简单。地球的自然环境是为地球所有生物平等提供的，人类有幸占据了生物链的最顶端，成为世界的主宰，但却不能忘记人与其他生物平等享有地球的权利。若是只顾满足人类的需求，不顾及其他物种的需求，可持续发展亦将走入死循环。

　　因此，可持续发展是整个自然界的话题，地球本身是有其自我净化、修复的能力，但人类的过度行为破坏了这种自然界的机能，而直接的回馈便是未来人居环境呈现着可预见性的恶化。因此，如何实现人类自身人居环境的可持续发展，是全人类需要认真思考的问题。

---

① 挪威首相布伦特兰夫人等（Brundtland等），摘自《我们共同的未来》，第八次世界环境与发展委员会，1987。

第一节

可持续发展的驱动力

乡村传统聚落的可持续发展是在城镇化进程加速，新农村建设不断深入的背景下提出的。在原有不合理的城乡二元制限制之下，农村一直以来都处在发展的被动位置，城市的飞速发展消耗了大量的能源与资源，而农村发展严重滞后，甚至有些地区出现倒退的现象。农村问题已经成为我国经济发展及改革亟待解决的问题。

可持续发展并不仅是聚落个体的问题，也不仅仅是一个区域或者一个国家的问题，它是全球范围内整个人类的问题。因此，本章从全球范围、国家层面、区域环境、聚落需求等不同尺度，从宏观的全球气候变化至微观的农民意识需求分析了乡村聚落可持续发展的驱动力来源，在各方面的驱动力作用下，可持续原则与思维必然是人类未来发展所要坚持的方向。

对于不同层面的可持续发展问题，所提出的应对办法与策略是有差异的。故本章从宏观、中观及微观三个层面入手，针对乡村传统聚落可持续发展的策略、聚落可持续发展模式及建筑可持续利用分析进行了深入探讨。当前，西方发达国家经过对未来世界的反思，开始了由高碳迈向低碳的步伐；而作为发展中国家，中国城市的发展走了西方的老路，高速运转与高消费并行，能源消耗巨大，环境污染严重。而乡村作为需要发展的后起之秀断然不能再走这样的发展模式，中国传统乡村的生产与生存模式本身与现代可持续发展思想就是相吻合的，但传统农业社会所产生的聚落人居环境已不适应当前农村对现代生活的需求，如何发展转变是摆在农村与几亿农民的问题。当前在资源总量有限且日趋减少的情况下，乡村的发展必然只能选择由传统低碳转向现代低碳转变的模式，只有这样才能走出符合农村未来发展的正确道路。

一、全球气候变化

人居环境的变化有其不同的驱动力，就全球范围来讲，全球气候变化，是人居环境变化的主要驱动力之一。自工业革命以后，人类活动已经在历史上第一次深刻地影响了全球气候，并且没有人知道这样的气候会导致地球的哪些地方会被卷进去。

人们对眼前利益的追逐导致了环境的变化，环境变化会引起微气候的改变，我国堪舆理论中改造聚落选址之法是通过改变环境来改造微气候使其更宜居。微气候的变化积累到一定量之后，便会引起质的变化——大气候改变，大气候的改变可以是区域的，甚至是全球的。大气候的变化最终反作用于人居环境，也就意味着人类最终自食其果。这个演变过程类似于著名的"蝴蝶效应"，看似夸张，但从宏观来看，确是真实的。

气候的变化对人类生活方式产生了影响，掌握了多种科技的人类为了应对气候变化，追求更为舒适的居住环境，过度依赖以能源消耗为主的方式来维持高消费的生活，如空调、采暖、石化燃料的交通工具等。同时，大量的消耗能源导致生活成本上升，经济情况随之恶化。这同样导致在人工打造的居住环境中，人们的幸福感降低。

目前，全球各处多发的旱涝灾害对农业和人们的正常生活造成了巨大损失，这些灾害与其是说天灾，不如说是人祸，这些灾害的频发很大程度上是人为侵扰自然的结果。中国古代以农业为根基，讲究"轻重"之术，因此对于自然的利用讲究趋利避害，而当前人类过分追逐眼前的利益，盲目开发自然环境，往往"趋利而不避害"。最终，自然无法承受之重后，便以灾害的形式回馈于人类。

当下全球气候呈现出一个让人失望的状态，恶劣的气候导致灾害频发，同时环境恶化、污染导致疾病频发，使人类遭受巨大损失，良好的人居环境更无从谈起，为了使气候与环境向好的方向改善，人类就必须从自身行为反思，积极探索可持续人居环境发展的道路，为眼前也为未来的生活环境美好做出一点努力。因此，气候变化就成为促进人居环境良性变化的驱动力之一。

二、国家政策支持

中央自2004年关注"三农"问题开始，至今已连续11年成为中央一号文件。笔者梳理了一下11年来，中央一号文件的题目及主要内容，其中关于社会主义新农村建设及基础性建设（包括水利设施）有5次，涉及促进农业发展有4次，关注农民增收有3次，发展现代农业有3次。通过这些着重强调的内容可以明确地看出国家针对农村人居环境质量提升，促使农业及农村紧跟现代化进程并保持可持续发展状态进行了长期而又认真的政策导向。

2014年中央一号文件中明确提出，"开展村庄人居环境整治。加快编制村庄规划，推行以奖促治政策，以治理垃圾、污水为重点，改善村庄人居环境。"因此，改善农村人居环境质量在我国势在必行，更是关系国家几亿农民切实生活需求的大事。

在各种扶持政策的支持下，农业、农村与农民的生活发生了显著变化。随着城市化进程的加速，近郊农村不断地被城市扩张所吞并，大量的农业用地被工业和地产占用。农民在体会着政策带来喜悦的同时，不经意间身边的生活环境已经彻底改变，改变得他们难以适应，即便是农民们努力地去模仿城里人的样子去生活，也总是显得那么不适宜，总有那么几分尴尬。因此，什么是适合农村的人居环境？怎样才能给农民一个恰如其分的美丽乡村？是摆在政府、学者与农民三方的共同课题。

三、乡村现实环境的需求

2006年中央提出大力推进社会主义新农村建设以后，全国各地的乡村建设便如火如荼地展开了。因任务急，工作量多，加之一些地方政府急于见到实施效果，因此，规划建设过程多缺乏充分的科学论证，对于农民的实际需求考虑不足。结果农村便出现了类似城市一样的居住小区，所不同的是，经过简化，没有了城市住区的景观与审美，一排排如兵营的欧式房屋，毫不考虑乡村地域特征的必要性，充斥着乡村，甚至还有广场、商城等设计，完全没有了传统聚落充满智慧的布局，与环境格格不入。不认真论证农民的切实需求，忽略农民意愿，打着"农民上楼"的旗号，将农民被城市化。还没有准备好改变生活方式的农民只好扛着农具，抱着牲畜上楼喂养。虽然这种现象属于一种极端的畸形政策，但其却深刻地反映出，在农村未来人居环境建设方面从政府到设计者普遍缺乏对农村生活的切身体会与认识，多数只在乎眼前的视觉效果，并没有深入考虑未来可持续发展的问题。但实际上，乡村聚落人居环境的可持续发展程度要比眼前的"美丽"重要得多，其意义也更深远。

同时，新农村建设过度关注了村落规划与建筑设计等方面，其可实施性及适宜性都有不同程度的偏离。虽然为乡村建设了新村及新房，但是忽略了基础设施的建设，本质上并没有改善农民的人居环境质量。意识到问题的存在，从2008年开始，中央便开始强调农业农村的基础设施建设。实际上，完善的基础设施建设、平等的教育医疗服务、便利的公共交通、合理分布的商业娱乐网点，才是构成良好聚落社区人居环境品质的基本要素。

仅仅具有设计良好人居环境的社区并不是解决农村发展问题的根本，更高层次的问题是如何可持续发展下去。可持续发展应当是创建良好人居环境的最高准则[209]，没有可持续发展，打造再美好的人居环境也只能是昙花一现。

四、农民意识的呼唤

前文在聚落文化特征中谈及了城市强势文化对于农村传统文化的侵袭与破坏，而现场实地调研过程中，当问及农民希望什么样的居住品质时，几乎所有农民毫无例外地选择了瓷砖贴面，有防盗门窗的欧式独立小洋楼，对于传统民居的态度是既不能舍弃又不愿意居住。这种"弃旧用新"及"弃屋不弃祖"的状态，显示了农民在城市化快速进程中的尴尬心态。一方面受城市化扩展的影响，农民渴望与城里人过一样体面的生活：干净的社区，现代的交通工具，相对充分的教育医疗资源，无后顾之忧的社会保障等；另一方面，受目前户籍制度的限制，农民又无法在城市中找到自己安身立命的合适位置。因此，他们又将自己的归宿地选择在了生养自己的乡村，但却将城市的消费主义文化带到了乡村，为了尽可能实现自己心中城市生活的梦想，农民在建设新居的时候便是以自己心中城市生活应有的形象模仿建造。加之受经济及建筑技术的局限，农村的新居便出现了各种"四不像"的建筑造型。摒弃了传统使农民迷失了方向，农民的身份又使其必须保留具有自己身份认同感的祖屋，因此，才造就了"弃旧用新"和"弃屋不弃祖"的现象。

本质上讲，这种现象是农民内心潜意识层面对于良好人居环境诉求的表现。虽然有政策支持，但一方面缺少科学的引导，另一方面在城市化进程中"空心村"现象及利益划分不均衡导致的村落自组织能力涣散。因此，在新村建设过程中，关于人居环境的可持续发展就成了遥远的话题，农民个体仅从解决自己眼前需求来着手，从而造成了乡村新居公共空间混乱、建设无序、基础设施缺失、居住空间品质差等一系列问题。所以，创造可持续发展的良好人居环境也完全符合农民内心的真实需求。

第二节

可持续发展的宏观策略

可持续发展涉及了乡村聚落人居环境的方方面面，为了有一个系统的梳理，本章首先从宏观的可持续策略入手，来探讨乡村聚落人居环境可持续发展的前景。

从不同纬度上去认识可持续发展，其包含了两个方面的内容：一是，要有体面的生活，这种优越生活是为了日益增长的人口；二是，这个优越的社会能够持续很长一个时期。不断增长的人口涉及了社会财富在增长人群中的分配问题，财富从"这里"分配到"那里"，便产生了空间上的变化。另外，可持续包含了未来的预想，故要考虑现在与将来的关系问题。因此，关于可持续发展便出现了"空间"与"时间"两个纬度的概念。

一、最小化原则的倡导

在可持续发展的讨论中，有一项重要的原则——最小化原则，即对自然界的干扰及利用尽量达到最小化。作为最小化原则，并不是说要刻意压缩或限制人类的生活需求，也不是要片面强调生态优先的战略。而是要遵循：优越的生活必须有足够的、健康的食物；干净安全的饮用水；仅有较小概率暴露在传染病下；还有要安全的生活，远离争端与恐怖主义以及自然灾害；对于大多数地域文化，最起码是有关当代的，需要有平等、良好的教育，并且能够有合理的机会找到合适的工作，并且有满意的薪水；除此以外，还要有言论的自由、民主与人权[210]。

中国乡村传统聚落所尊崇的"道法自然""天人合一"以及堪舆等理论，所谓"顺天时，应地利，与人和"，其根本都是寻求与自然和谐共生的法则。这些法则与可持续发展中的最小化原则可以说不谋而合，都是以尊重自然、敬畏天地、克己复礼，以尽量减少对自然损害及对子孙谋福的方式来营造传统聚落人居环境的。

因此，可持续发展的理念对于中国乡村传统聚落来说并不是一个新的概念，这种可持续的思想早已存在于传统聚落人居环境的营造之中，只是近代以来，中国各个领域以外来文化至上的心态作怪，主观选择性忽略了我国传统文化中的精华。所以，在倡导可持续的最小化原则的同时，应该深入挖掘传统聚落中蕴含的生存智慧，创造出适宜的地域性人居环境。

二、从低碳走向低碳

西方世界在1780年发明了蒸汽机后，使大规模的运输成为可能。随后蒸汽火车及轮船的出现，使不同地区间的食物运输变得廉价而又迅速。到了19世纪60年代，防腐剂被发明，食物保存时间的增加，直接导致人类活动范围扩大。1903年反式脂肪酸被发现，此后被大量用于市售包装食品以及餐厅的煎炸食品，其最大特点是几个月都不会坏。在工业化大生产物品极大丰富的前提下，食物长久储存已不成问题，因此便出现了一种与我们生活密切相关的商店——超级市场。超级市场的出现极大地方便了人们的生活，同时大生产带来的商品价格下降刺激了人们消费欲望的高涨，因此，超级市场中各种各样充满了盐、脂肪和防腐剂的食品成为人们速食文化的主题。20世纪初，欧美国家诸多大城市在发达的工业及四处殖民时期，积累了巨大的财富，同时也创造了发达的服务业、完善的公共交通体系以及极为繁荣的大众消费文化。

以上的过程似乎是人类的智慧改变了世界，改变了自己的生活，对于当时的人们来说也是非常振奋人心的。但这种人类似乎主宰世界的幻觉是人类迷失了，过度消费逐渐成为主流，食品的廉价、购买的便利、保存的容易以及放纵的欲望，其最显著的特征便是西方世界出现的肥胖文化。前文已述，欧洲在过度消费之后，在对自然开发有限的前提下发生了两次世界大战，其根源都是对于资源的争夺。战后百废待兴，物资匮乏，这一时期欧洲的肥胖文化暂时消失。但不是主战场的美国此时的肥胖文化则更加繁荣。肥胖文化反过来作用于人类，进一步加速人类对自然的掠夺。

在世界自然基金会《2004地球生态报告》中：阿联酋以其高水平的物质生活和近乎疯狂的石油开采"荣登榜首"，人均生态足迹达9.9公顷，是全球平均水平（2.2公顷）的4.5倍；美国、科威特紧随其后，以人均生态足迹9.5公顷位居第二。贫困的阿富汗则以人均0.3公顷生态足迹位居最后。中国排名第75位，人均生态足迹为1.5公顷，低于2.2公顷的全球平均水平。但中国人口数量庞大，其人均生态承载能力仅为0.8公顷，生态赤字高达0.7公顷，而全球的平均生态赤字为0.4公顷。[211]通过以上数据可知，西方人正在以难以持续的极端水平消耗自然资源，其中北美人均资源消耗水平不仅是欧洲人的两倍，甚至是亚洲或非洲人的七倍。工业革命后，西方社会过度依赖工业化来解决生活问题，导致高消耗、高污染、高排放等一系列问题，西方社会在发现世界出现严重的问题后开始反思，提出低碳的概念，倡导可持续发展。低碳，其宗旨在于倡导一种低能耗、低污染、低排放为基础的经济模式，减少有害气体排放。现代信息社会中追求的现代低碳概念主旨是为了较少碳排放量而通过现代科技手段与自然寻求和谐的"主动式低碳"。因此，可以说西方社会所倡导的可持续发展是从高碳走向低碳的。

反观中国传统聚落中与自然和谐共生的生存哲学，无论从选址与土地利用、建筑功能与格局、聚落文化特征等，还是能源与资源的利用、聚落健康与舒适度等，都是选择与自然和谐。其原因一方面是在封建传统的农业社会，人类改造世界的能力有限，为了生存选择与自然妥协；另一方面文化与精神层面对于自然的崇敬，祖先的崇拜以及子孙繁衍的期待等，这些综合在一起，促使中国古代人居环境的营造呈现了顺应自然的"被动式低碳"模式。在本书第五章末关于聚落与建筑单体的数字化模拟也充分证实了传统聚落与民居在被动式设计中所蕴含的智慧与哲理。

虽然，中国乡村传统聚落长久以来保持着"被动式低碳"的生活模式，但如前文所述，近代中国农村受城市化的冲击及消费主义文化的浸染，农村生活在农民力所能及的范围内有着从低碳走向高碳的趋势。尤其是笔者在雷州实地调研中发现，传统村落中，只有老人还愿意保留传统的生活方式，以最小的消耗来获取生活的健康与舒适；而中青年人已将传统的生活模式视为落伍的象征，他们要求消费，要求娱乐，要求快节奏，因此，对电器的需求量大，对交通工具的要求高，出行动辄便需要机动车代步，这些无不在不经意间推高了农村家庭的自身消费以及整个农村区域的资源消耗。

前文中已经提出目前中国的生态足迹赤字已经非常大，若是在我国人口数量大比重的农村大范围推行高碳生活，显然是不可持续的。因此，在广大农村聚落尚处在低消耗的生活状态时，应该通过政策引导、意识宣传以及科学的设计，在农村范围内推行"由低碳走向低碳"的可持续发展路线。

在从低碳走向低碳的过程中，同样需要坚持资源消耗的最小化原则、需要保证地域性能量流与物质流的闭合与平衡，在聚落人居环境营建与改造时需要坚持"低碳、低技术、低成本"的"三低"原则，尽可能节约自然资源。

三、闭合的能量流与物质流

传统农业社会时期，受生产力及交通条件的限制，人们的活动范围比较小，生产出来的产品具有典型的地域特色，产品的交换范围也主要局限于本地区。因此，可以在本地区形成一个完整的闭合生存圈，在这个圈中，物质流与能量流是平衡且闭合的。如人们种植水稻，收割以后稻穗被生产成粮食供人们食用，秸秆作为饲料可以供给牲畜，人们与牲畜排除粪便又被收集作为有机肥回归土地，这整个过程就是一个物质与能量交换的闭合圈。岭南地区有名的"桑基鱼塘"作为农业闭合的生物链，也是物质流与能量流平衡与闭合的典范。上文所述的茅草屋取材于本地，材料生长的能源来自于太阳，生土砖的成形能源也来自于太阳，材料的生命周期结束又可完全回归于自然，因此，同样形成了一个物质流与能量流的平衡闭合圈。

然而，随着生产力的提高，农产品产量大量提升，剩余产品的存在刺激了商品经济的发展；运输工具及运能的改变、建材与建筑技术的改变，使得农村原本的物质流与能量流闭合网络被打破，并且无法持续下去。目前，城市人消耗的食物完全由乡村提供，虽然这表面上看起来天经地义，但实际上城市作为农产品的最终消耗地，对于农村将来形成了单向交通能源的消耗。其意是指，农产品的生长除了需要阳光与水之外，还要从土壤中汲取养分，这些养分转化为农产品从农村运输到了城市且最终被消费掉，换回给农民的只是一堆纸币，农民使用这些纸币再去购买种子耕种，为了增加产量农民购买化肥（图6-2-1），这一过程可以概括为从有机向无机的转变，从图示中可以看到最终只是化肥回到了土地，而缺少了有机肥的补偿。化肥虽然在初期可以提高产量，但是长期使用化肥会导致土壤板结，没有有机肥的及时补偿，无法创造土壤的菌落环境，就会造成养分不足，长期的单向交通能源消耗，会造成土壤养分流失。

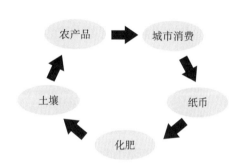

图6-2-1 农业与城市物质流与能量流流转图示

另一则案例则是桉树的种植，桉树是一种快生林，是城市建设中建筑模板的重要材料来源。雷州半岛不适宜种水稻的坡地种植桉树可以有一定的经济效益，但桉树同时又是有名的"抽水机"，短期来看桉树可以增加农民收入，但是对于水资源本来就紧张的半岛区域来讲，这种单向交通能源消耗会进一步加剧农村的资源枯竭。

农村目前生活方式的改变，同样消耗着大量从城市运送过来的商品，这些都不是本地化生产，这些物质流的流动与变化总是伴随着各种各样能量流的交换与损耗，一种不可持续发展趋势正在逐渐蔓延。因此，要在城市与农村之间建立一种可持续的物质流与能量流的闭合网络，使农村的资源与能源消耗有一定的有机补偿，同时也要建立起一种农村区域内的良性物质流与能量流循环。

四、"三低"原则

农村人口众多，建设量极大，若不采取可持续发展的策略，一味地模仿城市高速、高消耗的发展模式，势必会进一步加剧我国能源紧缺的趋势。因此，需要在农村范围内基于可持续思想的指导，推广适宜于农村现实情况的低碳（低能耗）、低技术、低成本，即"三低"的居住建筑营造，以缓解未来农村建设的能耗。

（一）低碳策略

2009年，我国农村民用建筑面积为221亿平方米，占全国总建筑面积的56%，农村地区每年生活用能达3.2亿吨标准煤[212]。目前，我国农村住宅用商品能源（主要是燃煤、电力、燃气）总量已达到城镇建筑用商品能源的三分之一，而且正在以每年10%以上的速度增长。同时，农村过去长期广泛使用的生物物质能正在逐年减少[213]。清华大学江亿院士指出，若是中国农村住宅的室内环境和用能模式都达到城市住宅标准，则农村住宅的用能总量甚至有可能超过目前城市建筑的用能。目前的村镇住宅多为单层独户住宅，主要存在以下问题：（1）住宅能耗量大；（2）热舒适性差。室内热舒适环境较差，虽然建筑总体能耗上较为节能，但这是以牺牲室内居住舒适性为代价的。[214]

结合上文提出农村应该走从传统低碳向现代低碳转变的道路，对应农村未来的发展，应该找出适合农村可持续发展的新能源体系；结合农村生活特点，调整其生活用能结构的城市化转变趋势；对能源使用采用"开源节流"的原则，控制能源消耗总量；走出农村现代化的低碳道路，而要避免片面的农村城镇化倾向。

（二）低技术策略

传统乡村聚落的营建总是以就地取材、因地制宜的建筑布局以及众人参与的形式完成的，其中蕴含了当今低碳所倡导的"被动式"节能技术。而就营建本身来讲，村民全民参与的形式就限定了其并非高技术行为。然而，目前的农村大有走简单复制城市技术的趋势，新建房屋多以钢筋混凝土做构造框架，砖用来做围合部分，屋顶采用预制与现浇相结合的施工工艺。这些城市的建设技术在城市中均是由熟练技工来完成，并且城市建设具有完善的质量监理体系，才得以保证其建筑质量。

农村建房多是个人行为，有时会有邻居村民帮忙协助，在如今"空心化"严重的农村，笔者调研发现，有些建房甚至是个人慢慢完成。该村民不维修祖屋继续使用，而是将其拆掉，又专门花费人力与财力将一部分拆下砖石打成小碎块做基础铺垫，然后再出资从外地买来建材进行建造，因经济限制建材的品质也较为低劣。由此可见，农村的建造过程主要是以农民自发行为为主，技术上模仿城市，但却只是照猫画虎地做，也没有质量方面的监管，因此建设出来的新居品质低劣，建筑使用寿命也难以长久，关于这点在第五章已详细论述。另外，城市的建设技术在建筑生命周期结束时无法快速、容易地降解回归自然，在产生建筑垃圾的同时，又需要占用大量土地及能耗来进行处置。因此，城市建设技术是不适合农村范围的，农村应该推广因地制宜的建造技术，以及适合农村个人建设行为的本地化、机械化程度低、可操作性强的技术方法，同时更要注重建筑生命周期结束后废弃建材的降解与回归自然技术对于农民的可操作性。

（三）低成本策略

农民建房与城市不同，属于自筹自建，而且根据其实际需求分期分段建设。其最大的制约因素就是经济，富裕的村民会将新居一次建设到位，品质也相对较好；而不富裕的农民建设新居一般都是边筹边建，质量也相对较差，在未达到建设目标之前，家人同样需要将就在半成品的新居中，人居环境品质没有实质性改变。在农民经济条件普遍不佳，同时又存在人口增加及渴望改善生活品质的情况下，应该寻求建造造价低廉、生活环境安全卫生、节能生态的经济型农村新居，并且在建成使用的过程中，具有较低的使用与维护费用。

雷州半岛的茅草屋便是一种典型的低碳、低技术、低成本的本地农村住宅。它选材完全来自于本地，茅草、木材、生土等材料亦来自于完全可以降解的可再生资源，建造由农民自行完成即可。厚重的生土墙是岭南地区理想的被动式隔热材料，厚实的茅草屋顶有着同样的物理热工效果。但现实中，茅草屋被当作贫穷落后的象征，实际上也是贫穷的农民才居住在茅草房，也恰恰是茅草房的廉价及个人可操作性才被贫穷的农民作为居住环境。廉价的材料及方便的来源符合贫穷农民的经济条件，经济不佳就请不来更多的村民做帮手，个人可操作性便满足了低技术的需求，可再生材料的建筑对环境的干扰很低，加之不需要大量的机械化，能源与资源的消耗就很少。而从农民、政府部门以及设计者并没有充分认识到这种"三低"建筑的真正价值，认为那是农村落后、政绩不佳或者没有经济效益的社会发展伤疤，总是想将其消灭而快之。

现状的茅草屋都是贫穷农民的房屋，没有科学合理的技术支持，因此，其室内居住环境品质较差。台风的影响及生土墙的砌筑技术不高导致房屋低矮，茅草屋顶没有经过防水、防虫、防火等处理，存在这一定的健康及安全隐患。另外，建筑的外观没有审美意识的影响，因此显得不够美观。但这些问题其实都是可以通过较少的投入来解决的，所以对于这种地域传统的"三低"建筑应该在保持传统延续的同时，合理地选择建筑材料、结构和维护结构构造，并将"三低"的智慧应用于农村的新居建设之中。

第三节

可持续发展模式探讨

几十年来的改革开放创造了当今物质极为丰富的现代社会，也彻底解放了劳动力，释放出了巨大的生产力，使得原有乡村传统聚落发生了结构性变化。

中国目前膨胀式的城市化发展进程，加速了传统聚落的消亡：一是近城镇聚落被无情地吞并或被严重侵蚀；二是远郊村落尚可借天时地利，包括了劳动力输出、信息输入及医疗教育的升级等而有所发展；三是偏僻村落无法收到城镇化的辐射而基础设施落后、信息闭塞、环境恶劣等。物质世界的建造与"旧技术"（不可持续的技术）之间的矛盾，引发了传统聚落居住环境与现代居住需求的矛盾，受城市化不科学发展的错误意识影响，又无良好的引导监督机制，传统聚落的发展则更为混乱，从而导致传统聚落人居环境危机。

如何解决传统聚落人居环境危机，保持其健康可持续的发展下去，成了可持续研究方面的中观层面问题。

一、可持续发展的新型农业

农业是农村聚落生存的根本，农业不存农民也将无所依附，就如同被城市发展吞并土地的农民，虽然取得了一定的赔偿款，但是没有了长效的生活保障机制，又没有务农以外更多的生活技能，失地农民的生活状态令人担忧。因此，农业能否可持续发展下去是农村、农民能否提高人居环境并可持续发展的基础。和农业发展密切相关的因素主要是土地、水资源及耕作机制等。

（一）生态友好型农业

在中国人地关系紧张的大前提下，需要落实严格的耕地保护、节约集约用地、水资源管理及环境保护等制度。如需要控制村落宅基地的蔓延式扩张，在保持传统聚落布局及风貌的前提下，提高旧村旧宅的现代居住功能改造，新村新居应该提高建筑容积率，集约土地利用，节约耕地面积。提高水资源的利用效率，分区域规模化推进高效节水灌溉。同时，要大力推进机械化深松整地和秸秆还田等综合利用，加快土壤有机质提升，倡导开展病虫害绿色防控和病死畜禽无害化处理。减少农业面源污染程度，尽量使用高效肥和低残留农药，推广规模养殖场畜禽粪便资源化利用，推广新型农业经营主体使用有机肥等。

（二）农业资源的休养生息

农业耕地轮种制度自古有之，这种制度不仅仅是古代农业生产技术的落后，也是一种对于自然和谐的生产智慧，用现代语言讲叫作生态补偿。而当今人类自以为掌握了先进的农业生产技术，开荒焚林扩大生产，化肥、农药甚至转基因，无所不能，唯独没有生态补偿。严重透支的土地被废弃，成为荒地或者严重沙化而无耕植能力，其综合结果导致农产品食用安全的令人担忧。目前，应根据农业环境突出问题治理总体规划和农业可持续发展规划倡导的原则与标准，进行属污染耕地修复；在陡坡耕地、严重沙化耕地、重要水源地实施退耕还林还草，进行生态效益补偿。

（三）取之有度的生态保护

人类已不能再如以往一样无止境地开发自然，挖掘资源，需要为动植物留出足够的生存空间，要为自然的自我修复留出足够的自然环境。因此，需要划定生态保护的范围红线，对于半岛内陆的聚落周围进行林木水土的保持，将聚落置于自然的环抱之中。对于沿海聚落应加大海洋生态保护，加强海岛基础设施建设。对于渔业捕捞强度要合时宜有所控制，同时注重水产养殖生态环境修复措施的实施。

二、完善的居住基础设施

近年来，随着社会主义新农村建设的不断开展，农村的建设量短期内大量增加，但由于存在赶工急于出成效的心态存在，建设主要集中在建房，也就是能够直观看到的地方，而关于农村的基础设施建设却相当滞后，甚至有敷衍之行为。关于农村人居环境的改善有些错误观念，认为只要是给农民盖了新房子就是完成了现代居住条件的改善；另外有些人认为和城市类似的新房子就代表了农村的城市化程度。城市化程度的高低与居住条件的改善不是通过房子的新与旧来评判的，欧美、日韩等诸多发达国家的城市化程度较高，但就建筑而言，其诸多主要城市甚至不如中国的二、三线城市的现代繁华；就生活品质而言，而其乡村也并没有发现比城市有本质上的差异。就相应的景观形象而言，他们的农村更像农村，反倒他们的城市在中国人眼中却像农村。可见，建筑的新旧豪华与否并不是城市化水平和人居环境品质评判的标准。

这里我们通过一个现象来看城市化水平和人居环境品质的一些决定因素。近几年中国国内频繁出现到各个大城市"看海"的趣事，而且是从雨量丰沛的南方一直延伸到干旱少雨的北方，可以说是遍及全国各个地区大城市。之所以不分地域地成为中国大城市的通病，其原因很简单，就是市政基础设施的不到位。以笔者所在城市——广州为例，为了争夺寸土寸金的城市土地，遂将城市中河涌与水塘填埋而作为建设用地，其实这些水体的存在平时是作为城市微气候调节的自然空调，雨季又是防洪泄洪的重要渠道。在利益面前，金钱战胜了智慧，类似的情况一再发生才酿成水漫全国的情景。另一则乡村的案例，雷州半岛南兴镇的东林村，旧村中有九处水塘串联，并建九龙庙祭祀。这些水塘除了作为聚落微环境的调节器之外，同样起着旱季水源、涝季泄洪的效果。而在新村建设中为了尽可能多的占地建宅，完全不考虑这些潜在的自然环境因素，新民居比邻而建，毫无间隙。没有了微环境的调节，新村的人居环境反倒不如旧村来得舒适。因此，市政基础设施才是城市化水平和人居环境质量的重要决定因素。乡村人居环境品质的提升亦然。通上水、电、通信设备，有了燃气等并不代表基础设施水平提高，有了新居、现代家电和机动交通工具也不是人居环境品质提升的表现。

在意识到问题的关键之后，2014年中央一号文件中明确提出：在村落内部基础设施方面，"实施村内道路硬化工程，加强村内道路、供排水等公用设施的运行管护"；在传统文化特征的存留方面，"制定传统村落保护发展规划，抓紧把有历史文化等价值的传统村落和民居列入保护名录，切实加大投入和保护力度"；在饮水安全方面，"提高农村饮水安全工程建设标准，加强水源地水质监测与保护"；在针对落后地区的公共交通方面，"集中连片特困地区为重点加快农村公路建设，加强农村公路养护和安全管理，推进城乡道路客运一体化"；在可再生能源利用方面，"因地制宜发展户用沼气和规模化沼气"；在信息化建设方面，"加快农村互联网基础设施建设，推进信息进村入户"。[①]

三、聚落垃圾有效处理

基础设施建设是人居环境品质提升的保证；现代生活模式会产生大量的垃圾，垃圾处理的不当会对村民的健康造成巨大威胁，因此，垃圾回收处理是聚落可持续发展的重要途径之一。虽然技术层面可以解决不少发展方面的问题，但真正能保证可持续发展顺利地实施下去便是聚落新秩序的建立，生产、生活与文明秩序的科学建立，是未来聚落人居环境可持续发展的重要保证。

乡村传统聚落以往产生的生活垃圾以有机垃圾为主，有机垃圾经过降解处理还可以作为有机肥回归土地，而随着建设量的增加及工业化产品不断地影响着农民的生活，农村的生活垃圾中越来越多地出现了建筑与工业产品垃圾，不能快速降解处理，又没有合理有效的分类回收，肆意地堆放对农村的人居环境健康卫生构成了严重威胁。因此，当前乡村聚落的垃圾处理成为一个尖锐的问题。

对于村落垃圾的处理，应具有以下一些准则：

1. 新建及再建时要减少建筑垃圾的产生，要鼓励使用循环建材或者本地建材，同时要提供可替换的建材；对建材的全生命周期进行评估，保证期安全、坚固、耐用。

2. 为村民提供住户层面的垃圾分类方案及设施；应该以减轻聚落层面的垃圾收集和处理为前提，使用不同系统，不同规模；在垃圾储存方面，垃圾回收设施要能减轻分类的压力，要意识到一些合适材料的价值，变废为宝，卖出可增加收入，同时也鼓励聚落居民循环利用，新奇与易用处理系统应该作为发展聚落基础设施的一部分，垃圾的循环利用应将距离最小化，减少运输能耗与污染。

3. 要在聚落或邻里之间提供合适垃圾的混合回收设施。

4. 非营利性组织应该对空气、水和土壤的质量进行经常性的监测，评估垃圾对污染的影响。

5. 随着技术的不断发展，可替代的垃圾处理方案，如高温分解、洁净焚烧垃圾而

---

① 2014年中央一号文件：中共中央. 国务院《关于全面深化农村改革加快推进农业现代化若干意见》。

产生能量补偿等，应该在更广泛的政策选择中予以考虑。

6. 凡是涉及当地社区的策略决定只有在社区同意行为改变的前提下，要使可替代当前正在使用方案设计的最具可行性。

四、乡村新秩序的建立

中国传统农村是在以儒家文化为大传统的背景下，结合本地小传统（民俗）而形成的乡村秩序，这个秩序融入了生产、生活及道德等多方面，成为农村社会自我组织的主导因素。然而，近代中国坎坷的历史，导致农民流离失所，当生存发生威胁的时候，社会秩序自然会退居成为次要因素。当前要保持乡村聚落人居环境可持续的发展下去，就需要建立起乡村新秩序，在这个新的秩序中让村民具有强烈的认同感、归属感及自豪感。有自我的充分肯定才能凝聚聚落的团结力及提升道德标准，从而达到人与自然和谐共存的理想人居环境。

（一）生产秩序

农村的混乱很大程度上是因为生产秩序的混乱。农村人口的过剩，土地资源的稀缺，人地关系紧张，就业机会少无法解决生存问题，因此农村人员大量地向城镇流动以谋求工作生存。人力资源的流失造成了村落"空心化"，土地资源尚好的村落中且有少数青壮年务农，土地资源差的村落中更是人员惨淡。目前，乡村中人口结构的不合理造成了农业生产秩序的紊乱，因此，要建立良好的生产秩序，把人留住，人力资源才是乡村聚落可持续发展的核心要素。

如何把人留下是值得探讨的问题，在目前的农村，人力资源大致分为以下几类：有劳动能力的分为村内务农者及城镇务工者，无劳动能力的分为老人与儿童。在村内务农者生活状况并不佳，收入增长缓慢有限，随着年龄增长，孩子与老人的负担会越来越重，务农对其个体家庭来讲并不是最终的解决途径。劳动力富裕，土地有限，务农的收益无法吸引新生代农民，因此他们大多选择进入城镇务工，本应是村落发展的新锐力量，但却成了农村人力资源流失最为严重的部分。这部分人长时间在外务工，很可能无法再融入农村，成为村落的实际损失。

因此，要制定新型农业市场机制，增加务农者收入；对于富余劳动力，通过增加本地就业的方式将劳动力固定下来。传统乡镇企业虽然可以解决一部分就业问题，但高污染、高消耗的生产过程对于乡村环境是一种负面效应。在可持续的原则支配下，应该创造新型就业机会，如在乡村用能量越来越大且不可刻意扼制的情况下，可以考虑发展农村区域化离网式新型能源供给站，可将太阳能、风能、垃圾焚烧能等充分利用，通过区域离网式能源自给，一方面解决城市能源干网向农村终端远距离输送价格昂贵的问题，另一方面其建设及维护使用可以解决本地就业，甚至富裕的能源储备可以并网销售以增加收入。新型水利设施的建设也是国家大力倡导的农村发展内容之一，集约化节约用水是农业发展必须坚持的方向，因此，新型水利设施的建设及使用亦可以解决本地就业。

（二）生活秩序

倘若说生产的秩序是让人留下来，那么生活的秩序就是要让人具有幸福感。目前，乡村聚落经济发展的滞后，迫使农民在利益的驱使下被迫"流离失所"，传统社会中一家其乐融融的景象在农村已不多见，大部分的家庭构成为老人、妇女和儿童。虽然财富令人向往，但没有证据可以表明大量的物质财富可以提高人的幸福感，甚至某些形式的财富还相反可能降低幸福感，而健康、教育、就业、住房和亲友陪伴等对于人的幸福感决定意义更大。因此，目前乡村中不平衡的人口结构组成必然会引起聚落生活秩序的不协调，聚落幸福感降低。

一个活跃的、安全的聚落，能够让村民充分享有文化、教育、工作和休闲娱乐的权利，人们有更多的机会和时间来陪伴亲友，这是一种切实可行的生活方式。充满活力的聚落可以替代物质财富，对人产生积极的影响。聚落邻里间的互助关系不仅能让人亲身体验帮助或给予别人带来的快乐和满足感，同时还可以通过相互帮助和陪伴这个过程帮助人们领悟人作为一个个体其背后的社会意义。

若要建立一个可持续发展的具有幸福感的聚落生活秩序，就需要强调"社区参与"这个概念。就乡村聚落而言，社区参与要"人尽其力，物尽其用"。共同的参与有助于聚落目标项目的成功，实现聚落人居环境可持续发展的目标，同时，还可以提高聚落内部的公平性。但建立这种新生活秩序的基础还要有就业的机会，让人们有可以为之实现人生价值以及满足生活需求的满意收入为前提。因此，要探寻农村服务新体系的建立，通过乡村服务业来创造乡村聚落共同参与的就业职位，这些服务机构可以通过政府引导与扶持，将营利与非营利组织相结合来建立新农村服务体系。如前文所述的垃圾分类回收系统的建立以及太阳能热站、公共沼气池建设等，这些新能源利用站点的建立与运转可以创造新的就业岗位，同时可以建设卫生健康的聚落人居环境，减少垃圾对环境的压力。另外，面对乡村人口老龄化的趋势，乡村养老服务也将是一个创造乡村本地就业的重要途径，养老服务机构的建立，一方面可以满足乡村老人安享晚年的愿望，另一方面创造就业机会的同时，也可以为聚落生活秩序的构建起到融洽和谐的作用。然而，这些机构的创建需要政府、NPO组织（非营利组织）及聚落村民本身三方通力合作才能得以实现，并团结使其顺利地发展下去，为农村新生活秩序的建立提供新的契机。

（三）文明秩序

传统文化的精髓时至今日与现代文明之间产生了诸多的冲撞，传统不可能随意回去，现代也不可能彻底摒弃传统，新的文明秩序将何去何从是未来可持续发展中关于精神层面所需要关注的重点问题。

中国传统农村一向以"重义轻利"为道德准绳，但随着城市消费主义文化的不断侵染，当前，传统的优秀道德观念不断弱化，市场经济条件下利用涌动，使人们往往认为"有钱就是幸福"，因此，农民也对创造财富表现出浓厚的兴趣。城市消费主义文化熏陶下的道德滑坡，目前也正迅速地影响着农村。虽然追求财富是人类正常的欲望，但"君子爱财，取之有道"，若不加控制或者善导，在利益面前人性往往禁不住考验，常常发生思想扭曲，明知食品生源污染仍然继续销售、群体恶性乞讨，甚至"笑贫不笑娼"等恶性观念沉渣泛起，这些都是正确对待利益面前的畸形表现。

因此，在农民当中应该继续发扬勤俭节约的美德和优良传统，一是要勤劳，即热爱劳动、勤奋工作、踏实肯干；二是要俭朴，但这并不代表生活要简陋，而是要在力所能及的情况下，过舒适快乐的生活，办任何事情都应该精打细算，勤俭节约。[215]

另外，小农思想的禁锢成为新文明秩序建立的严重障碍，原来在乡村有族长宗祠来管理村落，中华人民共和国成立后施行的村民委员会制度，是原有体系彻底瓦解，而新体系与旧传统之间存在着种种冲突，因此乡村的集体组织管理始终处于徘徊阶段。但在提升乡村人居环境并倡导可持续发展过程中，有时需要农民建立正确对待财富及生态道德的意识。而这些意识的建立与千百年来形成的小农思想之间存在某些方面的冲突，面对这些冲突的解决，村委会作为基层组织的能量便体现出来。

在笔者调查过程中，村委会能够有效将村民思想统一，行动上组织起来的并不多，其中成功的典型是雷州南兴镇的东林村，该村的村委会由老中青三代组成，村中的各项事务都可以通过集体讨论满足老中青三代人的不同需求，老年人强调历史与传统、青年人要求活力与创新，中年人作为领导者平衡两边的关系，因此，该村旧村保存较为完好，新村建设步伐也较为统一，还有小磨坊、市场、商店、医疗所、老年活动中心、学校等一系列居民生活的便利设施，村落内外交通便利，因村委会能够代表村中绝大多数村民的利益，因此，村民的团结度较高，对公众事物的参与度较高，愿意履行作为聚落社区一员的权利与义务。

另一则案例是一个村落的村委会在过境铁路施工时私自侵吞了补偿款，然后与村民发生了严重的冲突，冲突的结果就是村落基层组织处于瘫痪状态，村民自行成立村民代表小组行使权利，但受过欺骗的村民心生芥蒂，松散的组织更难以有效地组织聚落行动，村落社区秩序的混乱，致使原本美丽的传统村落迅速凋零，人居环境也每况愈下。在村落管理学者看来，如果村民离开了村级组织的管辖范围，就等于放弃了应当分享的各项权利。[216]而这种放弃无疑是对聚落社区发展的一种致命打击。

因此，村落新文明秩序的建立是村落可持续发展的基础，文明秩序是高于生产与生活秩序的，但是它又是建立在这两种秩序之上农村聚落所特有的，其未来的发展探索必须扎根于农村的现实环境，通过正确的价值观、生态观树立团结的集体观念，这样村落的人居环境建设才可以提升，村落才可以朝着更好的方向持续发展。

基于可持续利用的建筑模拟分析

对于乡村传统聚落人居环境提升最终的实物载体便是建筑本身，因此，对于微观层面建筑单体的可持续利用分析，是提高村落建筑空间利用率、节约用地的直接有效措施。目前，村落的建筑分为传统民居与新民居两大类，就建筑本身而言，传统民居格局已不适应现代生活功能，新民居虽然解决了当前的现实需求，但建设随意，空间的有效利用极低。因此，若是正对于建筑的研究，这两类村落民居都需要进行一定的改进才能够进一步提升人居质量及更具可持续发展的潜力。

一、传统建筑空间持续利用的原则

（一）分类分级，整旧如旧，以存其真

我国古建筑的保护工作一直遵循梁思成先生所倡导的"整旧如旧"原则。目前，这一原则已受到国际社会的普遍认同。对于村落中的传统民居部分，根据其建筑的规模、质量以及在村落历史中的重要程度进行分类分级，提出不同的修缮及保护方案。同时应当考虑维修过后的传统民居可以继续作为有实用效益的空间使用；应将古民居的营造智慧，如空间布局、构造技术与方法、构造材料和结构特性保留下来。

因此，对于乡村传统聚落民居建筑的保护应当遵循以下原则：（1）对村落中具有重大历史意义或建筑艺术价值的建筑物给予绝对的保存和修葺，以延续村落的历史记忆；（2）对继续可以使用的民居进行修缮整理，以保证其正常使用功能的延续，并通过适时修缮阻止建筑物的机能及外观老化；（3）对于已经在旧村中修建的新民居，与住户协商进行外观改造，力争在不影响住户基本使用需求的前提下，保持风貌与传统风格协调统一；（4）对于旧村中已经坍塌或者无主空地进行风景园林建设或者协助户主进行一定的复原建设，以保持聚落格局的历史完整记忆。

（二）内部改造，外部保护

对于村落内重点建筑可通过改变其内部功能进行再利用，可改造为当地民居博物馆、民俗馆等。对于村落传统民居中历史意义较低，建筑艺术价值较低的民居，可以进行外观保护，内部改造的方式进行再利用。保持原有传统村落格局及建筑轮廓线，对于传统的建筑形式、特点、体量、色彩、建筑比例要保持原有风格不变。同时，要注意保护聚落景观界面的完整性。对其内部空间进行适应现代居住功能改造，如现代给水排水设施、安全强弱电系统等，提升传统民居的居住舒适度。

（三）旧貌新颜，循环利用

旧民居有些已破旧不堪，最优方案是进行拆除重建。新建民居若为原址重建便需要与传统民居达到新旧结合，风貌协调统一的效果。营建原则以拆旧建新为上，拆卸下来的砖石木材等材料，质量尚可的应该回收重复利用。旧建材的重复利用可以节省农民建房开支，再加上政策补贴、农民的建房经济压力就会大大减少。这本着经济实用、节省造价的原则，不仅能极大地改善传统聚落的居住环境，也可以满足村民现代化生活的需求，同时又有利于传统聚落记忆元素的传承。

（四）自我管理，逐步建设

在传统聚落的更新再利用中，强化村落自我管理的保护机制，制定相应的保护条例。同时，让村民参与保护活动，宣传推广并提升村民保护意识。村落管理机构应在资金协调、产权协调上发挥应有的作用，充分发挥各方面的积极性，多渠道融资共建，实现保护的良性循环。[149]对雷州贫困和落后地区来说，虽然政府对部分农户有所补贴，但农民依然是建房的主要投资者。因此，对传统聚落民居的改造可以分阶段进行，逐步建设，不可操之过急贸然行事，造成传统建筑不可逆的损失。

二、新民居的改造方法

新民居的建设因主要考虑了功能使用的需求，而缺少了传统民居关于礼制宗法、乡规民约的一些约束，因此，随意性较大，而且建筑技术的参差不齐也导致建筑品质差异很大。所以，新民居可持续发展的更新途径，应注重以下几点原则：

（一）邻里和谐共享

目前乡村新民的建设只顾及自家的利益，而不考虑对村落公共空间和邻里产生的负面影响。因此，出现了邻里间的"握手楼"，对于隐私及安全都构成了隐患。所以，新民居的建设规划应处理好邻里建筑的空间关系，和谐共享公共空间，共享与自然接触的平等机会，减少因满足自家一己之私而产生邻里间的相互干扰，寻求双赢的空间布局模式。

（二）集约化空间利用

新民居是村民根据自身需求而建的，以传统民居平面布局为依据，使用城市建设方法营建。建筑平面布局尚不够紧凑，空间利用较粗放。而在人地关越来越紧张的情况下，需要对建筑平面布局进行合理改造，对原有建筑空间集约化利用改造。并在尊重公共空间、处理融洽邻里关系的前提下，分阶段在竖向寻求空间利用的可能，进行二、三层的后续建设。在不增加建筑密度的前提下，提升空间容积率及使用效率，满足村民不断增长的居住需求。

（三）低能耗节约资源

当前新民居的建材均由厂家生产，大部分原料为不可再生材料，来源也不低碳节能，又需要经过远距离运输，增加运输能耗，建筑的使用维护通过市政能源网络输送，价格较市区昂贵。因此，初投资加使用维护费用导致建筑总成本增加，不利于乡村聚落走低碳资源节约型道路。初投资方面，尽量利用本地可再生材料，以及旧建筑拆解下来尚可利用的建材；研究新的围护结构构造方式，提升建筑的隔热防潮等功能；改良建筑空间布局，提升内部空间的自然通风采光效果，尽量减小人工能源消耗；同时结合本地自然资源，发展可行的建筑新能源体系利用，如太阳能、风能、沼气能、潮汐能等。

（四）提升卫生健康及舒适度

目前，新民居建筑品质较传统民居提升的并不在多数。足够的空间、窗明几净、卫生干净的现代厕所，是农民心中理想的居住环境。空间可以通过改良提高利用率，采光通风也可以通过改造设计得以改善，而现代水冲厕所，笔者认为并不适宜在农村大范围推广。原因如下：（1）水冲式厕所虽然干净，易打理，但乡村聚落社区薄弱的基础设施无法满足粪水的卫生处理，自家做化粪池处理的又极少，汇合排放环境卫生安全极差。（2）农村家庭人口密度相对较大，人畜粪本是有机肥料的重要来源，水冲式厕所经水稀释浸泡的粪水还需经过专业处理，否则无法利用，成为资源浪费。（3）水冲厕所导致水资源消耗过多，不经意中造成农民生活成本上升。

因此，在农村应采用新型生态厕所，不需要用水冲。新型生态厕所会将粪便分成含有灰土或锯末的若干个微小颗粒而自动风干，无蝇、蛆，无臭，同时储粪设备内投放有益细菌对粪便进行分解，使其降解为有机肥使用，科学实践表明：粪便经过密封、厌氧、发酵等无害化处理，保氨效果可达95%以上，肥效增高2~3倍[217]；尿液则采用"人工湿地"渗透技术将其稀释到地表被植被吸收利用。因厕所不需用水冲，故不会造成多余的粪水，节约水资源，降低使用及维护费用，干净卫生。这种新型生态厕所很适合排水设施不健全或污水处理设施缺乏的广大农村使用。

三、传统民居数字化模拟及改造案例优化分析

传统民居建筑的改造是未来乡村聚落建筑可持续发展再利用的一项重要任务，上文针对居住建筑的改造更新原则进行了一定的阐述，而在未来传统民居会面临不同的功能改造，而应该如何通过设计优化来实现传统民居的再利用，笔者意图通过一个实际案例来进行数字化模拟及方案优化方面的分析。

（一）更新改造目标及设计方法

该清代传统民居建筑群（图6-4-1）的改造再利用宗旨是"保持传统风貌、赋予现代功能、提高舒适程度、环境持续和谐"，力图打造一个适宜现代城市综合功能需求的传统建筑群落。因此，建筑性能模拟的主要任务是促使建筑师在满足功能使用要求及对当地自然条件合理利用的前提下，兼顾建筑能耗及室内热环境与光环境舒适度的要求，并达到建筑空间利用的最佳水平。

图6-4-1 民居建筑全景
（来源：Google Earth）

具体来说，与以往传统的更新改造设计流程不同之处在于，该案例在方案设计初期便引入建筑性能模拟的方法来探寻各种改造措施在功能性、舒适性和环境友好性之间的最佳平衡。从场地与气候条件分析入手，从建筑新增功能及舒适要求着眼，以建筑形式及维护结构的变更先行，用实时动态模拟的结果来互动优化建筑设计。

模拟工具方面，该项目使用的是建筑性能分析工具Ecotect及动态传热学模拟工具HTB2，二者皆为业界广泛运用且在各自领域发展得非常成熟的软件工具。

（二）建筑性能模拟的应用

该案例采取气象资料分析先行，为被动式设计提供各项基础信息，从而提出初步设计方案，在设计初步完成之后，模拟分析建筑设计的性能表现，了解既有设计方案满足舒适性和节能要求的能力。根据其性能表现及模拟结果的多方案对比，从而进一步挖掘其节能潜力，以期达到预期既定的功能性、舒适性和能耗控制的综合最优表现。

1. 气候资料分析

案例坐落于广州，有着典型的亚热带湿热气候特点，这意味着立面设计需要注意开窗方式，以减少太阳直射得热和可能产生的眩光。由于太阳漫反射一直处于较高水平，控制太阳漫射得热也是降低能耗、提高室内舒适度的关键因素。另外，空气相对湿度全年较高，仅在秋季短暂降到舒适范围这一特点，意味着需要较为复杂的通风策略来达成室内的舒适要求。

从风环境资料来看，北风具有最高频率且最冷风也来自这一方向，这在北半球是较为普遍的现象。南风及东南风也较为频繁，可作为自然通风的风口布置方位（图6-4-2）。从该案例的既有场地布置来看，传统聚落的空间格局有着非常清晰明确的风道，将风依据人的舒适性要求及场地自然条件智慧地引入建筑环境（图6-4-3）。

2. 气候特征与相关设计要点

该案例的场地布置明显遵从背山面水与坐北朝南这两个传统择居准则，在场址北部是小丘陵和森林，南面和西面被湖环绕，并在此之上将整体布局向东北部偏移了15°。这种周到而整体的考虑，利用山体和森林的热惰性在寒冷时段预热北向主导风，并从错开的角度间接进入建筑环境，减缓了冬季巷道内的风速以增加舒适度；而酷热季节东南及南向主导风经由敞开湖面预冷，且无任何障碍地进入由建筑侧门及院落构成的横向风道。

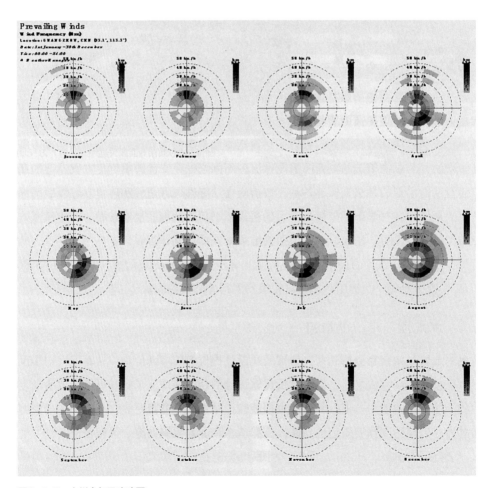

图6-4-2 广州全年风玫瑰图
（来源：Energyplus数据库）

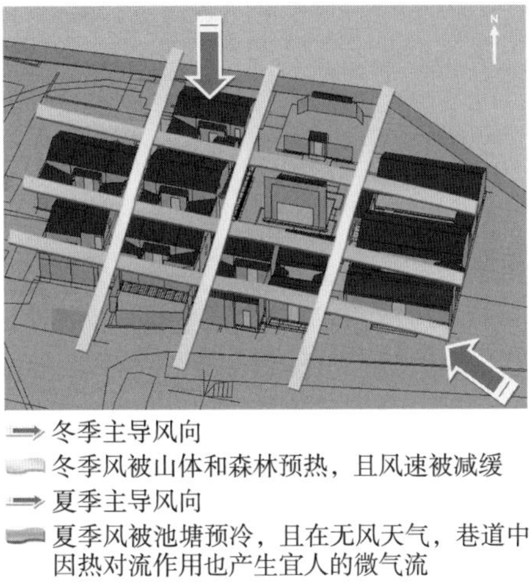
冬季主导风向
冬季风被山体和森林预热，且风速被减缓
夏季主导风向
夏季风被池塘预冷，且在无风天气，巷道中因热对流作用也产生宜人的微气流

图6-4-3　传统建筑场地及空间格局布置分析

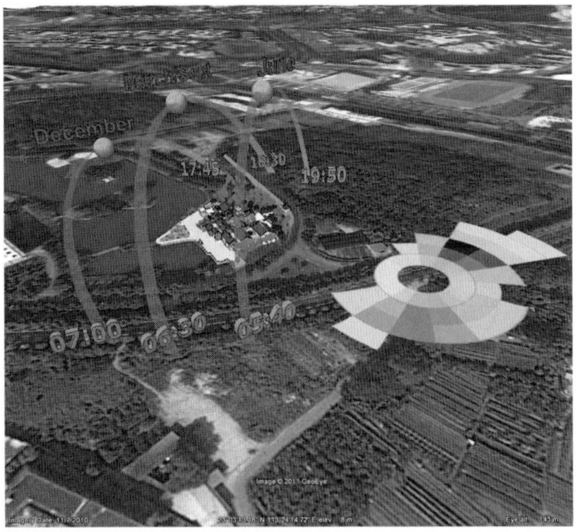
December
June
17:45
18:30
19:50
07:00
06:30
05:40
Image © 2011 GeoEye

图6-4-4　项目场地分析总结

因此，该案例根据分析结果，充分尊重这种场址选择及聚落空间肌理，山体、森林、湖泊、巷道及建筑围护结构上的开洞方式应尽可能按原样保留。

照明方面，原建筑很少开天窗，只在局部设置“亮瓦”（即把屋顶个别瓦片揭开并以透明材质密封），这种现象是事出有因的。据分析，传统居住空间在白天很少涉及室内活动，因此在建筑形式上牺牲了照明来尽可能减少太阳辐射得热。在该项目中，将现代人的日常生活引入场址之内是非常重要的目的，因此照明策略必须结合能耗表现谨慎考虑。在开窗时，建筑师需要谨记太阳轨迹与建筑的关系，而窗墙比也必须予以谨慎处理（图6–4–4）。

总之，中国的乡土建筑和传统聚落在被动式一体化设计方面有着极高的智慧。以上对场地的分析证明，即使在几百年前，中国的建筑匠人已对自然与人居环境之间的关系有了很深入的理解。无论对于建筑单体还是聚落整体，他们的设计都显示出既满足人居舒适要求又充分尊重自然的理念。

（三）模拟案例分析

该项目中的岭南民居改造分为四种类型（图6–4–5），包括：择址新建新功能新式建筑，如大堂；原址新建新功能新式建筑，如会议厅、餐厅；原址翻新既有功能建筑，如住宿用民居；原址改造引入新功能建筑，如展厅、餐厅。因案例内容繁多，故仅以择址新建新功能新式建筑——大堂和原址新建新功能建筑——会议厅为例，来描述建筑性能模拟对岭南传统民居改造设计的辅助优化。

1. 大堂

（1）大堂初始设计方案

接待大堂具有人流集散及整体建筑群空间组织的作用。其建筑设计的初始用意在于

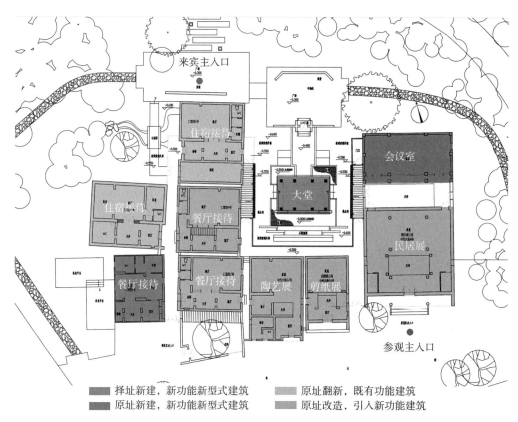

图6-4-5　建筑首层平面及建筑类型示意图

图例：
- 择址新建，新功能新型式建筑
- 原址新建，新功能新型式建筑
- 原址翻新，既有功能建筑
- 原址改造，引入新功能建筑

修建一个玻璃盒子，使到访者在登记等待的过程中可以无障碍获得场地全景，从而以愉悦的视觉观感减轻其等待的焦灼感。根据上文设计意图，该新建建筑既需要与历史建筑形式有所区别，又必须适应周围的传统建筑形式融入传统元素符号。因此，为了获取室内空间与外围环境的视觉交融，建筑采用了通透半开敞围合结构，取凉亭的意境，同时拟采用空调辅助以增加室内舒适感（图6-4-6）。

　　然而，模拟结果显示，这一设计在当地的炎热季节（5～9月）中，即便在通风良好的条件下，对应该建筑空间功能可能产生的内热源状况，室内温度全年都将比室外干球温度高出2℃以上。在最热时段，室内干球温度可高达40.2℃，而黑球温度预计达到

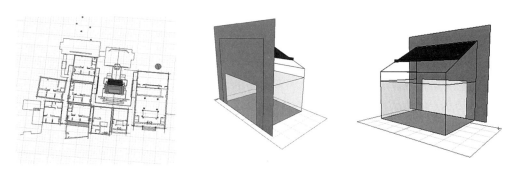

图6-4-6　大堂初始设计方案模型图

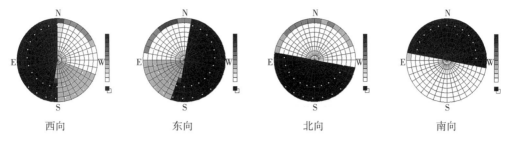

| 西向 | 东向 | 北向 | 南向 |

图6-4-7 初始设计各立面遮阳情况

65℃，这种热环境会使得在室人员即便短暂停留也感到极端不适，而这种不适主要是由遍布于墙体和屋顶的大面积玻璃幕墙所引起的温室效应。对这样的空间予以空调辅助，其能耗必然是居高不下的。

从各立面的遮阳状况来看，原设计在南向幕墙几乎完全没有遮阳存在，东西向的遮阳也显著缺乏，周围建筑的遮挡又不足以形成辅助遮阳，因此整体方案对日射得热控制较差（图6-4-7）。北向遮阳在高纬度区一般不被强调，但对于广州所处靠近赤道的亚热带地区，夏季太阳可过头顶，因此北向遮阳也需予以重视。

（2）大堂设计改进方案一

基于以上分析，该项目在模拟后提供的第一套解决方案将立足于太阳辐射得热的控制。为了不过分变更原设计，改进方案一仅从简单添加遮阳入手，并辅以单层Low-E玻璃以降低太阳入射得热量（图6-4-8）

从遮阳分析图来看，改进方案一在南向形成了较为理想的投影效果，而东西向的遮阳也显著增强（图6-4-9）。

模拟结果显示，在遮阳与特种玻璃并用的情况下，太阳辐射得热降低了35.8%，其直接效果是室内黑球温度降低了10℃，而室内干球温度也相应降低1.5~2.0℃。然而，这一效果仍然不能实现在非空调状况下人员长期逗留的需求，或空调状况下节能的目的。

需要注意到，在欧洲绝大多数制造商并不推荐使用单层Low-E玻璃，因为这种玻璃表面的污渍较难去除，会大大增加日常清洁的工作量，而普通清洁方法又很容易在这样的玻璃表面留下划痕，因此在实践中Low-E玻璃大多是在真空隔热的双层玻璃窗中使用。

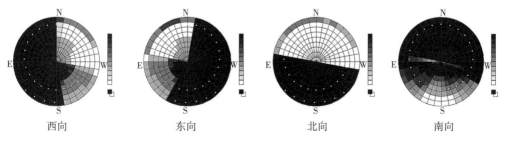

| 西向 | 东向 | 北向 | 南向 |

图6-4-8 改进方案一各立面的遮阳状况

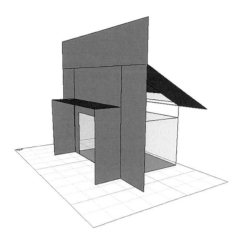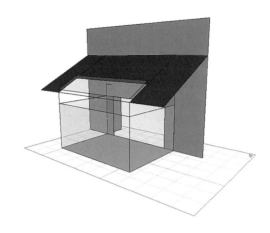

图6-4-9　改进方案一遮阳示意图

（3）大堂设计改进方案二

在方案二中，仍然本着不过分变更初始设计的原则，在改进方案一的基础上，将绿色屋顶作为另一项解决手段，其原因为：A. 大堂所在地原本为绿地，修建建筑会造成一定的生态损失，添加绿色屋顶能对该损失做出一定补偿；B. 屋顶植被在蒸腾作用的过程中会协助屋顶降温，从而有效减少建筑从屋顶维护结构的得热；C. 绿色屋顶将整个场地内的绿化从平面引向立体，丰富了景观的视觉体验。此外，改进方案二还取消了原设计中的玻璃屋顶，因为绿色屋顶厚度较大，与玻璃屋顶之间很难协调排水和构造的问题。需要注意的是，绿色屋顶的植被选择必须根据当地的气象条件和物种情况谨慎决策，否则可能引起后期维护费用的激增，或是植被不能成活，达不到设计目的。

模拟显示，方案二在原方案基础上降低了50.3%的太阳辐射得热，这使得室内黑球温度在最热时段内下降了15~17℃，而室内干球温度也比原方案降低了2.0~3.5℃。因此可以认为，改进方案二比改进方案一效果更好。

（4）方案优选对照

对比初始方案设计及模拟后的两套改进方案，可作出以下结论：

初始方案设计的遮阳严重不足，且经由两套改进方案的对比，建议取消大面积的屋顶天窗，并在东、西、南三个立面都添加水平及垂直方向的遮阳，才能有效降低太阳辐射得热。

图6-4-10清晰显示了两套改进方案对室内干球温度和黑球温度的有效降低作用。然而，即便是效果最好的改进方案二，在最热时段室内干球温度及黑球温度在没有空调辅助的情况下，仍将显著高于室外基准条件。这意味着若不根本改变设计思路，该空间在方案二的条件下仍需大量空调能耗辅助才能达到现代室内舒适标准。

Low-E玻璃和绿色屋顶是改进方案的两项主要手段，模拟预测的结果显示，Low-E玻璃能起到的作用较之添加遮阳和增强屋顶结构的保温隔热性来说并不明显，除了以上所述的维护困难外，还会显著增加初投资。因此，鉴于该空间只需满足宾客短暂停留的功能，模拟建议彻底去掉原设计中的玻璃结构，将该空间设计为自然通风的开敞空间。

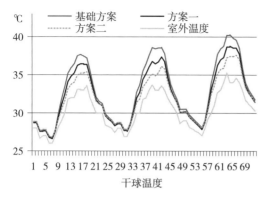
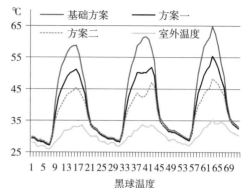

干球温度　　　　　　　　　　　　　　黑球温度

图6-4-10　三套方案室内温度状况对比

而原设计中用于Low-E幕墙和天窗的预算可用于绿色屋顶和外遮阳设施，从而在热舒适与初投资两方面均达到良好收益。

2. 会议厅

该建筑原址是雅乐黄公祠第二进院落内的正房，因原建筑损坏较为严重，在该项目中拟拆除重建，用于满足场地内的会议功能。由于广州气候湿热，会议厅属人员长期逗留空间，故新建建筑设为空调区域，并同时考虑建筑在凉爽季节时自然通风的运用。

（1）会议厅维护结构性能比较

此部分模拟分析的任务是测试不同保温隔热方案对建筑能耗表现的影响程度。在传统维护结构建造方法的基础上，比较低、中、高三种保温隔热方案（表6-4-1），以测试哪种隔热水平的维护结构更适于这种建筑形式和功能使用特点。模拟结果显示，该会议空间的建筑形式对于维护结构的保温隔热性具有敏感性，随着维护结构保温性能增强，室内热环境会得到改善，于是空调能耗也随之降低。

维护结构热工状况模拟方案　　　　　　　　表6-4-1

结构项	基础传统形式	低保温	中保温	高保温
屋顶	黏土瓦20mm，传热系数4.9133W/m²K	黏土瓦20mm，玻璃棉40mm，硬纸板20mm，传热系数0.7480W/m²K	黏土瓦20mm，玻璃棉40mm，硬纸板20mm，传热系数0.7480W/m²K	黏土瓦20mm，玻璃棉60mm，硬纸板20mm，传热系数0.5444W/m²K
外墙	青砖120mm，中空层40mm，青砖120mm，传热系数1.5478W/m²K	青砖120mm，玻璃棉40mm，青砖120mm，传热系数0.6823W/m²K	青砖120mm，玻璃棉40mm，青砖120mm，传热系数0.6823W/m²K	青砖120mm，聚亚胺酯泡沫板40mm，青砖120mm，传热系数0.6558W/m²K
内墙	与外墙相同	与传统形式相同	与传统形式相同	与传统形式相同
地面	青砖150mm，夯土层1000mm，传热系数0.8773W/m²K	青砖150mm，夯土层1000mm，传热系数0.8773W/m²K	青石板150mm，泡沫聚苯乙烯50mm，碎石垫层1500mm，夯土层800mm，传热系数0.3286W/m²K	青石板150mm，泡沫聚苯乙烯50mm，碎石垫层1500mm，夯土层800mm，传热系数0.3286W/m²K
窗	单层6mm普通玻璃，传热系数5.3846W/m²K	双层6mm普通玻璃，传热系数0.0981W/m²K	双层6mm普通玻璃，传热系数0.0981W/m²K	双层6mmLow-E玻璃，传热系数0.0981W/m²K

（2）会议厅建筑形式比较

在确定了维护结构方案后，接下来需要测试的是建筑基本形式。就初始观察结论来说，南向大面积玻璃幕墙不适用于广州气候，改到北立面会有更少的太阳辐射得热。但结合场地条件考虑，北立面面对交通干道及场地主出入口，大面积开窗将影响建筑使用的私密性，同时也会破坏传统建筑群的整体立面氛围，还有潜在的噪声影响。此外，关闭南向入口也会破坏院落内部的联系与整体感，失去中国传统"院落"的建筑组团形式。

遮阳分析显示，在最热季节正午的直射阳光会被有效遮挡，而冬季太阳高度角下降后，室内能得到较充分的阳光来保持温暖。这一考虑周详的遮阳方案确保了南向开窗的可行性，但原设计方案的南向窗墙比需要进一步降低，具体操作方法是：A. 在屋檐下部增加实墙面积，以进一步降低晚春及早秋的太阳辐射得热量；B. 进一步增强东西两侧的遮阳，结合现代功能在庭院两侧营造出有实用或结合景观功能的空间（图6-4-11）。

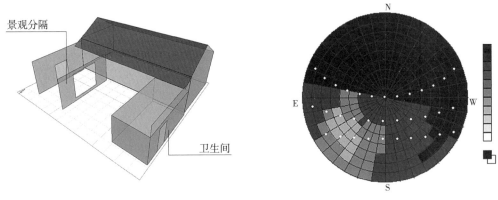

图6-4-11 室外遮阳改进示意及其遮阳效果

此外，现代建筑设计的经验表明，基于空间功能的灵活间隔划分对于空调系统的运行能耗有着显著的降低作用。根据客户反馈，该空间会对大小会议均开放，而大型会议不会全年常有，因此解决方案将探询基于传统建筑本身构造方法的灵活空间划分方式。基础建议是在传统的梁架与柱的分隔处加一道可灵活开启的隔墙，将整个会议空间分隔为约1:3的两个子空间，同时对隔墙加装隔声材料，而空调系统的设置与之相应，这样不仅有了局部空调运行的可能性，还使得小型会议和中型会议有同时举行的可能（图6-4-12）。

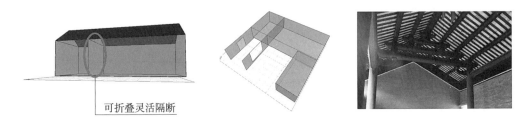

图6-4-12 新增内隔断与传统构造之间的关系示意图

在以上分析中已经解释过，室内的黑球温度是对人体热舒适感受影响更为明显的指标，而从表6-4-2所示情况来看，人员在室内的时段内，人们在形式二建筑中的总体会感觉冬季更加温暖，而夏季更加凉爽。这也意味着在形式二的建筑中人们可能会有更多的关闭供热或空调系统的意愿和可能性。

从能耗状况来看，在全空调模式下（供热+制冷），形式二两个空间同时全年运行，已可以实现比原始方案形式一节能0.5%，若只看制冷工况，则可节能4.4%。然而，这并不是形式二优越性的全部，如果考虑在实际运行中会议不同频率对空间的实际使用，形式二因灵活间隔配合局部空调系统的方案还可以取得更好的节能效果（图6-4-13）。

不同建筑形式空调模式下室内黑球温度比较　　　　表6-4-2

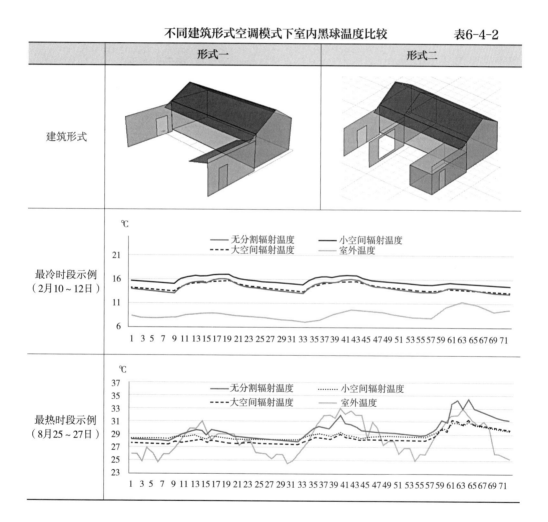

在建筑立面的形式进一步变更之前，了解形式二现有的自然光分布状况非常重要，因为如果现有的自然光系数已足够充分、室内分布已足够均匀，那就没必要对维护结构做出更多的变动了。图6-4-14是形式二的自然光系数分析图，由图可见，当加了中间的灵活分隔后，大小两区的自然光系数都非常充足，无2%以下的极昏暗区，依据参见表6-4-3。但存在的问题是室内的自然光系数分布极不均匀，最强区的在11.5%

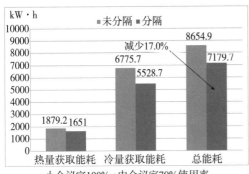
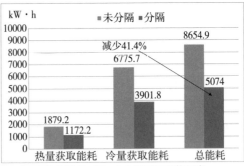

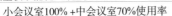

图6-4-13 形式一与形式二在部分使用率下全年能耗比较

以上，而最暗区的在3.5%左右，这种巨大差别会造成室内局部的眩光及视觉疲劳（因为眼睛总要在明暗区之间调整）。所以，这个分析结果表明，南立面的幕墙面积仍然过大，而局部需要增开窄窗引入自然光光来平衡分布。

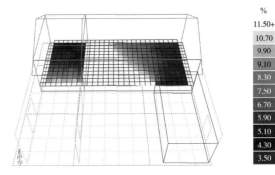

图6-4-14 会议功能区建筑形式二自然光分析

自然光系数与室内人工辅助照明之间的关系[4]　　表6-4-3

平均自然光系数	现象	照明需求
<2%	室内看起来很昏暗	全天需要人工照明
2%~5%	自然光占主导地位，但有时也需要人工照明予以补充	光线与内热源得热得以较好的平衡
>5%	室内自然光线非常充足	几乎不需要人工照明，但因为开窗面积太大，导致夏季太阳直射得热过多而过热，同时削弱了维护结构的保温隔热性能使得冬季过冷

（3）会议厅改进方案一

在该方案中，北立面靠近两端自然光系数偏弱处增开了两处高窄窗，而南立面的玻璃幕墙缩小了面积，同时，缩减了南向坡顶在南立面的挑檐，改由东西厢房的水平半透明材质搭接（图6-4-15）。

经过这样的解决方案，室内自然光系数的分布均匀程度得到了明显改善。如图6-4-16所示，自然光系数的差距从形式二的8%左右缩小到现在的6%左右，这使得室内的视觉舒适度有明显的提高。

模拟结果显示，改进方案一的太阳辐射得热比初始设计方案降低了65.2%，这使得冬季供热能耗小幅上涨了372.6kW·h，但制冷能耗降低了812.8kW·h。反映到全年能耗上来说，改进方案一的总能耗比初始方案低了5.1%，若是单看制冷节能，则比初始

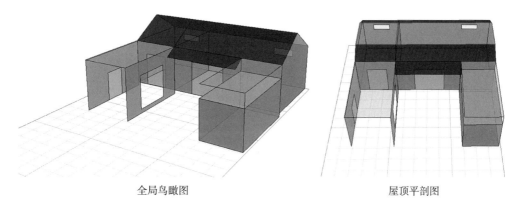

全局鸟瞰图   屋顶平剖图

图6-4-15　改进方案一示意图

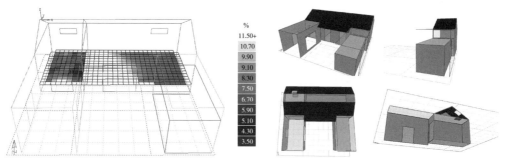

图6-4-16　会议功能区改进方案一自然光数分析   图6-4-17　改进方案二示意图

方案减少了12.0%。由此，可以认为改进方案一有效解决了室内采光问题的同时，还实现了节能的目的。

（4）会议厅改进方案二

改进方案二中，南立面的玻璃幕墙面积与改进方案一比并没有进一步的减少，只是改变了开洞方式，采光的增强不是由北面开窗解决的，而是由南面设有遮阳的高窄窗和加了隔层及自然光通道的天窗来解决的（图6-4-17）。

不将整个屋顶改为阁楼是有原因的。当会议规模小时，座位的安排会相对宽松，因此由人员在室内带来的热量会较低，而需要的通风换气量也较少，所以压低建筑高度并不会对室内空气容量减少带来的负面效应造成太大影响。反之，对于大中型会议，人员密集，产生热量多、需要换气量大，更高的建筑空间反而有助于室内环境的改善。同时，暴露一部分梁架结构，也是对中国传统建筑形式的一种视觉提示，遵循了本项目"保持传统风貌"的出发点。

通过这一解决方案，室内的自然光分布更加均匀，从图6-4-18可见，室内不同地点的自然光系数差距从分隔形式的8%左右进一步缩小到4%左右。且在分隔后，小空间的光线分布非常均匀，而大空间自然光从强到弱也有了更多面积的过渡区间，所以在视觉舒适性上，改进方案二更优于改进方案一。而模拟结果显示其能耗无论供热还是制冷都有进一步的提高。

（5）方案优选对照

在空调能耗的节能之外，改进方案一和方案二在照明用电量上还会有进一步的节省，只是该项目所用两个软件均不能反映实际的照明用电量，只能间接体现因照明散热降低而随之减少的空调能耗，这是该案例所采用模拟工具的局限之处（图6-4-19）。

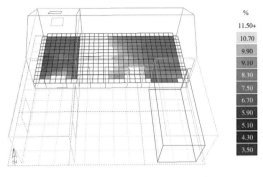

图6-4-18 会议功能区改进方案二自然光系数分析

双层Low-E玻璃在该建筑形式和内热源情况下有助于提高建筑能耗表现，但与传统建筑相比会有较大初投资增加。该项目未比较双层Low-E玻璃和外遮阳加普通单层玻璃这两种方案，是鉴于会议空间有一定声学要求，既要避免主干道噪声对会议的干扰，又要避免会议对前区展示空间的干扰，所以综合考虑下来双层玻璃对此建筑来说优点更多些，予以采用（表6-4-4）。

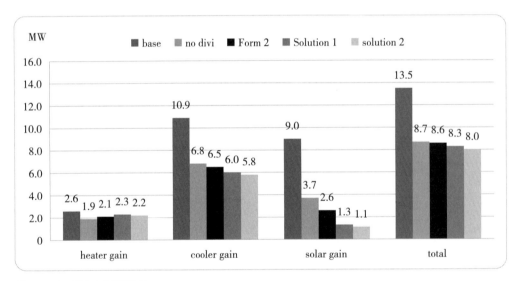

图6-4-19 所有方案能耗比较

各方案比较要点总结 表6-4-4

独立空间无保温	形式一高保温加Low-E玻璃	形式二高保温加Low-E玻璃	改进方案一高保温加Low-E玻璃	改进方案二高保温加Low-E玻璃
独栋建筑，无院落围合，南向整面幕墙	保留院落，南向整面幕墙	在院落基础上增加厢房，缩减南立面幕墙，且内部添加隔断	在形式二基础上进一步缩减南立面幕墙，在北立面开高窄窗	在改进方案一基础上重新布置南向开窗位置，并在屋顶加设部分阁楼和自然光通道

续表

独立空间 无保温	形式一 高保温加Low-E玻璃	形式二 高保温加Low-E玻璃	改进方案一 高保温加Low-E玻璃	改进方案二 高保温加Low-E玻璃
投资最少但失去传统格局	投资增加，传统格局得以保留，有较明显节能效果，但院落太空旷，且没有达到最好节能效果	节能效果较形式一有提高，且对会议空间的灵活分隔可带来更大的节能潜力，但室内光环境较差	在形式二的基础上提高了视觉舒适度，投资没有明显增加，但节能效果并不比形式二突出	更进一步提高了视觉舒适度，且能耗较形式二更低，但初投资和施工难度会进一步增加
比较基准	节能35.6%	节能36.3%	节能39.3%	节能41.5%

（四）发展可行性思路探讨

分析项目中整个模拟与设计的互动过程，可以得出以下结论：

一、建筑形式对建筑投入使用后的运行能耗有非常巨大的影响。因此，方案在确定形式之初便需要引入建筑性能模拟，根据模拟工具对场地、当地自然条件的分析及对后期运行能耗的推算，来推敲出建筑空间、使用功能、后期运行能耗与当地环境之间最佳平衡形式。若基本形式偏离最佳平衡点较远，仅靠调整围护结构构造、窗墙比、局部遮阳等措施所能起到的节省运行能耗的作用是非常有限的。

二、当沿袭传统建筑的形式，但建筑内部使用功能与使用时段发生彻底改变后，传统的建筑格局与形式也不一定要全部推翻。模拟证明传统建筑的围合院落与厢房布局不仅仅是形式的追求，其背后隐藏了对当地气候条件与室内外环境互动的深入思考。所以，建筑师对原址新建建筑的设计立意，也不应仅仅从美学或者历史角度去尊重传统格局与建筑形式，而是要充分理解其背后深层的被动式设计智慧。

三、模拟结果同时显示，完全照搬传统格局与形式，也是无法满足现代使用要求的，矛盾主要存在于自然采光效果与运行能耗之间的平衡，以及自然通风模式下大通间布置与空调模式下分区控制的不同要求。该案例建筑内部竖向空间的调整与横向空间的再分隔、立面门窗开洞方式的重新布置都在兼顾能耗表现的同时有效提升了建筑内部空间的舒适性。因此，针对此类项目建筑师要着重设计的，是传统建筑基础布局与形体之上的内部空间分隔与立面开洞形式。借助于模拟软件的辅助分析，建筑师可在视觉、流线、采光、通风、能耗之间找到最佳平衡点。

四、传统建筑以罗盘勘测为手段、堪舆理论为依据，其中蕴含着广泛的人与自然互动和谐以及微气候营造的人居智慧，而现代建筑设计往往过度地关注了建筑单体空间效果与功能使用，在不经意之间丢弃了中华传统建筑设计的智慧精髓。该模拟与设计互动的过程显示，当代建筑师完全可以通过现代物理理论与计算机软件辅助相结合的方式，来探索建筑室内外环境、空间与功能的综合匹配，以达成各种限制条件下的最优化设计结果。

传统聚落人居环境的切实提升与村民最直接相关的就是建筑的营建与改造。因此，针对聚落中传统民居及新民居的合理改造提出可行性方案策略，尤其是针对村落基础设施缺失的状态，提出冲水厕所不适用于农村建议，并提供新型生态农厕的方案来应对这个问题。并通过岭南传统聚落更新再利用现实案例的计算机数字模拟及方案优化对比，针对传统建筑的现代化改造提出关于建筑形式、围合材料以及设计手法等科学建议。

乡村传统聚落人居环境的改善以及未来可持续发展是一项系统的工程，需要通过不同尺度及层级的策略探讨、模式分析以及实例论证来全面的论证研究，同时也需要当地聚落成员意识与行为等方面打成共识的配合。通过本章的研究分析，以期对乡村聚落未来的发展提供一种可行性思路。

第七章

传统聚落人居
可持续发展畅想

发展之痛

中国现有乡村聚落的混乱，主要有两个原因：一是优秀传统文化的断裂；二是"世界工厂"的需求。优秀传统文化的断裂属于中国历史文化方面的阵痛，在对于传统文化良莠不分一切推倒的时代，优秀的传统也随之一并消失几乎殆尽。即便是当今人们意识到了传统文化中的优秀精华，但也无法从本质上去理解其内涵，时代已经完全不同了，历史是无法倒叙的。在新的文化秩序体系完善之前，这种文化层面的混乱将会持续下去。

"世界工厂"是中国改革开放的写照，也是中国经济腾飞的事实。所有的发达国家都将工厂置于中国，虽然带来了中国经济的飞速发展，使中国面貌为之一变，然而光鲜的同时也为乡村传统聚落发展带来了史无前例的冲击。"世界工厂"的发展不仅占用了大量的耕地，也从农村吸引了大批劳动力，农村的社会结构开始发生了转变，许多聚落的发展并不是自身内在生长的需求和渐进的形态变化，而是受到强势外力需求所拉动的突变。

中国乡村传统聚落是基于农业而发展的，活动半径，资源获取方式，生活收入来源等方面的不同而产生了诸多差异。乡村聚落是以自给自足的资源与能源获取为生产、生活的核心内容。因此，聚落半径范围内的环境容量便成为制约聚落规模的最大因素。

现今社会的进步，农业生产工具的发展，原本可以是一个聚落承担更大的生产活动范围，而每一个村落均面临这种拓展的需求，人与资源的不均衡，矛盾自然不可避免。而与此同时，传统聚落中老屋废弃、新屋劣质，又成为一种资源的浪费，从而进一步加剧了这种不平衡之间的鸿沟。

雷州半岛区域虽处广东，但长期以来经济发展滞后，人居环境长期以传统乡村结构为主。近年来受广东泛珠三角区域经济发展带的影响，雷州半岛发展的步伐加快，城镇的快速发展，直接影响了乡村传统聚落的迅速变化。传统聚落逐步瓦解的同时，新居不断笋出；"欣欣向荣"的光环之下，资源匮乏、人地关系紧张、传统人居环境的破坏与恶化，新人居环境品质的恶劣，农民节能生态意识的薄弱成为雷州乡村传统聚落未来可持续发展的最大障碍。

因此，在不影响半岛人居环境品质提升的前提下，可持续的发展原则制定成为避免已有"发展之痛"的唯一有效途径。以"发展之痛"的事实为教训，在这里我们探讨一些准则作为乡村聚落人居环境可持续发展的基本原则：

一、回归和弘扬传统文化的精髓所在，结合现代社会发展的新需求，建立符合可持续发展的新秩序。

二、以消耗最小化为发展原则，节约地球资源。合理、适度、有效地利用现有资源，科学、高效地开发可再生资源及新型资源。

三、修复破损的村落结构体系，在新秩序建立的基础上，进一步提升其人居环境品质。

四、确立正确的价值观，以可持续发展观念来指导乡村聚落未来发展的一切行为活动。

第二节

意识革新

当今的可持续发展概念是基于工业化与服务业的发展而提出的，以市政设施为主导的城市社区，是以集群效应来高效利用远距离输送的资源与能源，并承担了高昂的初投资。农村聚落布局散落，其未来发展若均作为市政资源与能源干网的消费终端，必将会引发城市资源与能源的进一步紧张，并且远距离输送，也势必增加了不必要的初投资建设和输送损耗。农民也会为此而承担高价的资源与能源价格，生活成本的上升势必会增加经济方面的压力，影响人居质量。

当前的能源生产通常被从人居环境与城市规划中完全分离开来，而世界经济的发展是以中心化或者大型的电力厂石化燃料和能源供应系统为特征的，这些能源供应方式被设置于远离终端用户的地方，这样会造成大量的负面结果，特别是来自使用效果方面，使用者意识的分裂与隔离；在环境污染方面，破坏当地生态，并且入侵地域景观。能源的远距离输送，会让人们在能源使用效果方面产生意识缺失，有种"不当家不知柴米油盐贵"的尴尬情形。

中国传统聚落中的水、燃料等生存能源均是经过人们双手的辛勤劳动才得来的，因此人们知道这些能源与资源当中凝结了多少辛勤的劳动，故而很是珍惜。而一旦用货币作为能源与资源使用衡量的标准，便将人们的意识关注点转移聚焦到了纯粹货币财富的积累，也就忽略了尊重劳动，敬畏自然的感恩之情。无止境地破坏自然，挖掘资源，换取货币价值进而用货币来进行能源的再交换与高消耗，从而形成不可持续的恶性循环。

中国人人知道"谁知盘中餐，粒粒皆辛苦"的诗句，在传统农业社会，粮食是人类社会存在的基础，因此予以极高的重视。而当前的现代社会，除了粮食作为人类社会存在的基础没变之外，能源与资源对于现代社会的运转更至关重要，因此，也需要对能源与资源的稀缺性和来之不易从全民意识层面予以重视。

目前，可持续发展意识在全球范围的推广所立即呈现出来的成果是国际范畴"团结意识"的增长。人们从可持续发展的关注中获得了一些关于其他人的幸福与苦难，包括近距离的、遥远的，同时也包括未来的。这种团结的意识实际上是隐藏在国际公认的可持续发展定义背后的概念，它其中的"正视当前的需求"意思就是世界上"这里"和"那里"之间空间上的团结；后面的"不能损害未来人类生存的需求"，意味着"现在"与"未来"之间时间上的团结一致。

因此，针对中国乡村传统聚落目前出现的村落"空心化"率陡升、村民归属感疏离、做事"重利轻义"、村民组织管理松散等问题，需革新意识，以团结一致的意识来对待整个聚落未来的发展，提升与自身息息相关的人居环境，并使其长久健康地可持续发展下去。

第三节

持续的平衡

世界的本体是自然环境，经济作为人类社会发展的一种社会活动形式，是服务于人的，无论如何也不能凌驾于自然之上，人作为自然之中一种特殊的群体，具备了较强的改造自然的能力，但和谐共生才是人类能够持续发展的保证。人、经济与自然环境三者之间的利益彼此平衡，它意味着不仅仅人类有足够的空间满足生存需求，动植物与其他自然空间亦然。不过度开发自然区域，这些区域的自然资源将不会耗竭，这样的发展才能使得一个区域乃至一个国家的人与自然在可持续的方式下和谐共存。因此，雷州半岛作为发展的后起者，在追求经济健康发展的同时，必须在人与自然之间寻求和谐与平衡才是其未来人居环境可持续发展的方向。

一提及可持续，多数人马上联想到要压制生活欲望，减少开支或者以保守的对待发展等，其实，可持续发展的社会理想并不是意味着我们未来只看到一个僵化与无变化的世界，而是我们必须正视当前所发生的问题，去寻求解决这些问题的办法。这些问题的解决必然将导致其他问题的持续出现，尽管有些问题如我们所期待的那样，没有或者更少地向坏的方向发展延伸。但在发展可持续过程中新问题的出现，如消费的最小化原则、垃圾的分类回收处理、尽可能保留多的自然地等，这些都将对目前人类的生活造成种种不习惯或不适应。不过，我们应当乐观地看到科学与技术、文化与交流方面的新发展，将总是不断地提供各种办法以应对新的问题产生。

可持续发展所期待的是人们有体面的生活，有发自内心的安全感与幸福感，同时又要与自然和谐的共处。可持续的结果并不意味着"静态"或"僵化"，它非常清晰地表明，一个将我们所有主要问题都解决的完美世界永远不会成为现实。

因此，可持续发展更倾向于可持续社会和之前所指出的那些所有探讨的问题，对于一个正在变为更可持续的社会来说是一个可以继续、不停止进步的过程，可持续实际是一个动态平衡的过程。

第四节

成果与展望

本书以人居环境科学和可持续发展理论为指导，以雷州半岛乡村传统聚落为例，努力探寻传统聚落与民居营建的原真思维，研究雷州半岛乡村传统聚落人居环境的可持续发展问题。本书重点探讨了雷州半岛乡村传统聚落系统的构成及发展规律、乡村传统聚落的人居环境构成与现状、乡村聚落的规划思想、适应性规模等内容，取得了新的研究成果。并在乡村传统聚落研究中引入数字化模拟手段，对聚落整体尺度及建筑单体进行定量化研究，用现代科技手法去印证传统聚落中生存智慧的存在。并在乡村传统聚落人居环境含义、营造理念的总结及传统聚落规划与设计方法研究等方面填补了一些以往研究的空白，丰富了乡村聚落研究的现代视野。归纳下来有以下几点：

一、通过整体观与系统论的研究方法，进一步深化了对乡村传统聚落人居环境含义的认识与理解，提出了乡村人居环境营造理念的新观点

本书从整体观出发，使用结构主义的方法，对乡村聚落系统的内涵及其结构进行分析，提出了"地景空间、人类行为方式、人工空间、社会空间"的乡村聚落形态结构，并将乡村传统聚落人居环境的研究集中于以人为核心的概念中，更为凸显了乡村聚落人居环境的人文关怀。同时，研究了聚落形态系统的时空演进过程，从四维空间角度对乡村传统聚落人居环境进行全面而深刻的认识与定义。这为正确认识乡村聚落人居环境的深层含义奠定了基础，增加了乡村聚落研究的理性和科学的内容，同时也进一步深化了对中国乡村传统聚落人居环境内涵的认识，有着重要的学术价值。

二、结合考古学，从历史唯物观出发，对传统乡村聚落系统构成进行透彻的剖析，初步总结了乡村传统聚落典型规划思想和方法

本书结合考古学，通过对乡村传统聚落系统、支撑体系以及建筑总体格局特征的综

合分析，认为乡村传统聚落是有着其明确的规划思想及方法。聚落从产生之初便具有了一定的人工规划环境，随着社会阶级制度的不同，其规划形制也"由圆变方"。方形的产生，结合数学与几何学的发展，为国家机器的管理统治带来了便利，应统治阶级的需求、国家人口与土地管理的需要，古代贡赋征收发管理及技术工艺的限制等因素，"方"作为古代规划的基本手法和单元应用到了不同层级的土地利用、城池建设、村落布局甚至是建筑营造各个方面。

村落是中国大文化与小传统的聚集地，"匠人营国"的古代城邦之制也是村落规划的理论范本，而以人为本的人居理念则更是村落规划的根本智慧所在。因此，乡村聚落的规划融合了安全防御、先秦儒家、道家及管子等诸家思想、宗族礼法等观念。中国乡村传统聚落规划其内容之丰富程度，超出不识者的想象；其经典的人居哲学，又为当今学习之楷模。

这部分内容是研究关于当前新农建设以及乡村无序混乱建设现象的重要理论指导，具有十分重要的学术价值。

三、在深入研究群体聚落大地布局的基础上，以地理学的方法为指导，结合其他学科多元化思想，初步提出了乡村传统聚落间的共生区域及适宜性规模的概念

共生是人类社会的一种普遍现象，也是人类得以延续至今的生存法则。乡村传统聚落在生产条件及劳动产出类似的情况下，聚落彼此之间相互适应、相互联系达成相处的共识，这种共识通过空间与意识表达出来，因此，空间上的共生区域与意识中的均平共生思想便成为乡村传统聚落的特有现象。

在雷州半岛，共生区域的存在形式分为内聚型、发散型和带状型三种，除了人类为了共同生存彼此间打成的共识之外，与自然之间的共生和谐也尽然表现在这种共生区域与均平共生的思想当中，这是朴素的自然观，但却是人居环境可持续发展的智慧所在。

正是有这些共识与智慧的存在以及古人对聚落人居环境质量的控制，因此，便出现了适宜性聚落规模尺度的概念。在雷州半岛，很少有聚落如摊大饼一般占据大面积土地，而是分成了规模制度大小类似的聚落地块并存。这无论从用地规模、人口密度控制、交通的便利可达、基础设施的建设压力等方面均为良好的人居品质提供了保证。历史也证实了摊大饼的建设方式不可能提供良好的人居品质，乡村聚落的人居哲学却早已因地制宜地解决了适宜性规模问题，这是当前解决农村问题的关键所在。这部分内容有一定概念上的突破，具有十分重要的学术价值及继续广泛研究的科学前景。

四、通过典型案例分析，总结了雷州半岛乡村传统聚落发展的规律，并引入数字化模拟手段，通过不同切入点对半岛人居环境现状的进行分析研究

雷州半岛乡村传统聚落人居环境的可持续发展研究作为岭南汉民系传统聚落人居环境研究的重要组成部分，其文献的收集、整理、研究具有重要的意义。本书针对大量相关的古代文献典籍，进行了分类整理、挖掘与筛选，力图真实且系统呈现出历史文献与图典、测绘成果以及各类相关的规划与设计文件，其中有大量内容在本书中属首次出现。另外，还对典型传统聚落进行了总体格局及大量重要历史建筑的测绘，获得了宝贵的一手材料。

不仅如此，本书引入本人在英国留学期间所学宏观大尺度下群体建筑的模拟及单体建筑能耗分析等技术与知识，对已有的乡村传统资料进行数字化模拟分析，在印证传统聚落人居智慧的同时，也为当前新农村建设过程中出现的种种问题提供了科学的解决思路。因此，这部分内容不仅为本书研究雷州半岛乡村传统人居环境可持续发展奠定了坚实的物质基础，而且对今后的相关研究提供了更为崭新的思路与方向。这部分工作的推进与开展，是本书重要科学价值的所在。

五、在比较全面系统地研究和梳理了雷州半岛乡村聚落人居环境现状基础上，提出了适宜乡村聚落人居环境在不同尺度下可持续发展的策略、模式以及具体的解决办法

针对雷州半岛乡村传统聚落人居环境的现状研究，本书通过人口与土地利用、建筑功能与格局、聚落文化特征、聚落健康与舒适度及能源与资源配置等方面进行分类详细描述与探索研究。在充分认识人居现状的问题与人居发展驱动力的基础上，提出了针对宏观、中观、微观不同层级、不同尺度下的策略、模式及案例分析。其中，在策略方面有一些重要创新概念的提出：

（一）乡村传统聚落应该走"传统低碳"向"现代低碳"的道路

中国传统聚落中的生存哲学、可持续发展的智慧与当前低碳可持续发展的趋势不谋而合，而传统的具体方法不一定适用于当前，因此，需要将传统中的精华转变为现代所用，从而走出一个特色的"低碳—低碳"的可持续发展道路。

（二）低碳（低能耗）、低技术、低成本的"三低"策略

农村不可能走城市高速、高消费、高能耗发展的老路，时代不允许、能源与资源的有限储量不允许、人居环境质量更不允许。因此，对农村未来的建设发展施以因地制宜的"三低"策略是可持续发展的明智之举。

（三）闭合的能量流与物质流

当今商品经济催生的挤压农村向高速运转的城市单向供应资源而换回纸币消费的模式，虽然经济学上讲得通，但单向的、长时间的农村能量流与物质流的损失，会造成农村资源环境的不可逆性破坏，从而严重影响农村未来人居环境可持续发展。因此，能量流与物质流的闭合平衡，是自然和谐与可持续的基本法则，也是农村未来持续发展的保证。

在发展模式中，一个重要概念的提出是新秩序的建立，当前农村的各种混乱，归咎下来便是传统大文化的破坏和小传统民俗的消逝，农村在几十年内丧失了遵循千年的秩序，乱是必须的。因此，新秩序的科学合理建立是农村人居环境建设及可持续发展的根本基石。

最后，本书通过已经实施的岭南一处传统聚落建筑现代化改造工程实例，来详细阐述与解释数字化设计方案优化模拟在传统建筑改造与再利用方面的应用，通过详尽的分析以期给从事传统再利用的相关学者及参与者提供一个科学的参考。这部分内容在传统建筑群再利用方面虽有大量突破与创新，但因非雷州半岛的实例，因此，笔者更注重方法及过程的研究与应用，内容仅供参考。

通过本书的研究，虽取得了一定的学术成果，但乡村传统聚落人居环境的可持续发展是一个宏大的研究课题，因此，还有待继续在以下一些方面进行深入研究，以进一步深化对我国乡村传统聚落人居环境营建理念以及可持续生存智慧的认识和理解。

1. 继续收集整理雷州半岛地区的历史文献资料，对典型聚落与建筑空间进行测绘，大量获取第一手可靠资料。加强及拓展典型聚落发展的历史及规律的研究，完整的呈现雷州半岛乡村传统聚落人居环境的发展历史及规律。

2. 对本书提出的新观点进行继续深入的专题研究，继而通过实际案例及例证来完善新观点的科学性。

3. 对雷州半岛乡村聚落人居环境可持续的整体发展进一步研究。

4. 继续加大地区乡村传统聚落人居环境建设的理论研究，构建系统的岭南乡村传统聚落人居环境可持续发展理论及评估体系。

附录

雷州东林村水资源问题调查   附录1

调查类别	调查内容	√	问题细目	备注
水源	村落的生活用水来自哪里?		1. 独户自挖井?	
		√	2. 集体自挖井,水塔集中片区供水?	资金来源:国家补贴与村落自筹
			3. 市政自来水?	
			4. 附近河水?溪水?	
			5. 附近水库?	
			6. 自家水窖雨水收集淡水?	
	村落的灌溉用水来自哪里?		1. 独户自挖井?	
			2. 集体自挖井,水塔集中片区供水?	
			3. 市政自来水?	
		√	4. 附近河水?溪水?	来自村北侧南渡河,通过水渠抽水引入
			5. 附近水库?	
			6. 自家水窖雨水收集淡水?	
水质	村落生活用水水质如何?		1. 悬浮物是否有?程度如何?	水质较好,每半年环艺局监测一次,未发现问题
			2. 水质偏酸?	
			3. 水质偏碱?	
			4. 有无化学污染?	
	村落灌溉水水质如何?		1. 悬浮物是否有?程度如何?	平时良好,但旱季受海水影响,偏碱性
			2. 水质偏酸?	
		√	3. 水质偏碱?	
			4. 有无化学污染?	
水压	村落生活用水水压如何?	√	1. 水压很足,出水量很大	
			2. 水压不足,出水量较小	
			3. 水压不稳定,经常停水	
			4. 停水是否影响正常生活,如做饭、洗衣、洗澡等?	

调查类别	调查内容	√	问题细目	备注
水压	村落灌溉用水水压如何？		1. 水压很足，出水量很大	
			2. 水压不足，出水量较小	
			3. 水压不稳定，经常停水	
			4. 停水是否影响正常农业劳作？	水渠灌溉不存在水压问题
水量	村落生活用水用水量状况？		1. 年用水量有没有计量？	水表计量
			2. 户均年用水量估计有多少？	户均150～200元左右
			3. 用水高峰时段集中在那些月份？	夏季与春节前后
	村落灌溉水用水量状况？		1. 年用水量有没有计量？	
			2. 户均年用水量估计有多少？	
			3. 用水高峰时段集中在那些月份？	夏季
水费	村落生活用水水费标准？		1. 是否收费？	收费
			2. 水费标准每吨是多少？	6角/吨，按生产队收费
			3. 当地市政水费标准每吨是多少？	不详
			4. 生活水费支出占到收入的大概比例？	不详
	村落灌溉用水水费标准？		1. 是否收费？	收费
			2. 水费标准每吨是多少？	5角/吨
			3. 水费支出占到收入的大概比例？	不详
排水	村落生活用水排水状况？		1. 每户是否有组织排水？	有，户内水沟——村内水沟
			2. 村落是否有组织排水？	有组织排水：水沟-水渠-南渡河，明沟较多
			3. 村落排水是否有分级净化处理？	除厕所外无处理，村民自家厕所做化粪池，厕所用水是直接冲到地下，经化粪池过滤到地下，没有排到村外部的排水体系
			4. 村落排水最终归属地是哪里？	南渡河
废水	村落生活用水废水处理状况？		1. 废水（厨房、厕所、洗衣、洗浴）是否有分类排放？	无
			2. 雨水是否有收集？	池塘部分收集
涝季	涝季村民用水的情况？		1. 雷州半岛的涝季集中一年的什么时段？	夏季
			2. 村落是否有防涝措施？防洪沟（池）、防洪林、防洪岗等	村北侧有防洪坝
			3. 村落是否有收集利用洪水的措施？	池塘
			4. 生活用水是否受污染？	不会
			5. 农业灌溉有无影响？	会
			6. 目前最严重的涝灾到什么程度？	淹到房子
			7. 涝灾的发生频率大概什么情况？	少，上次是20世纪80年代
			8. 有频发或者减少的趋势吗？	无

调查类别	调查内容	√	问题细目	备注
旱季	旱季村民用水情况		1. 雷州半岛的旱季集中一年的什么时段?	夏季
			2. 村落是否有防旱措施?蓄水池、水窖等	池塘
			3. 此时段生活用水是否紧张?	不会
			4. 农业灌溉有无影响?	会,旱季南渡河水源不足引起
			5. 目前最严重的旱灾到什么程度?	不详
			6. 旱灾的发生频率大概什么情况?	少,5年左右,近期2010年发生一次
			7. 有频发或者减少的趋势吗?	无

历年中央一号文件及主要内容　　　　　附录2

时间	题目	主要内容
2004	关于促进农民增加收入若干政策的意见	要求调整农业结构、扩大农民就业、加快科技进步,深化农村改革,增加农业投入,强化对农业支持保护,力争实现农民收入较快增长,尽快扭转城乡居民收入差距不断扩大的趋势
2005	关于进一步加强农村工作提高农业综合生产能力若干政策的意见	进一步扩大农业税免征范围,加大农业税减征力度,在牧区开展取消牧业税试点;要求稳定、完善和强化各项支农政策,切实加强农业综合生产能力建设,继续调整农业和农村经济结构,进一步深化农村改革
2006	关于推进社会主义新农村建设的若干意见	确定"以工业反哺农业、城市支持农村"为基本策略,要求完善强化支农政策,加强基础设施建设,推进农村综合改革,促进农民持续增收
2007	关于积极发展现代农业扎实推进社会主义新农村建设的若干意见	提出要用现代物质条件装备农业,用现代科学技术改造农业,用现代产业体系提升农业,用现代经营形式推进农业,用现代发展理念引领农业,用培养新型农民发展农业,提高农业水利化、机械化和信息化水平
2008	关于切实加强农业基础建设进一步促进农业发展农民增收的若干意见	加强农业基础建设,提出财政支农投入及国家固定资产投资用于农村的增量要明显高于上年;提出要走中国特色农业现代化道路,建立以工促农、以城带乡长效机制,形成城乡经济社会发展一体化新格局
2009	关于促进农业稳定发展农民持续增收的若干意见	2009年新"土改",允许农民流转土地承包权,加大对农业的支持保护力度;强化现代农业物质支撑和服务体系;稳定完善农村基本经营制度;推进城乡经济社会发展一体化;明确了旨在促进农业稳定发展、农民持续增收一系列措施
2010	关于加大统筹城乡发展力度,进一步夯实农业农村发展基础的若干意见	把建设社会主义新农村和推进城镇化作为保持经济平稳较快发展的持久动力;扩大农村需求,推动资源要素向农村配置;引导信贷资金投向"三农",三年内消除基础金融服务空白乡镇;适时出台刺激农村消费需求的新措施
2011	关于加快水利改革发展的决定	力争通过5~10年的努力,从根本上扭转水利建设明显滞后的局面;同时将推进水价改革,稳步实行阶梯式水价制度。力争未来10年水利年均投入较2010年高出一倍,并将从土地出让收益中提取10%用于农田水利建设。将水利作为公共财政投入的重点领域。各级财政对水利投入的总量和增幅要有明显提高,进一步提高水利建设资金在国家固定资产投资中的比重
2012	关于加快推进农业科技创新,持续增强农产品供给保障能力的若干意见	把农业科技摆上更加突出的位置,持续加大财政用于"三农"的支出,以及国家固定资产投资对农业农村的投入,持续加大农业科技投入,确保增量和比例均有提高。 发挥政府在农业科技投入中的主导作用,保证财政农业科技投入增幅明显高于财政经常性收入增幅,逐步提高农业研发投入占农业增加值的比重,建立投入稳定增长的长效机制

时间	题目	主要内容
2013	关于加快发展现代农业，进一步增强农村发展活力的若干意见	要鼓励和支持承包土地向专业大户、家庭农场、农民合作社流转，探索建立严格的工商企业租赁农户承包耕地准入和监管制度，并全面开展农村土地确权登记颁证工作
2014	关于全面深化农村改革加快推进农业现代化的若干意见	全面深化农村改革，要坚持社会主义市场经济改革方向，处理好政府和市场的关系，激发农村经济社会活力。 推进中国特色农业现代化，要始终把改革作为根本动力，立足国情农情，顺应时代要求，坚持家庭经营为基础与多种经营形式共同发展，传统精耕细作与现代物质技术装备相辅相成，实现高产高效与资源生态永续利用协调兼顾，加强政府支持保护与发挥市场配置资源决定性作用功能互补

参考文献

[1] 周维，李新. 我国农村人居环境研究进展[J]. 安徽农业科学，2012（26）：13055-13056，13058.

[2] 吴良镛. 中国城乡发展模式转型的思考[M]//吴良镛. 吴良镛选集. 北京：清华大学出版社，2009.

[3] 王炜. 陕西合阳灵泉村村落形态结构演变初探[D]. 西安：西安建筑科技大学，2006.

[4] 韩瑛，王崴. 村镇形态发展的自组织规律及其对规划设计启示[C]//族群·聚落·民族建筑. 国际人类学与民族学联合会第十六届世界大会专题会议. 国际人类学与民族学联合会，中国民族建筑研究会. 中国云南昆明，2009：636-640.

[5] 杨俊辉. 城市化进程中农村和谐社会建设研究[D]. 成都：电子科技大学，2013.

[6] 中华人民共和国国家统计局. 2010年第六次全国人口普查主要数据公报（第1号）[R]. 北京，2011.

[7] 华尔街日报. 李迅雷：如何让中国房价软着陆[EB/OL]. [2013-09-27].

[8] 李秀彬，谈明洪. 土地城市化快于人口城市化是常态[EB/OL]. [2013-09-27].

[9] 南方都市报. 企业要为城镇化创造造血功能[EB/OL]. [2013-09-27].

[10] 刘伟. 城固县上元观古镇聚落形态演变初探[D]. 西安：西安建筑科技大学，2006.

[11] 吴良镛. 系统的分析统筹的战略——人居环境科学与新发展观[M]//吴良镛. 中国城乡发展模式转型的思考. 北京：清华大学出版社，2009.

[12] 王树声. 黄河晋陕沿岸历史城市人居环境营造研究[D]. 西安：西安建筑科技大学，2006.

[13] 吴良镛. 人居环境科学导论[M]//人居环境科学丛书（1）. 北京：中国建筑工业出版社，2001.

[14] 林文棋. 我国古代人居环境建设初探[J]. 城市规划汇刊，2000（1）：45-47，73-80.

[15] 潘莹，施瑛. 湘赣民系、广府民系传统聚落形态比较研究[J]. 南方建筑，2008（5）：28-31.

[16] 武廷海. 吴良镛先生人居环境学术思想[M]//吴良镛. 中国城乡发展模式转型的思考. 北京：清华大学出版社，2009.

[17] 赵之枫. 乡村人居环境建设的构想[J]. 生态经济，2001（5）：50-52.

[18] 陈珊，鲍继峰，周东. 乡村外部空间环境整治规划的探讨[J]. 天津城市建设学院学报，2005（3）：167-170，196.

[19] 李伯华，曾菊新，胡娟. 乡村人居环境研究进展与展望[J]. 地理与地理信息科学，2008（5）：70-74.

[20] 彭震伟，陆嘉. 基于城乡统筹的农村人居环境发展[J]. 城市规划，2009（5）：66-68.

[21] 傅礼铭. 钱学森山水城市思想及其研究[J]. 西安交通大学学报（社会科学版），2005（3）：65-75.

[22] 祁新华. 国外人居环境研究回顾与展望[J]. 世界地理研究，2007（2）：17-24.

[23] 陈世俊. 广东省雷州半岛水文特性[J]. 水文，1995（S1）.

[24] 叶彩萍. 雷州半岛古民居[M]. 广州：岭南美术出版社，2006.

[25] 百度百科. 雷州[EB/OL]. [2012-08-30].

[26] 王东. 1994. 论客家民系之形成[C]//谢剑，郑赤琰. 论客家民系之形成. 香港：香港中文大学、香港亚太研究所海外华人研究社：37.

[27] 植石群，刘爱君，周世怀. 雷州半岛气候资源特征与农业发展对策[J]. 中国生态农业学报，2003（4）：169-170.

[28] 林子腾. 雷州半岛红树林湿地生态保护与恢复技术研究[D]. 南京：南京林业大学，2005.

[29] 梁冰，黄晓梅. 雷州半岛旅游气候资源评估[J]. 广东气象，2005（4）：37-38.

[30] 百度百科. 雷州半岛[EB/OL]. [2012-08-21].

[31] 吴尚时，曾昭璇. 雷州半岛地形研究（节略）[J]. 地理学报，1944：45.

[32] 梁向阳，王涛，李秀珍. 雷州青年运河印象记[J]. 广东党史，2005（1）：28-29.

[33] 百度百科. 雷州青年运河[EB/OL]. [2012-09-23].

[34] 彭钧才，陈雄. 南渡河调水解决雷州半岛西南部干旱问题的讨论[J]. 广东水利水电，2001（2）：13-15.

[35] 互动百科. 南渡河[EB/OL]. [2011-03-08].

[36] 邓杰昌. 海康文物调查、保护与利用[J]. 海康文史，1986（2）：28.

[37] （清）喻炳荣，朱德华，杨翙，纂. 遂溪县志[M]//卷二. 沿革. 北京：中国国家图书馆. 中国国家数字图书馆. 数字方志，道光二十八年（1848）续修，光绪二十一年（1895）重刊.

[38] 赖琼. 唐至明清时期雷州城市历史地理初探[J]. 湛江师范学院学报，2004（4）：101-106.

[39] （明）欧阳保，等，纂修. 万历雷州府志[M]//日本藏中国罕见地方志丛刊. 卷一. 舆图志. 沿革. 刻版. 北京：书目文献出版社，1990.

[40] （清）雷学海，修；陈昌齐，纂. 嘉庆雷州府志[M]. 北京：中国国家图书馆. 中国国家数字图书馆. 中国古代典籍，嘉庆十六年（1811年）.

[41] （明）郭裴. 广东通志[M]. 卷五十五. 郡县志四十二. 雷州府. 亭榭. 刻本：日本早稻田大学数字图书馆藏，万历三十年（1602年）.

[42] 吴建华. 雷州半岛佛教述略[J]. 湛江师范学院学报，2003（1）：37-41.

[43] 雷州市基础教育信息网. 雷州历史沿革[EB/OL]. [2014-01-04].

[44] 司徒尚纪. 岭南历史文化地理：广府、客家、福佬民系比较研究[M]. 广州：中山大学出版社，2001.

可持续发展观下的雷州半岛乡村传统聚落人居环境

[45] 陈志坚. 雷州民俗文化遗产[J/OL]. [2012-06-21].

[46] 刘佐泉. 雷州半岛石狗文化探源[J]. 岭南文史, 2002（4）: 9-14.

[47] （西汉）司马迁. 史记[M]. 卷一百一十二. 平津侯主父列传第五十二. 北京: 中国国家图书馆. 中国国家数字图书馆: 中国古代典籍.

[48] （西汉）司马迁. 史记[M]. 卷六. 秦始皇本纪第六. 北京: 中国国家图书馆. 中国国家数字图书馆, 中国古代典籍.

[49] 刘玲娣, 孙慧佳. 论南越王赵佗[J]. 河北大学学报（哲学社会科学版）, 2012（5）: 25-28.

[50] （东汉）班固. 汉书·高帝纪下[M]. 北京: 中国国家图书馆. 中国国家数字图书馆, 中国古代典籍.

[51] 蔡平. 雷州文化及雷州文化的人本研究[J]. 广东海洋大学学报, 2010（5）: 20-25.

[52] （东汉）班固. 汉书·郑弘传[M]. 北京: 中国国家图书馆. 中国国家数字图书馆, 中国古代典籍.

[53] 葛剑雄. 中国移民史: 先秦至魏晋南北朝时期[M]//葛剑雄. 中国移民史. 第二卷. 福州: 福建人民出版社, 1997.

[54] （东汉）班固. 汉书·地理志下[M]. 北京: 中国国家图书馆. 中国国家数字图书馆, 中国古代典籍.

[55] （宋）司马光. 资治通鉴[M]//卷第二百一十七, 唐纪三十三. 北京: 中国国家图书馆. 中国国家数字图书馆, 中国古代典籍.

[56] 吴松弟. 中国移民史: 隋唐五代时代[M]//葛剑雄. 中国移民史. 第三卷. 福州: 福建人民出版社, 1997.

[57] （唐）于邵. 河南于氏家谱后续[M]//（清）董诰, 阮元, 徐松. 钦定全唐文. 卷四百二十八. 刻本. 扬州: 扬州全唐文诗局, 清嘉庆十九年（1814）.

[58] （唐）顾况. 送宣歙李衙推八郎使东都序[M]//（清）董诰, 阮元, 徐松. 钦定全唐文. 卷五百二十九. 刻本. 扬州: 扬州全唐文诗局, 清嘉庆十九年（1814）.

[59] （唐）李白. 永王东巡歌十一首[M]//曹寅, 彭定求, 等. 全唐诗. 卷一百六十七. 北京: 中国国家图书馆. 中国国家数字图书馆, 中国古代典籍, 康熙四十四年（1705）.

[60] （北宋）王溥. 唐会要[M]//卷八十五. 逃户. 北京: 中国国家图书馆. 中国国家数字图书馆, 中国古代典籍.

[61] （宋）乐史. 太平寰宇记[M]//中国古代地理总志丛刊. 卷一百六十九. 北京: 中华书局, 2007.

[62] （宋）王象之. 舆地纪胜[M]//卷一百一十六. 广南西路. 化州. 风俗形胜. 引范氏旧闻合遗. 北京: 中华书局, 1992.

[63] 李巧玲. 闽潮文化在琼雷的历史传播和影响[J]. 热带地理, 2012（5）: 464-469.

[64] （宋）王象之. 舆地纪胜[M]. 卷一百一十八. 北京: 中华书局, 1992.

[65] 张永义. 从闽南文化视角看河洛文化对雷州半岛区域的影响[J/OL]. [2012-02-19].

[66] （清）王辅之. 徐闻县志[M]//中国地方志丛书. 华南地方. 第一八三号. 卷一. 舆地志. 灾详. 影印. 民国二十五年重刊. 雷州: 成文出版社有限公司, 宣统三年（1911）.

[67] （清）王辅之. 徐闻县志[M]//中国地方志丛书. 华南地方. 第一八三号. 卷四. 赋役志. 屯田. 影印. 民国二十五年重刊. 雷州: 成文出版社有限公司, 宣统三年（1911）.

[68] 曹树基. 中国移民史: 清、民国时期[M]//葛剑雄. 中国移民史. 第六卷福州: 福建人

民出版社，1997.

[69] 何强. 揭秘历史：雷州半岛原始森林消失之谜[J/OL]. [2014-01-19].

[70] 张应斌. 雷州话生成的历史过程[J]. 湛江师范学院学报，2012（1）：81-86.

[71] 张振兴. 广东省雷州半岛的方言分布[J]. 方言，1986（3）：204-218.

[72] 丁琏. 建学记[M]//（宋）王象之. 舆地纪胜. 卷九十八. 广南东路. 南恩州. 北京：中华书局，1992.

[73] （明）刘天授. 龙溪县志[M]//天一阁藏明代方志选刊. 卷八. 黄朴传.（明）嘉靖刻本. 上海：中华书局，1965.

[74] 王钦峰. 雷州文化的基本类型和发展脉络[J]. 岭南文史，2013（2）：15-19.

[75] （明）王士性. 广志绎[M]//元明史料笔记丛刊. 卷四. 江南诸省. 广东. 廉州. 北京：中华书局，1981.

[76] 林国平，邱季端. 福建移民史[M]. 北京：方志出版社，2005.

[77] （宋）祝穆. 方舆胜览[M]//中国古代地理总志丛刊. 卷四十二. 广西路. 雷州. 风俗. 北京：中华书局，2003.

[78] （清）屈大均. 广东新语[M]//清代史料笔记丛刊. 卷十一. 文语. 北京：中华书局，1985.

[79] （明）陈全之. 蓬窗日录[M]//卷之一. 寰宇一. 广东. 廉州. 刻本，嘉靖四十四年（1565年）.

[80] （明）欧阳保，等，纂修. 万历雷州府志[M]//日本藏中国罕见地方志丛刊. 卷五. 民俗志. 言语. 刻版. 北京：书目文献出版社，1990.

[81] （清）张渠. 粤东见闻录[M]//岭南丛书. 方言俗字. 广州：广东高等教育出版社，1990.

[82] 黄战. 论雷州半岛文化特色的形成及发展[J]. 牡丹江大学学报，2007（4）：42-45.

[83] 杨善民，韩铎. 文化哲学[M]. 济南：山东人民出版社，2002.

[84] 赵国政. 雷州半岛文化区的形成及其文化特征[J/OL]. [2012-04-07].

[85] 车震宇，翁时秀，王海涛. 近20年来我国村落形态研究的回顾与展望[J]. 地域研究与开发，2009（4）：35-39.

[86] （汉）班固. 汉书[M]//卷二十九. 沟洫志. 北京：中华书局，1964.

[87] 田莹. 自然环境因素影响下的传统聚落形态演变探析[D]. 北京：北京林业大学，2007.

[88] 王恩涌，等. 人文地理学[M]. 北京：高等教育出版社，2000.

[89] 屈琼英. 益阳市农村聚居的地域差异及影响因素研究[D]. 长沙：湖南师范大学，2010.

[90] 李立. 乡村聚落：形态、类型与演变[M]//齐康. 城乡建筑形态转变和哲学思辨丛书. 南京：东南大学出版社，2007.

[91] 杨毅. 文化认同与生活主体——经济人类学视野中的集市聚居形态研究综述[J]. 规划师，2005（11）：91-95.

[92] 王飒. 中国传统聚落空间层次结构解析[D]. 天津：天津大学，2012.

[93] （英）特伦斯·霍克斯（TERENCE）. 20世纪西方哲学名著导读[M]. 上海：上海译文出版社，1987.

[94] 张楠. 作为社会结构表征的中国传统聚落形态研究[D]. 天津：天津大学，2010.

[95] 叶熙. 双溪古镇传统聚落建筑形态研究[D]. 厦门：华侨大学，2010.

[96] 张京祥，张小林，张伟. 试论乡村聚落体系的规划组织[J]. 人文地理，2002（1）：85-88，96.

[97] （汉）郑玄，注；（唐）孔颖达，疏. 礼记正义[M]//李学勤. 十三经注疏. 卷第十二. 王制. 北京：北京大学出版社，1999.

[98] （汉）郑玄，注；（唐）贾公彦，疏. 周礼注疏[M]//李学勤. 十三经注疏. 北京：北京大学出版社，1999.

[99] 毕硕本，裴安平，间国年. 基于空间分析方法的姜寨史前聚落考古研究[J]. 考古与文物，2008（1）：9-17.

[100] 王绚，侯鑫. 堡寨聚落形态源流研究[J]. 西北工业大学学报（社会科学版），2010（2）：82-86.

[101]（汉）郑玄，注；（唐）孔颖达，疏. 礼记正义[M]//李学勤. 十三经注疏. 卷第十一. 王制第五. 北京：北京大学出版社，1999.

[102]（汉）班固. 汉书[M]. 卷二十四上，食货志第四上. 北京：中华书局，1964.

[103]（晋）范宁集，解；（唐）杨士勋，疏. 春秋谷梁传注疏[M]//李学勤. 十三经注疏. 北京：北京大学出版社，1999.

[104]（魏）何晏，注；（宋）邢昺，疏. 论语注疏[M]//李学勤. 十三经注疏. 卷十六. 季氏十六. 北京：北京大学出版社，1999.

[105] 刘东江，陈虹. 先秦思想对中国传统村落规划的影响研究[J]. 内蒙古农业大学学报（社会科学版），2009（4）：191-193，204.

[106]（周）左丘明，（晋）杜预，注；（唐）孔颖达，疏. 春秋左传正义[M]//李学勤. 十三经注疏. 卷第四. 北京：北京大学出版社，1999.

[107]（汉）班固. 汉书[M]卷三十，文艺志第十. 北京：中华书局，1964.

[108] 沙少海，徐子宏. 老子全[M]//中国历代名著全译丛书. 第二十五章. 贵阳：贵州人民出版社，1989.

[109] 谢浩范，朱迎平. 管子全[M]//中国历代名著全译丛书. 乘马第五. 贵阳：贵州人民出版社，1996.

[110]（宋）朱熹. 家礼[M]//朱杰人，严佐之，刘永翔. 朱子全书. 第七卷. 上海：上海古籍出版社，安徽教育出版社，2002.

[111] 百度百科. 规划[EB/OL]. [2013-10-20].

[112]（英）R·J·约翰斯顿. 地理学与地理学家[M]唐晓峰，译. 北京：商务印书馆，1999.

[113] 李贺楠. 中国古代农村聚落区域分布与形态变迁规律性研究[D]. 天津：天津大学，2006.

[114] 张光直，胡鸿保，周燕. 考古学中的聚落形态[J]. 华夏考古，2002（1）：61-84.

[115]（南宋）陈耆卿. 筼窗集[M]卷四. 影印：艺文印书馆.

[116] 黎翔凤. 管子校注[M]//新编诸子集成. 卷第一. 牧民第一. 北京：中华书局，2004：2.

[117] 黄帝宅经[M]雕版. 武汉：湖北崇文书局，光绪三年（1877）.

[118] 张晓冬. 徽州传统聚落空间影响因素研究——以明清西递为例[D]. 南京：东南大学，2004.

[119] 阳宅十书[M]//古今图书集成. 艺术典第六百七十五卷，堪舆部汇考二十五. 影印. 上海：中华书局，民国二十三年（1934）.

[120] 程建军，孔尚朴. 风水与建筑[M]. 南昌：江西科学技术出版社，2005.

[121] 何晓昕. 风水探源[M]//潘谷西，郭湖生. 古建筑文化丛书. 南京：东南大学出版社，1990.

[122] 亢亮，亢羽. 风水与建筑[M]. 天津：百花文艺出版社，1999.

[123]（汉）郑玄，注；（唐）贾公彦，疏. 礼记正义[M]//李学勤. 十三经注疏. 卷第二十八. 内则. 北京：北京大学出版社，1999：858.

[124]（美）伊沛霞. 内闱——宋代的婚姻和妇女生活[M]. 胡志宏，译. 南京：江苏人民出版社，2004.

[125] 贺业钜. 考工记营国制度研究[M]. 北京：中国建筑工业出版社，1985.

[126]（明）郭棐. 广东通志[M]. 卷第五十五. 郡县志四十二. 雷州府. 舆图. 刻版. 日本早稻田大学数字图书馆藏，万历壬寅年（1602）.

[127] 王元林，查群. 宋代以来雷州半岛水利建设及其影响新探[J]. 广州大学学报（社会科学版），2012（8）：80-85.

[128]（明）欧阳保等. 雷州府志[M]//广东省地方史志办公室. 广东历代方志集成. 舆图志. 影印. 广州：岭南美术出版社，2009：16.

[129]（明）欧阳保等. 万历雷州府志[M]//日本藏中国函件地方志丛书. 卷二. 星候志，潮汐. 刻版. 北京：书目文献出版社，1990.

[130]（清）屈大均. 广东新语[M]//清代史料笔记丛刊. 卷二. 地语. 雷州海岸. 北京：中华书局，1985：50.

[131]（清）叶廷芳. 电白县志[M]//中国方志丛书. 卷一. 疆域图. 影印. 台北：成文出版社，民国五十六年（1967）.

[132]（清）章鸿，叶廷芳，修；邵泳，崔翼周，纂. 重修电白县志[M]//中国方志丛书. 卷十四. 艺文志. 相斗南. 观海文. 清道光六年（1826）刻本. 台北：成文出版社，1968.

[133] 李巧玲. 雷州半岛海洋文化与海洋经济发展关系研究[J]. 热带地理，2003（2）：149-153.

[134]（唐）李吉甫；（清）缪荃孙，校辑. 元和郡县图志[M]//中国古代地理志丛刊. 附录. 元和郡县图志阙卷逸文. 卷三. 北京：中华书局，1983.

[135]（东汉）班固；颜师古，注. 汉书[M]卷二十八下. 地理志第八下. 引臣瓒曰. 北京：中华书局，1964.

[136] 王静，周楚雄. 浅析明清时期雷州民居建筑的文化传承[J]. 湖北美术学院学报，2010（2）：106-109.

[137]（清）雷学海. 雷州府志[M]卷之二. 地理志. 土产. 刻本，嘉庆十六年（1811）.

[138]（清）顾祖禹. 读史方舆纪要[M]//中国古代地理总志丛刊. 卷一百四十. 雷州府. 北京：中华书局，2005.

[139]（清）喻炳荣，朱德华，杨翊，纂. 遂溪县志[M]卷之四. 埠. 刻本. 北京：中国国家图书馆. 中国国家数字图书馆. 数字方志，道光二十八年（1848）续修，光绪二十一年（1895）重刊.

[140]（清）喻炳荣，朱德华，杨翊，纂. 遂溪县志[M]卷六. 兵防. 赤坎埠. 刻本. 北京：中国国家图书馆. 中国国家数字图书馆. 数字方志，道光二十八年（1848）续修，光绪二十一年（1895）重刊.

[141]（清）檀萃. 滇海虞衡志[M]//王云五. 丛书集成初编. 卷十. 志果. 上海：商务印书馆，1936.

[142] 黄今言. 汉代聚落形态试说[J]. 史学月刊，2013（9）：94-102.

[143]（汉）毛亨，传；（汉）郑玄，笺；（唐）孔颖达，疏. 毛诗正义[M]//李学勤. 十三经注疏. 卷第十四，甫田之什诘训传第二十一，大田. 北京：北京大学出版社，1999：851.

[144]（明）缪希雍. 葬经翼[M]难解二十四篇. 照旷阁刻本.

[145] 周桂明. 沿海聚落地理[J]. 地理译报，1986（2）：31-35.

[146]（汉）赵岐，注；（宋）孙奭，疏. 孟子注疏[M]//李学勤. 十三经注疏. 北京：北京大学出版社，1999.

[147] 惠怡安. 试论农村聚落的功能与适宜规模——以延安安塞县南沟流域为例[J]. 人文杂志，2010（3）：183-187.

[148] Adrian Pitts. Planning and Design Strategies for Sustainability and Profit: Pragmatic sustainable design on building and urban scales[M]. London: Architectural Press, 2004.

[149] 赖奕堆. 传统聚落东林村地域性空间研究及其发展策略[D]. 广州：华南理工大学，2012.

[150] 阮哲鸣，梁林，陆琦. 雷州市南兴镇东林村新旧村聚落空间特征延续性探析[J]. 南方建筑，2013（5）：74-79.

[151] 陈朝义. 潮溪烽火[M]. 北京：中国戏剧出版社，2008.

[152] 杨建荣. 中国传统乡村中的士绅与士绅理论[J]. 探索与争鸣，2008（5）：44-47.

[153] 雷振东. 整合与重构[D]. 西安：西安建筑科技大学，2005.

[154] 百度百科. 广东省湛江市雷州市龙门镇[EB/OL]. [2013-07-12]. http://baike.baidu.com/subview/145000/5878171.htm.

[155] 林琳. 潮溪村历史聚落空间特征与可持续发展研究[D]. 广州：华南理工大学，2012.

[156] 梁林. 雷州民居[M]//陆琦. 岭南建筑经典丛书·岭南民居系列. 广州：华南理工大学出版社，2013.

[157] 陈清. 探析泉州传统民居装饰"红砖文化"[J]. 南京艺术学院学报（美术与设计版），2009（5）：148-150.

[158] 朱怿. 泉州传统居民基本类型的空间分析及其类设计研究[D]. 厦门：华侨大学，2001.

[159] 贾丽娜. 天井关传统聚落与民居形态分析[D]. 太原：太原理工大学，2010.

[160] 聂彤. 霍童古镇传统聚落建筑形态研究[D]. 厦门：华侨大学，2008.

[161] 王冰，迟艳雪. 雷州闽海系原始生态型传统民居[J]. 城市建设理论研究（电子版），2011（33）.

[162] 汪晓东. 山墙与五行象征的质疑[J]. 集美大学学报（哲学社会科学版），2012（4）：49-54.

[163] 郑力鹏. 中国古代建筑防风的经验与措施（二）[J]. 古建园林技术，1991（4）：14-20.

[164] 罗意云. 浅议岭南民居封火墙[J]. 中华建设，2011，74（7）：148-149.

[165] 汤国华. 岭南湿热气候与传统建筑[M]. 北京：中国建筑工业出版社，2005.

[166]（明）王士性. 广志绎[M]元明史料笔记. 广东，南中. 北京：中华书局，1981：103.

[167] 崔垠. 硬山民居建筑的地域技术特色比较[D]. 上海：同济大学，2007.

[168] 孙智，关瑞明，林少鹏. 福州三坊七巷传统民居建筑封火墙的形式与内涵[J]. 福建建筑，2011.No.153（3）：51-54.

[169] 刘燕霞. 清代广州十三行研究[D]. 广州：广州大学，2009.

[170] 林秀琴. 浅析闽南传统建筑屋顶文化的形成[J]. 福建文博，2009.No.66（1）：50-56，98.

[171] 刘俊杰. 雷州半岛自然灾害类型特征及减灾对策[J]. 广东史志，2000（3）：14-19.

[172]（清）屈大均. 广东新语[M]清代史料笔记丛刊. 卷一. 冬雷. 北京：中华书局，1985：16.

[173]（清）郑俊. 康熙海康县志[M]上卷. 星候志. 气候. 雷州：雷阳印书馆，1929.

[174] 郭妍. 传统村落人居环境营造思想及其当代启示研究[D]. 西安：西安建筑科技大学，2011.

[175] 李雷. 城镇化背景下中国城乡人地关系研究[D]. 苏州：苏州大学，2013.

[176] Paola Sassi. Strategies for Sustainable Architecture[M]. Abingdon, Oxon: Taylor & Francis, 2006.

[177] 周国梅，李霞. 中国生态足迹与可持续消费研究报告[R]. 北京：中国-东盟环境保护合作中心，2014.

[178] Maurer G. A BETTER WAY TO GROW[M]. Maryland: Chesapeake Bay Foundation, 1998.

[179] UNDP. Human Development Report 1998[M]. New York: Oxford University Press, cited in Worldwatch Institute, Vital Signs 2003, New York: W.W.Norton and Co, 1998.

[180] Von Weisacker, U.E. et al. Factor Four: Doubling Wealth and Halving Resource Use[M]. London: Earthscan, 1997.

[181] Edwards B., Turrent D. Sustainable Housing: Principles and Practice[M]. London: E & FN Spon, 2000.

[182] 江亿. 我国建筑耗能状况及有效的节能途径[J]. 暖通空调，2005（5）：30-40.

[183] 李兆坚，江亿. 我国广义建筑能耗状况的分析与思考[J]. 建筑学报，2006（7）：30-33.

[184] 江亿. 中国建筑能耗现状及节能途径分析[J]. 新建筑，2008，117（2）：4-7.

[185] 于美静，王宏伟. 建筑节能计算机模拟软件的研究[J]. 区域供热，2007（3）：69-72.

[186] 徐春桃. 计算机模拟在建筑节能设计中的应用[J]. 福建建设科技，2013（6）：56-58.

[187]（南朝宋）范晔. 后汉书[M]卷八十六.（唐）李贤，注. 南蛮西南夷列传第七十六，南蛮. 北京：中华书局，1965：2836.

[188]（唐）魏征. 隋书[M]卷八十. 列传第四十五. 谯国夫人. 北京：中华书局，1973.

[189]（清）王辅之. 徐闻县志[M]卷之十五. 艺文志. 苏轼. 伏波庙记. 影印版. 台北：成文出版社有限公司，1974.

[190]（清）顾祖禹. 读史方舆纪要[M]//中国古代地理总志丛刊. 卷一百. 广东一. 海. 北京：中华书局，2005.

[191] 图读湛江. 雷州半岛历史上的屯军及遗址[EB/OL]. [2013-07-19].

[192] 司徒尚纪. 雷州文化历史渊源、特质及其历史地位初探[EB/OL]. [2014-02-18].

[193] 张秀丽. 雷州石狗民俗文化探源[J]. 湛江师范学院学报，2011（4）：91-94.

[194] 牧野. 雷祖文化雏论[J]. 岭南文史，2007（4）：4-9.

[195] 李巧玲. 雷州半岛区域文化旅游资源开发研究[J]. 中山大学学报论丛，2005（6）：175-179.

[196]（清）刘邦柄. 海康县志[M]卷之一. 疆域. 物产. 刻本. 北京：中国家数字图书馆. 数字方志，嘉庆十七年（1812）.

[197] WHO. The World Health Report 2003[R]. Geneva: World Health Organization, 2003.

[198] 育儿网. 调查显示：儿童白血病，装修是祸首[EB/OL]. [2014-05-09].

[199] 李克亮. 雷州半岛的林业建设[J]. 农业经济问题，1982（8）：23-25.

[200] 莫晓勇. 试论桉树工业人工林可持续经营[C]//试论桉树工业人工林可持续经营. 中国造

可持续发展观下的雷州半岛乡村传统聚落人居环境

纸学会第十三届学术年会. 北京：中国造纸学会，2008：22.

[201] 符增源. 雷州半岛水资源合理配置及鹤地水库洪水预报研究[D]. 南京：河海大学，2003.

[202] 吴文彬，徐培. 浅谈雷州半岛水资源短缺成因及科学调控的研究途径[J]. 广东水利水电，2011（7）：52-54.

[203] 李杰友. 雷州半岛水资源与经济发展的协调关系[J]. 南水北调与水利科技，2004（2）：37-40.

[204]（明）欧阳保，等，纂修. 万历雷州府志[M]//日本藏中国罕见地方志丛刊. 卷三地理志. 堤岸篇. 堤记. 刻版. 北京：书目文献出版社，1990.

[205] 唐森. 论宋元时期广东水利建设的勃兴[J]. 暨南学报（哲学社会科学），1985（2）：3-11.

[206]（明）欧阳保，等，纂修. 万历雷州府志[M]//日本藏中国罕见地方志丛刊. 卷三. 地理志. 陂塘. 薛直夫. 渠堤记. 刻版. 北京：书目文献出版社，1990.

[207]（明）欧阳保，等，纂修. 万历雷州府志[M]//日本藏中国罕见地方志丛刊. 卷八. 建置志. 公署. 刻版. 北京：书目文献出版社，1990.

[208] 陈理森. 雷州半岛近40年来气温和降水的变化[J]. 广东气象，2001（2）：29-30.

[209] 周直，朱未易. 人居环境研究综述[J]. 南京社会科学，2002（12）：84-88.

[210] Niko Roorda. Fundamentals of Sustainable Development[M]. London and New York: Earthscan from Routledge, 2012.

[211] 百度百科. 生态足迹[EB/OL]. [2014-05-06].

[212] 清华大学建筑节能研究中心. 中国建筑节能年度发展研究报告2009[M]. 北京：中国建筑工业出版社，2009.

[213] 清华大学建筑节能研究中心. 中国建筑节能年度发展研究报告2012[M]. 北京：中国建筑工业出版社，2012.

[214] 金虹，凌薇. 低能耗 低技术 低成本——寒地村镇节能住宅设计研究[J]. 建筑学报，2010（8）：14-16.

[215] 赵霞. 乡村文化的秩序转型与价值重建[D]. 石家庄：河北师范大学，2012.

[216] 张静. 乡规民约体现的村庄治权[J]. 北大法律评论，1999（1）：4-48.

[217] 农村老式厕所生态改建行动中[EB/OL]. [2014-05-19].

后记

时至今日，已博士毕业七载，工作终日忙碌，精进缓慢。工作期间，虽于2019年完成了博士后的出站工作，却使学术研究的习性与我的日常渐行渐远，心中不免有一丝惶恐不安。幸得恩师陆琦教授号召，赵紫玲博士师妹的协同组织，有了这次整理之前一些学术成果出版的机缘。有幸之余，心中更多的是感激不尽。

自2009年9月辞去工作后，我便进入华南理工大学建筑学院攻读博士研究生学位。我在陆琦教授的指导下，刻苦学习，潜心问学。2012年我在陆老师的支持与鼓励下，有幸申请到了国家建设高水平大学公派留学奖学金项目，并赴英国卡迪夫大学（Cardiff University）进行为期两年的联合培养博士研究生学习。留学期间，陆老师仍时常关心我的学习生活情况，不断地督促我努力学习，并远程指导我进行学术论文及专著的写作。使我体验了由"知识""技法"到"思想""学问"的历练，在学术成长的道路上也经历了一次充满艰辛和愉悦的修炼。

导师陆琦教授处世谦虚、治学严谨、思维敏锐，著述丰厚，教我研学，督我成长。陆老师常常教导我"处处留心皆学问"，不但要在课堂上学习，在平时交流、出差旅行、工程实践等过程中均存在学术学习。读博士研究生以来，我形成了在与老师交谈过程中，总是携带笔记本，随时记录的习惯。陆老师担任诸多社会职务，工作繁忙有加，但对于教育学生去从未懈怠。不仅多次亲领我去雷州半岛调研，还给我许多机会参加学术会议开阔眼界。从本书的学术选题、调研，到撰写、修改、定稿的全过程，无不浸透着老师的心血。可以说，陆老师不仅给予知识，还培养了我的学术兴趣、思维和方法。陆老师与师母郑洁女士在学习、工作、生活上都给予了我很大的关心，使我不断成熟，不断进步。在此，我谨怀感激之情，深深向老师与师母致谢。

在英求学期间，享誉国际的威尔士建筑法规制定委员会主席、威尔士低碳研究院院长、卡迪夫大学建筑学院院长菲利普·琼斯（Phillip Jones）教授作为我的英方导师指导我在英国的学习与生活。菲利普·琼斯教授在低能耗可持续建筑、计算机模拟在预测能耗和环境影响方面的能力拓展、城市区域尺度的可持续发展、低能耗照明以及建筑能耗及环境影响的评估体系研究等领域有诸多建树。我在英国期间主要追随琼斯教授进行中国传统聚落低碳可持续发展方面的研究。琼斯教授作为国际知名专家经常在境外出差，百忙之中他也尽全力关心学生的学习与生活情况。他定期组织安排国际留学生学术研讨，为学生搭建学习英方的科研理念、方法的沟通平台，让学生开放式参与学院自主研发的模拟软件应用等。这些难得学习机会让我受益匪浅，在短暂的留学生活期间，我在科研理念、发散思维、研究方法等方面有了进一步显著提升，这些提升为我的学术研究奠定了更为坚实的基础。在此，我由衷地感谢菲利普·琼斯教授给予的帮助与关怀。

这里我要特别感谢陆元鼎教授与魏彦钧教授。两位教授是我国著名建筑史学家、民居建筑学家，学术造诣深厚。也许是学术传承的关系，两位教授对我们后生总是倍加关爱和严格要求。在我博士论文选题思路、研究范围、研究方向、科研方法等方面给予了果断的肯定和积极地支持。特别是两位教授敏锐的理论思维、严谨而具有批判性的学术观点和视学术为生命的严谨精神对论文的研究以及本人学术成长有着很大的影响。

还要深切的感谢英国卡迪夫大学张可男博士，曾经刻苦时期的坚定鼓励，科研中鼎力的协助，新研究领域的破冰引领，生活中全力的支持，在我学术道路上的成长与成绩上都有她不可磨灭的功劳。

感谢华南理工大学潘安教授、唐孝祥教授、郭谦教授、肖大威教授、杜黎宏博士、廖志博士。

感谢陕西省教育厅厅长王树声教授。

感谢潮州市建筑设计院吴国智教授。

感谢中国建筑工业出版社李东禧先生。

感谢卡迪夫大学威尔士建筑学院（Welsh School of Architecture，Cardiff University）的Simon Lannon，Thomas Bassett。

感谢本书学术调研时任广东省住房和城乡建设厅章吉青处长、湛江市住房和城乡规划建设局李心声局长、雷州市住房和城乡规划建设局蔡建主任，湛江市博物馆叶彩萍馆长、湛江市住房和城乡规划建设局质检站田永平站长，遂溪县住房和城乡建设局，徐闻县住房和城乡建设局。

感谢华南理工大学民居建筑研究所的陈亚利博士、林琳博士、高海峰博士，硕士赖奕堆、刘楚、高飞、费兰以及调研组2008级本科生等有关单位和个人，特致感激之忱。

感谢工作中一直以来充分信任并予以重点栽培的领导郝恒乐先生，以及工作中那些热忱支持、真心帮助我的小伙伴们，是你们见证和鼓励了我工作中的成长。

感谢老同学段巍先生、白现才先生、程勇先生、梁鑫博士在我遭遇到人生重大挫折与困苦时的慷慨帮助及不倦的疏解。

感谢肖晓峰先生、蔡征辉先生让我在人生低谷之时遇到了新的心灵境遇，打开了全新的世界，开启了别样的人生心灵之旅。这份深厚的友谊让我更加具足了前行的勇气。

在此，真诚地感谢我的妻子易阳及家人在撰写过程中的朝夕相伴，那些鼓励、督促与帮助，让我写作的艰辛得以疏解。你们的存在是我一直前进的源源动力。